U0259866

高等院校"十二五"规划教材

声音制作基础

Shengyin Zhizuo Jichu

陈俊海 ◎ 编著

中国轻工业出版社

图书在版编目（CIP）数据

声音制作基础/陈俊海编著.—北京：中国轻工业出版社，2025.2
高等院校"十二五"规划教材
ISBN 978-7-5019-8793-1

Ⅰ.①声…　Ⅱ.①陈…　Ⅲ.①声音处理—高等学校—教材
Ⅳ.①TN912.3

中国版本图书馆CIP数据核字（2012）第189857号

本书针对各类影像（电影、电视、动画、多媒体、DV）中的数字声音制作技术进行全面而系统的讲解，内容包括：声音基础、MIDI基础、声音制作系统的硬件构成、DV基础、同期录音、工作站软件Nuendo功能详解、音频编辑软件Audition快速入门、影视编辑软件Premiere的音频编辑功能、多媒体制作软件Flash的音频编辑功能、声音制作常用插件介绍、声音后期制作、配乐制作、音频处理与效果器应用实战、环绕声的制作、混录、节目的传输与重放。

附录部分包括：历届奥斯卡金像奖声音类奖项最佳影片目录、常用乐器及人声的基音频率范围、声音制作重要词汇等。

本书可作为有志于电影、电视、广播、动画、游戏、DV等声音制作人员的自学教程，也可以作为全国各类高等院校及高职高专传媒、影视、动画、多媒体制作等专业的教材或教学参考书。

随书的配套DVD光盘附带奥斯卡影片的配音、配乐、拟音、音效设计与混音视频及声音编配视频实例，供大家研究学习与参考。

责任编辑：李　颖　毛旭林
策划编辑：李　颖　　　责任终审：劳国强　　　封面设计：锋尚设计
版式设计：锋尚设计　　责任校对：吴大鹏　　　责任监印：张　可

出版发行：中国轻工业出版社（北京鲁谷东街5号，邮编：100040）
印　　刷：三河市万龙印装有限公司
经　　销：各地新华书店
版　　次：2025年2月第1版第6次印刷
开　　本：889×1194　1/16　印张：18.75
字　　数：608千字
书　　号：ISBN 978-7-5019-8793-1　　定价：45.00元
邮购电话：010-85119873
发行电话：010-85119832　010-85119912
网　　址：http://www.chlip.com.cn
Email：club@chlip.com.cn

前言

声音制作（Sound Production）又称音频制作（Audio Production），是指在广播、电影、电视、互联网、手机通讯等传播媒体中所有与声音相关的制作工艺与流程，包括声音的制作技术和声音的创作艺术两人范畴。声音制作作为视听传媒整个制作工艺中的重要组成部分，其名称与另一重要制作工艺——画面制作（或视频制作）名称相对应。

声音制作技术应包含哪些核心内容呢？首先是声音基础知识。因为声音制作的对象及材料就是声音，所以有必要对声音的产生与传播，声音的物理与心理属性，声音的记录与存储，声音的艺术表现力等有明确了解。

第二是相关硬件的基础知识。声音制作是一门非常专业和复杂的工作，根据不同的项目及制作工艺，所使用到的音频硬件设备会非常之多，而且新型设备会不断推出。性能的提高与功能的增加也是新型设备的重要特点。声音制作人员要理解各种设备的工作原理，熟练掌握各种硬件设备的功能与操作是非常重要的。俗话说：工欲善其事，必先利其器。

第三是音频制作软件的相关知识，包括工作站软件及各种辅助插件程序。音频制作软件与音频硬件一样，都是声音制作流程中重要的工具之一，只有熟悉了软件的功能与操作，才能将我们对声音的理解与设想变为符合艺术要求的声音效果。

第四是录音技术。录音是应用录音设备将现实的可听声音记录下来并存储在相应的介质上。非线性音频制作的材料就是这种被录音设备记录下的电信号（二进制编码的数字信号），所以前期对声音的采集（录音）的质量将直接影响到后期声音制作工作的效率与成败。根据不同的录音对象及最终的录音作品传输与重放系统的要求，可以采用不同的录音工艺。

第五是一些相关的视频知识，如电视的制式、帧速率、时间码、视频文件格式、视频接插口、电影与镜头等专业术语的含义。虽然我们做的是声音制作工作，但很多时候我们是为视听媒体制作声音，比如为影视、DV等节目制作声音，这时的声音是为画面服务的，所以声音制作人员必须了解画面的创意与画面叙事的方法，音视频的交互格式等。

本书理论讲解力求简明、扼要、系统，制作实例尽量做到典型、实用且均以本书所讲理论为依据，使读者能轻松理解声音制作与创作的原理与规则，同时又能逐步掌握声音制作技术的实战技巧。书中全面而系统地讲解了视听媒体中各类声音元素的制作特点与表现手法。

本书共分16章，理论部分包括：第1章（声音基础）、第2章（MIDI基础）、第3章（声音制作系统的硬件构成）、第4章（DV基础）、第16章（节目的传输与重放）；软件部分包括：第6章（工作站软件Nuendo功能详解）、第7章（音频编辑软件Audition快速入门）、第8章（影视编辑软件Premiere的音频编辑功能）、第9章（多媒体制作软件Flash的音频编辑功能）、第10章（声音制作常用插件介绍）；实践部分包括：第5章（同期录音）、第11章（声音后期制作）、第12章（配乐制作）、第13章（音频处理与效果器应用实例）、第14章（环绕声的制作）、第15章（混录）。另外，第13章（音频处理与效果器应用实例）作为声音后期制作实例演示与训练的独立章节。

本书在编撰过程中得到了朱慰中教授（原中央电视台音频部主任）的大力支持及深圳太阳卡通张建军

导演、江苏胡彤老师的鼎力相助，在此一并表示感谢！由于编撰时间较紧，难免出现不当之处，望业界专家、学者、同行及读者批评指正。

作　者
2012年5月

目录

第1章　声音基础

1.1　声音的物理属性   **1**
  1.1.1　声波的产生与传播   1
  1.1.2　频率、声速、波长、相位   1
  1.1.3　声压、声压级   3
  1.1.4　声波传播的状态   4
  1.1.5　纯音与复合音   5
  1.1.6　基音、分音、泛音、谐音   5
  1.1.7　泛音列、频谱与音色   5
1.2　人耳的听觉特性   **6**
  1.2.1　人耳对频率的感知范围   6
  1.2.2　可听阈与疼痛阈   7
  1.2.3　人耳的分辨能力及对不同频率的听感特性   7
  1.2.4　掩蔽效应   7
  1.2.5　双耳效应   8
  1.2.6　哈斯效应   9
  1.2.7　多普勒效应   9
  1.2.8　鸡尾酒会效应   10
1.3　室内声音的构成   **10**
  1.3.1　直达声   10
  1.3.2　早期反射声   11
  1.3.3　混响声   11
  1.3.4　混响时间   11
1.4　立体声   **11**
  1.4.1　立体声的概念   11
  1.4.2　立体声的种类   12
1.5　数字声   **13**
  1.5.1　数字声概述   13
  1.5.2　数字声的质量参数   14
  1.5.3　数字声的文件格式   15
1.6　影视声音的特性   **16**
  1.6.1　影视声音的分类   16
  1.6.2　影视声音的表现力   19
  1.6.3　影视声音的艺术特点   21
  1.6.4　声音与画面的关系   23

第2章　MIDI基础

2.1　MIDI是什么   **25**
2.2　MIDI标准协议   **25**
2.3　音序器   **25**

2.4　MIDI键盘　　　　　　　　　　　　**25**

2.5　MIDI音源　　　　　　　　　　　　**26**

　2.5.1　电子音乐合成器　　　　　　　26

　2.5.2　音源器　　　　　　　　　　　26

　2.5.3　软音源　　　　　　　　　　　26

2.6　MIDI系统连接　　　　　　　　　　**27**

　2.6.1　MIDI的端口　　　　　　　　　27

　2.6.2　MIDI连接　　　　　　　　　　27

　2.6.3　MIDI线　　　　　　　　　　　28

2.7　MIDI通道　　　　　　　　　　　　**28**

2.8　MIDI信息　　　　　　　　　　　　**28**

2.9　GM、GS、XG音色标准　　　　　　　**29**

第3章　声音制作系统的硬件构成

3.1　系统选型　　　　　　　　　　　　**30**

3.2　硬件功能简介　　　　　　　　　　**31**

　3.2.1　音频卡　　　　　　　　　　　31

　3.2.2　话筒　　　　　　　　　　　　31

　3.2.3　同期调音台　　　　　　　　　32

　3.2.4　监听音箱　　　　　　　　　　33

　3.2.5　耳机　　　　　　　　　　　　34

　3.2.6　功率放大器　　　　　　　　　34

　3.2.7　数字录音机　　　　　　　　　34

3.3　信号处理设备　　　　　　　　　　**36**

　3.3.1　音色处理设备　　　　　　　　36

　3.3.2　时间处理设备　　　　　　　　39

　3.3.3　电平处理设备　　　　　　　　40

3.4　数字音频工作站　　　　　　　　　**41**

3.5　声音制作场所　　　　　　　　　　**41**

　3.5.1　录音室　　　　　　　　　　　41

　3.5.2　动效棚　　　　　　　　　　　42

　3.5.3　编辑室　　　　　　　　　　　42

3.6　音频信号互连的线材与接口　　　　**43**

　3.6.1　线材　　　　　　　　　　　　43

　3.6.2　接口　　　　　　　　　　　　44

第4章　DV基础

4.1　DV概述　　　　　　　　　　　　　**46**

4.2　DV摄像机的分类　　　　　　　　　**46**

　4.2.1　按质量分类　　　　　　　　　46

　4.2.2　按制作方式分类　　　　　　　48

4.3　DV的记录存储载体及特点　　　　　**49**

4.4　不同格式DV带的音频特征　　　　　**49**

4.5　DV节目的拍摄形式　　　　　　　　**50**

　4.5.1　新闻式拍摄　　　　　　　　　50

2

4.5.2	电影式拍摄	**50**
4.6	**DV影视作品的制作流程**	**51**
4.7	**各档次DV摄像机的音频接口与音频装置**	
4.7.1	专业级摄像机的音频接口与音频装置	**53**
4.7.2	家用级摄像机的音频接口与音频装置	**54**
4.8	**声音制作人员应具备的视频知识**	**54**
4.8.1	NTSC/PAL/SECAM制	**54**
4.8.2	帧速率	**55**
4.8.3	时间码	**55**
4.8.4	变速摄影	**55**
4.8.5	视频信号互连接口	**55**
4.8.6	压缩与压缩比	**56**
4.8.7	常见的视频文件格式	**57**
4.8.8	数字电视	**59**
4.8.9	数字影像	**59**
4.8.10	数字影院	**60**
4.8.11	电影	**60**
4.8.12	数字电影	**61**
4.8.13	电视电影机	**62**
4.8.14	视频与胶片	**62**

第5章 同期录音

5.1	**同期录音的方式**	**63**
5.1.1	单系统录音	**63**
5.1.2	双系统录音	**63**
5.2	**同期录音录制组成员及职能**	**64**
5.2.1	录音技师	**64**
5.2.2	声音混合员	**64**
5.2.3	吊杆操作员	**64**
5.2.4	第二助理摄影师	**64**
5.2.5	采访记者	**64**
5.3	**同期录音的主要目的**	**64**
5.4	**随机话筒的使用**	**65**
5.5	**外接话筒的类型与使用特性**	**65**
5.5.1	吊杆话筒	**66**
5.5.2	固定话筒	**66**
5.5.3	大型吊杆话筒	**66**
5.5.4	点话筒	**66**
5.5.5	悬挂话筒	**66**
5.5.6	手持话筒	**66**
5.5.7	领夹话筒	**67**
5.5.8	无线话筒	**67**
5.6	**话筒的指向性**	**67**
5.7	**同期录音的话筒附件**	**67**
5.7.1	话筒吊杆	**67**

5.7.2　防风罩　68
5.7.3　防喷罩　68
5.7.4　减震架　68
5.8　同期录音的话筒技术　69
5.8.1　话筒员的工作位置　69
5.8.2　安装和处理吊杆　69
5.8.3　安装领夹话筒　70
5.8.4　安装和调试无线话筒　70
5.8.5　单声道和立体声录音　70
5.9　录制对白　73
5.9.1　选择合适的话筒　73
5.9.2　多人对白录制　73
5.9.3　立体声和环绕声录制　74
5.10　录制动效　74
5.11　外接调音台的电平设置与调整　75
5.11.1　电平设置　75
5.11.2　调整　75
5.12　噪声的控制　76
5.13　录音机的电平控制　76
5.14　实况拍摄多台摄像机的录音方法　77
5.15　镜头号码牌的使用　77
5.16　信号监听　78
5.17　新闻、纪录片同期录音　78
5.17.1　没有声音的工作组　78
5.17.2　带有声音的工作组　79
5.18　电影、戏剧同期录音　79
5.18.1　单机拍摄　79
5.18.2　成员　79
5.18.3　开始拍摄　79
5.18.4　自由声轨　80
5.19　同期录音的质量标准　80
5.19.1　清晰的对白　80
5.19.2　声音的空间感匹配画面的透视感　81
5.19.3　避免无关的噪声　81
5.19 4　声音的平衡性与连续性　81
5.20　解决同期录音的声音问题　82
5.20.1　增加录音话筒的表现力　82
5.20.2　录制现场声或房间背景声　83
5.20.3　几个窍门　84
5.20.4　声音的同步问题　84

第6章　工作站软件Nuendo功能详解

6.1　概述　85
6.2　系统设置　85
6.2.1　音频设置　85

　　6.2.2　MIDI设置　　　　　　　　　　　　　　**88**

　　6.2.3　视频设置　　　　　　　　　　　　　　**89**

6.3　Nuendo3.0的操作界面　　　　　　　　**89**

6.4　操作窗口简介　　　　　　　　　　　　**90**

　　6.4.1　Project（工程）窗口　　　　　　　　**90**

　　6.4.2　Transport（走带控制）面板　　　　　**90**

　　6.4.3　Poot（素材）库窗口　　　　　　　　**91**

　　6.4.4　Sample Editor（样本编辑）窗口　　　**91**

　　6.4.5　Key Editor（钢琴卷帘）窗口　　　　**92**

　　6.4.6　Score Editor（乐谱）窗口　　　　　**92**

　　6.4.7　Tempo Track Editor（速度轨）窗口　**92**

　　6.4.8　Mixer (调音台)窗口　　　　　　　　**93**

　　6.4.9　Channel Settings（通道设置）窗口　**93**

6.5　常用轨道简介　　　　　　　　　　　　**94**

6.6　Nuendo3.0界面详解　　　　　　　　　**95**

　　6.6.1　菜单栏　　　　　　　　　　　　　　**95**

　　6.6.2　走带控制面板　　　　　　　　　　　**95**

　　6.6.3　工具栏　　　　　　　　　　　　　　**97**

　　6.6.4　信息栏　　　　　　　　　　　　　　**97**

　　6.6.5　标尺栏　　　　　　　　　　　　　　**97**

　　6.6.6　音轨栏　　　　　　　　　　　　　　**98**

　　6.6.7　音轨属性区　　　　　　　　　　　　**98**

　　6.6.8　调音台窗口　　　　　　　　　　　　**99**

　　6.6.9　通道设置窗口　　　　　　　　　　　**100**

6.7　MIDI录制技巧　　　　　　　　　　　　**101**

　　6.7.1　实时录制MIDI　　　　　　　　　　　**101**

　　6.7.2　分步录制MIDI　　　　　　　　　　　**101**

6.8　MIDI编辑技巧　　　　　　　　　　　　**102**

　　6.8.1　编辑MIDI音符　　　　　　　　　　　**102**

　　6.8.2　编辑音符属性　　　　　　　　　　　**105**

　　6.8.3　编辑MIDI控制信息　　　　　　　　　**105**

　　6.8.4　Snap精确定位功能　　　　　　　　　**106**

　　6.8.5　MIDI量化处理功能　　　　　　　　　**107**

6.9　音频录制技巧　　　　　　　　　　　　**108**

　　6.9.1　创建音频轨　　　　　　　　　　　　**108**

　　6.9.2　预备录音　　　　　　　　　　　　　**109**

　　6.9.3　手动录音　　　　　　　　　　　　　**109**

　　6.9.4　同步录音　　　　　　　　　　　　　**109**

　　6.9.5　自动录音　　　　　　　　　　　　　**109**

　　6.9.6　停止录音　　　　　　　　　　　　　**109**

　　6.9.7　取消录音　　　　　　　　　　　　　**110**

6.10　音频编辑技巧　　　　　　　　　　　**110**

　　6.10.1　选择音频事件条　　　　　　　　　**110**

　　6.10.2　移动音频事件条　　　　　　　　　**110**

　　6.10.3　复制音频事件条　　　　　　　　　**110**

　　6.10.4　音频事件条的命名　　　　　　　　**110**

6.10.5　音频事件条的切割　　　　　　　　**111**

6.10.6　音频事件条的黏合　　　　　　　　**111**

6.10.7　改变音频事件条的长度　　　　　　**111**

6.10.8　音频事件条的编组　　　　　　　　**111**

6.10.9　音频事件条的静音　　　　　　　　**112**

6.10.10　音频事件条的删除　　　　　　　　**112**

6.10.11　音频事件条的区域选择　　　　　　**112**

6.10.12　音频事件条的音量控制　　　　　　**112**

6.10.13　音频事件条的音高调节　　　　　　**113**

6.10.14　参数自动控制（自动缩混）　　　　**113**

6.11　音频文件的操作　　　　　　　　　　115

6.11.1　导入音频文件　　　　　　　　　　**115**

6.11.2　导入音频CD轨　　　　　　　　　　**116**

6.11.3　导入视频文件中的音频　　　　　　**117**

6.11.4　混音导出音频文件　　　　　　　　**117**

6.12　音频效果器的使用　　　　　　　　　119

6.12.1　插入法　　　　　　　　　　　　　**119**

6.12.2　发送法　　　　　　　　　　　　　**120**

6.12.3　处理法　　　　　　　　　　　　　**120**

6.13　Nuendo3.0自带的音频效果器简介　　121

6.13.1　延迟类效果器　　　　　　　　　　**121**

6.13.2　失真类效果器　　　　　　　　　　**123**

6.13.3　动态类效果器　　　　　　　　　　**124**

6.13.4　滤波类效果器　　　　　　　　　　**127**

6.13.5　调制类效果器　　　　　　　　　　**129**

6.13.6　混响类效果器　　　　　　　　　　**130**

6.13.7　环绕声类效果器　　　　　　　　　**132**

6.13.8　常用工具类　　　　　　　　　　　**133**

6.14　Nuendo音频处理功能　　　　　　　　134

6.14.1　音频处理功能与操作说明　　　　　**134**

6.14.2　音频处理通用属性　　　　　　　　**134**

6.14.3　音频处理功能详解　　　　　　　　**135**

6.15　Nuendo4.0新特性　　　　　　　　　142

第7章　音频编辑软件Audition快速入门

7.1　Audition3.0界面介绍　　　　　　　　144

7.1.1　主界面　　　　　　　　　　　　　**144**

7.1.2　Audition3.0的工作模式　　　　　　**145**

7.2　Audition3.0音频编辑技巧　　　　　　146

7.2.1　选中音频事件条　　　　　　　　　**147**

7.2.2　移动音频事件条　　　　　　　　　**147**

7.2.3　复制音频事件条　　　　　　　　　**147**

7.2.4　音频事件条的切割　　　　　　　　**147**

7.2.5　改变音频事件条的长度　　　　　　**147**

7.2.6　音频事件条的时间伸缩　　　　　　**147**

7.2.7　音频事件条的编组　　　　　　　　**147**

7.2.8 音频事件条的静音   148

7.2.9 音频事件条的删除   148

7.2.10 音频事件条的区域选择   148

7.2.11 音频事件条的音量调节   148

7.2.12 音频事件条的音量、声像包络控制   148

7.2.13 音频事件条的音高调节   149

7.2.14 为音频事件条做标记   149

第8章 影视编辑软件Premiere的音频编辑功能

8.1 选项与设置   150

8.1.1 音频选项   150

8.1.2 音频硬件选项   151

8.1.3 音频输出映射   152

8.2 Premiere Pro CS5音频编辑基础   153

8.2.1 Premiere Pro CS5支持的音频文件格式   153

8.2.2 音频编辑时间线   153

8.2.3 调音台   154

8.2.4 添加音频素材   155

8.3 Premiere Pro CS5音频编辑技巧   156

8.3.1 调节音频素材的入点与出点   156

8.3.2 调整音频持续时间与速度   157

8.3.3 调整音频增益   157

8.3.4 调节音量   158

8.4 音频效果的添加   160

8.4.1 使用音频效果   160

8.4.2 立体声音频效果的种类   161

8.5 音频转场效果   162

第9章 多媒体制作软件Flash的音频编辑功能

9.1 Flash CS5支持的音频文件格式   163

9.2 音频文件的导入与添加   163

9.2.1 音频文件的导入   163

9.2.2 音频文件的添加   163

9.3 声音面板的操作   164

9.3.1 名称   164

9.3.2 效果   164

9.3.3 同步   164

9.3.4 重复与循环   165

9.4 Flash CS5音频编辑技巧   165

9.4.1 设置背景音乐的循环播放   165

9.4.2 淡入、淡出效果   166

9.4.3 声音的压缩   167

第10章 声音制作常用插件介绍

10.1 概述 169

10.2 插件的格式 169

10.2.1 DX 169

10.2.2 DXi 170

10.2.3 VST 170

10.2.4 VSTi 170

10.2.5 AU 170

10.2.6 RTAS 170

10.3 插件的调用 170

10.4 实用音源插件简介 172

10.4.1 波表综合音源——Hypersonic2 173

10.4.2 采样综合音源——Colossus "巨人" 178

10.4.3 打击乐节奏音源——Stylus RMX 182

10.4.4 顶级特效音源——X-treme FX 185

10.4.5 梦幻合成器——Atmosphere 187

10.4.6 乐句合成器——Xphraze 189

10.4.7 好莱坞电影的节奏音源——Percussive Adventures2 190

10.4.8 中国民乐软音源——Kong Audio 191

10.5 实用效果器插件简介 191

10.5.1 AudioEase Altiverb真实采样混响效果器 191

10.5.2 Graphic EQ图示均衡器 194

10.5.3 BBE Sonic Sweet Bundle激励器 195

10.5.4 Clone Ensemble合唱效果器 197

10.5.5 Waves效果器组合包 198

10.5.6 InspectorXL Audio音频分析仪 207

第11章 声音后期制作

11.1 声音后期制作成员及职能 209

11.1.1 音响设计师 209

11.1.2 配音演员 209

11.1.3 拟音师（Foley） 209

11.1.4 作曲家 209

11.1.5 演奏家 210

11.1.6 混音师 210

11.2 后期配音的录制技巧 210

11.2.1 ADR录制 210

11.2.2 旁白录制 211

11.2.3 群声录制 212

11.2.4 动画片配音录制 212

11.2.5 远程配音录制 212

11.3 声轨处理 213

11.3.1 分离对白音轨 213

11.3.2 均衡处理 213

11.3.3 采样降噪 214

11.4 添加音响效果   **214**
11.4.1 拟音   **214**
11.4.2 现场采录   **216**
11.4.3 电子合成   **217**
11.5 录制环境声   **218**
11.6 为视频编辑音效   **219**
11.6.1 声音设计   **219**
11.6.2 导入视频文件   **219**
11.6.3 选择标尺显示格式及设置光标移动方式   **220**
11.6.4 为视频做音效标记、编号、命名   **222**
11.6.5 分类列出音效清单、准备音效素材   **222**
11.6.6 按音效分类及镜头或场景顺序导入音效素材，逐一编辑   **222**
11.6.7 预混   **223**
11.6.8 终混   **223**
11.6.9 输出混音文件   **223**

第12章　配乐制作

12.1 音乐的来源   **225**
12.2 音乐的录制   **225**
12.2.1 同期录音两轨混音——立体声录音   **225**
12.2.2 分期录音多轨混音——分轨录音   **226**
12.2.3 同期录音多轨混音——多轨录音   **226**
12.3 配乐的方法   **227**
12.3.1 音乐组接的方式   **227**
12.3.2 音乐进入和退出的方式   **228**
12.3.3 音乐主题的建立   **229**
12.3.4 配乐注意事项   **229**
12.4 背景音乐制作实例   **230**
12.4.1 使用音乐素材制作背景音乐   **230**
12.4.2 使用音源插件制作背景音乐   **232**
12.4.3 使用智能作曲软件制作背景音乐   **233**
12.4.4 使用自动配乐软件制作背景音乐   **236**

第13章　音频处理与效果器应用实例

13.1 利用音量包络来控制视频配乐的情绪起伏   **238**
13.2 利用音高转换功能及均衡器来改变角色语音的个性特征   **239**
13.3 利用立体声转换功能消除歌曲的原唱   **240**
13.4 利用反转功能做环境声的循环连接   **241**
13.5 利用时间伸缩功能使音乐匹配画面的长度   **242**
13.6 使用扫频降噪法为音频录音降噪   **243**
13.7 将语言录音处理为电话声音效果   **244**
13.8 将语言录音处理为收音机收听效果   **245**
13.9 将人声录音处理为人在昏迷状态下的听觉体验效果   **246**
13.10 将人声处理为机器人的语声效果   **247**
13.11 将人声处理为特殊体形的角色的语声效果   **248**

13.12　为画面制作主观音响　　　　　　　　　　248
13.13　为慢镜头画面制作表意音响　　　　　　　250

第14章　环绕声的制作

14.1　关于环绕声　　　　　　　　　　　　251
14.2　环绕声录音与监听　　　　　　　　　251
　14.2.1　环绕声混录设备　　　　　　　　　251
　14.2.2　环绕声音箱的布置　　　　　　　　252
　14.2.3　环绕声监听系统的设置　　　　　　253
　14.2.4　环绕声录音连接　　　　　　　　　253
14.3　在Nuendo中的环绕声操作　　　　　255
　14.3.1　总线配置　　　　　　　　　　　　255
　14.3.2　将音频轨路由到环绕声通道　　　　256
　14.3.3　环绕声面板操作　　　　　　　　　257
　14.3.4　导出环绕声音频文件　　　　　　　258
14.4　环绕声混音实例　　　　　　　　　　258

第15章　混录

15.1　分配音轨　　　　　　　　　　　　　262
15.2　预混　　　　　　　　　　　　　　　263
15.3　终混　　　　　　　　　　　　　　　264
15.4　混录的方法　　　　　　　　　　　　264
　15.4.1　对白预混　　　　　　　　　　　　264
　15.4.2　母线设置和通路分配工作　　　　　265
　15.4.3　环境声预混　　　　　　　　　　　265
　15.4.4　拟音声预混　　　　　　　　　　　266
　15.4.5　动效声预混　　　　　　　　　　　266
　15.4.6　合成　　　　　　　　　　　　　　266
15.5　输出作品　　　　　　　　　　　　　266

第16章　节目的传输与重放

16.1　电影院还音　　　　　　　　　　　　267
16.2　环绕声系统　　　　　　　　　　　　268
　16.2.1　Dolby环绕声系统　　　　　　　　268
　16.2.2　DTS环绕声系统　　　　　　　　　271
　16.2.3　THX环绕声系统　　　　　　　　　272
16.3　家庭多声道格式　　　　　　　　　　273
16.4　家用视频格式　　　　　　　　　　　273
　16.4.1　VHS格式　　　　　　　　　　　　273
　16.4.2　高保真VHS格式（VHS hi-fi）　　273
　16.4.3　Mini DV　　　　　　　　　　　　273
　16.4.4　激光视盘　　　　　　　　　　　　274
　16.4.5　DVD（数字通用光盘）　　　　　　274

16.5 网络播送   274

16.6 电子影像发行   275

附录Ⅰ   66~84届（1993—2011年度）奥斯卡金像奖最佳影片、最佳
         音响、最佳音效剪辑、最佳配乐、最佳动画片目录   276
附录Ⅱ   钢琴各音频率表   277
附录Ⅲ   常用乐器及人声的基音频率范围   278
附录Ⅳ   MIDI控制器一览表   279
主要参考文献   281

第1章 声音基础

1.1 声音的物理属性

1.1.1 声波的产生与传播

物体的机械振动经介质由近向远传播，形成声波，声波作用于人耳所引起的主观感觉形成声音。

作机械振动的发声物体称作声源。各种固体、液体、气体等有弹性的物质都可以作传播声波的介质，声波传播速度的大小和强度取决于介质的弹性模量和密度。声波在固体中传播的速度比在空气中的传播速度快。

下面以空气为例，讨论声波在介质中传播的物理过程。空气是由大量分子组成的，它具有质量和弹性，其行为像弹簧，具有可压缩性。可以用质点表示部分空气的集合。当物体发生振动时，将带动它的周围空气质点一起振动，由于空气可以被压缩，振动质点会连续不断地引起相邻质点的振动，在质点的相互作用下，振动物体周围的空气就会出现压缩和膨胀的过程，使空气形成疏密相间的分布，并逐步向外扩展，形成声波，如图1–1所示。

电信号　　扬声器　　　声波

在声场中空气质点仅在原地振动，传播出去的只是波动的形式，类似麦田的麦波。麦波随风飘荡，但是麦子并未被移走。在波动的传播过程中，质点振动的能量在均匀地向前传播。

图1–1　声波的产生

声波是由振动物体向周围介质辐射并在介质中传播的一种物质。波分为纵波、横波和表面波三种。纵波是介质质点总振动方向与波传播方向一致的波，也就是介质的稀疏和稠密的交替传播过程，声波就是以这种方式传播的。横波是介质质点的振动方向与波传播方向垂直的波。表面波中介质质点作椭圆运动，表面波是在两种介质的界面处发生的。

声波存在的空间称作声场。和别的物质一样，声场也可用物理量衡量，如频率、声速、波长、声压、声功率、声压级等。

1.1.2 频率、声速、波长、相位

1.1.2.1 频率

振动体每秒振动的次数称为频率，用符号 f 表示，频率的单位是赫兹（Hz），简称赫。振动体每秒振动一次时表示为

1Hz=1次/秒

振动体每振动一次（即完成一次往复运动）所需要的时间为周期，用符号T表示，单位是秒（s）。频率和周期的关系为

$$f = \frac{1}{T}$$

发声体每秒振动次数越多，即频率越高，听音者感觉声音的音调越高，一般称之为声音尖锐；反之，频率低的声音音调低，听起来声音低沉。一般把频率为20~50Hz的声音称为超低音，50~150Hz的声音称为低音，150~500Hz的声音称为中低音，500~5000Hz的声音称为中高音，5000~20000Hz的声音称为高音。C调的"1"频率是256Hz，而高八度的"1"频率是512Hz。

1.1.2.2　声速

声波在传声介质中，每秒传播的距离称为声波的传播速度，简称声速，用符号c表示，单位是米/秒（m/s）。声音在不同的介质中的传播速度是不同的，在标准大气压下，0℃的空气中，声音的速度是331.4m/s。空气的温度越高，声速越快，温度每增加1℃，声速增加0.607m/s。

声音在固体中传播的速度最快，其次是液体，再次是气体。如在水中一般是1450m/s；在钢铁中约为5000m/s。由此可见，声速决定于传声介质的性质，而与声源频率及强度无关。一般计算中，取空气中声速c=340m/s。

1.1.2.3　波长

物体或空气分子每完成一次往返运动或疏密相间的运动所经过的距离称为波长，用符号λ表示，单位是m。在一定的传声介质中，波长是由声波的频率决定的：频率高，波长短；频率低，波长长。根据频率、波长和声速的定义，三者之间有如下关系：

$$\lambda = \frac{c}{f}$$

如常温下（15℃），在空气中的声波频率为100Hz时，波长为$\lambda=c/f=340/100=3.4$(m);在水中的声波频率为100Hz时，波长则为$\lambda=c/f=1450/100=14.5$（m）。

1.1.2.4　相位

相位这一名词说明声波在其周期运动中所达到的精确位置。相位通常以圆周的度数来计算，因而360°就相当于一个完整的运动周期。沿着时间轴画出波动的图形，能清楚地说明相位关系。从图1-2中可以看出，任何一个波动的起始点离其相邻波的起始点恰好是360°，这就说明所有波峰都是互相同相。同样，所有波谷均相距360°，也就是说，它们也都是互相同相。而波峰与波谷之间则是互相反相，因为它们的相位差为180°。

这里有一个重要的问题需要弄清楚，就是同相的声音是相加的，并易于结合；而反相的声音则是相减的，并互相抵消。

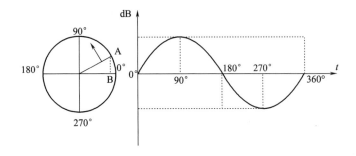

图1-2　相位

1.1.3 声压、声压级

1.1.3.1 声压

上面谈到物体振动带动周围介质空气产生膨胀和压缩，所谓膨胀和压缩是相对于没有声波存在时的空气而言的，实际上，没有声波存在时空气本身存在静压力，就是大气压力。假定当地环境的大气压力接近标准大气压，一个标准大气压为101.3Pa（压力的计量单位是帕斯卡，符号为Pa）。由于声波的存在，使空气中的压力变化，局部被压缩的空气的压力在原先静压力的基础上增大了，局部膨胀了的空气的压力在原先静压力的基础上减小了。

所谓声压就是由于声波的存在引起空气的压力在原先的静压力的基础上增大或减小的量的有效值，这个变化的量和静压力比起来是非常小的。声压的单位也可以是Pa。根据统计，人耳能听到的1kHz声音的最小声压为0.00002Pa（或者写成2×10^{-5}Pa），我们将此声压称为参考声压（P_0）。当声压达到20Pa时我们已经觉得声音太大了，长期听这样的声音让人受不了，当然比20Pa更大的声音我们还能听，但是更难受，如果声压继续增大，可能对人耳产生永久性损伤。

1.1.3.2 声压级

上面讲到人耳能听到最小声压和能忍受的最大声压相差很大，达到一百万倍以上。实际上，人耳对声音响度的感觉与声压的对数关系更接近，为了讨论方便，人们又设置了声压级（SPL或L_p）这个参数来表示声压大小的等级，用对数表示，单位为分贝（dB）。

$$L_p = 20\log_{10}\frac{P}{P} = 20\lg\frac{P}{P_0}$$

式中　P——被指定的声压，Pa；

P_0——参考声压，Pa。

当$P=P_0$时，$L_p=20\lg0.00002/0.00002=20 \times 0=0$（dB），说明当指定的声压等于参考声压0.00002Pa时，其声压级为0dB，也就是说人耳刚刚能听到的1kHz声音的声压级为0dB。同理，当声压为1Pa时用声压级来表示就是94dB。

典型环境的声压级见表1-1。

表1-1	典型环境的声压级	
典型环境	**声压级/dB**	**主观感受**
飞机起飞（60m处）	120	不堪忍受
打桩工地	110	有冲击感
喊叫（1.5m处）	100	震耳
重型卡车驶过（15m处）	90	刺耳
城市街道	80	喧闹
汽车内	70	嘈杂
普通对话（1m）	60	适中
办公室	50	适中
起居室	40	清静
卧室	30	比较安静
播音室	20	很安静
落叶声	10	略微察觉
人工消声室	0	寂静

1.1.4 声波传播的状态

1.1.4.1 声波的反射

声波在传播的过程中，遇到一种介质与另一种介质的分界面时，由于两种介质的声学性质不一样，一部分声能在分界面改变传播方向返回到原先的介质中去的现象叫声波的反射。如图1-3所示。

1.1.4.2 声波的绕射

声波遇到墙面除了反射之外，还会沿着墙面边缘改变线路向前继续传播，声波绕过墙面边缘或柱面、洞孔等继续进行传播叫声绕射，也称衍射。

声绕射与声波波长及绕射面大小有关。绕射面小于波长很多，声波会绕过物体表面；当声波波长与绕射面大小相当时，声波会有一部分产生绕射，而另一部分被阻挡的形成反射波；当声波波长比障碍物尺寸小很多时，基本被障碍物挡住。声音的绕射现象一般发生在低频段，声波在遇到柱子等小型障碍物时可以不受其干扰，绕过障碍物继续传播；而中、高频段的声波被障碍物挡住产生反射波，因此在障碍物后面的听众听不到中、高频段的直达声，只有低频可以绕过去，因此听到的低频多，声音的清晰度很差。声场中的这一部分称为声影区。

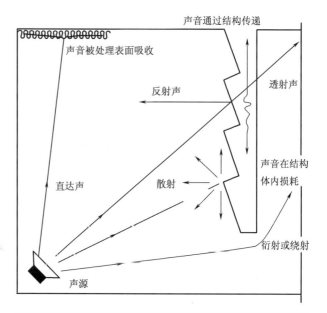

图1-3 声波在室内的传播状态

（图中标注：声音通过结构传递、声音被处理表面吸收、反射声、透射声、直达声、散射、声音在结构体内损耗、衍射或绕射、声源）

1.1.4.3 声波的散射

声波向各个方向的不规则反射，形成散射。如剧场、厅堂中的凸形墙面、表面粗糙的墙面，可以使声波产生散射，达到调节声场的效果。在声场内设置扩散体，使声音发生扩散的目的是为了使声场内的各个部位的声压级大致均匀，同时可以有效地消除声像颤动、回声一类的声场缺陷。

1.1.4.4 声波的衰减

声波的衰减是指声波在介质中传播的过程中，介质对声波的阻碍作用，使声能造成一定的消耗，这就是声波的衰减。

1.1.4.5 声波的吸收

声波的吸收是指传播声波的介质对声能的吸收作用，其实质是声能通过介质材料时进行了能量转换，如声波通过吸声材料的空隙时，声能转变为热能。

1.1.4.6 声波的干涉

声波的干涉是指两个频率相同的声波互相叠加后所产生的现象，干涉的结果使空间声场有一固定分布，某些点加强，某些点减弱。如果它们的位置相同，两个声波的振幅在相同的相位情况下，将增强；如果它们的相位相反，互相抵消；如果两个声波的相位不是完全相同或相反，而是存在一定的相位差，则声波有时增加，有时减少。

干涉现象会引起空间各点声场之间很大的差异。了解了声波的干涉，在录音时应引起注意，尤其是传声器的拾声和扬声器的放声更应合理掌握干涉而进行调整。

1.1.5 纯音与复合音

1.1.5.1 纯音

纯音（pure tone）是指由单一振动频率成分构成的声音。

1.1.5.2 复合音

复合音（complex tone）是指由一种以上振动频率成分构成的声音。

自然界中，纯音比较少见，因为通常情况下，物体在振动时，除整体振动外，同时还有分段振动，因而都属于复合振动。例如，琴弦在振动时，除了弦的整体在振动，其他部分，如弦的1／2、1／3、1／4段等，同时也在振动。不仅弦振动如此，空气柱振动、皮膜振动、各种各样的板振动和棒振动也基本如此。绝大多数乐器所发的音也都是复合音。

1.1.6 基音、分音、泛音、谐音

1.1.6.1 基音与分音

复合音中每一个纯音成分都有特定的称谓。在物理声学中，物体作复合振动时产生的每一个声音成分称为"分音"（partial tone）。其中，物体作整体振动时产生的声音称为"第1分音"，同时又称为"基音"(fundamental tone)，其他分音则依振动频率由低至高顺称为"第2分音"、"第3分音"等。有时，基音以外的分音又称"高列分音"（upper partials）。

1.1.6.2 泛音与谐音

在音乐声学领域，因为面对的振动物体多是能够发出乐音的物体，如弦或管，这些振动体高列分音与基音之间基本构成整数倍的关系，因而音乐声学将这些振动体产生的高列分音称为"泛音"（overtones）或"倍音"。因为这些泛音听起来比较和谐，故又统称为"谐音"（harmonics)。在谐音列中，基音标记为"第1谐音"，其他谐音按整数倍的顺序依次标记为"第2谐音"、"第3谐音"等。

一般情况，复合音中的基音振动能量较强，泛音能量相对较弱，因此基因振动频率往往就决定着这个乐音的主观音高。但有时也有泛音能量强于基音的情况。譬如，当振动物体的质量很重，而激励振动体的能量又相对较弱的情况下，会出现局部振动强于整体振动的情况，这时，局部振动产生的泛音就会强于整体振动的基音。从听觉角度讲，虽然这时基音的成分依然存在，但其能量相对比较弱，对听觉的影响力也弱于泛音，因此较强的那个泛音的音高就决定了这个复合音的整体高度。

1.1.7 泛音列、频谱与音色

1.1.7.1 泛音列

在音乐声学和音乐理论研究中，为了便于大家理解复合音的构成，常常将基音和泛音按音高顺序排列起来，称之为"泛音列"（serial of overtone或overtones）。如果基音与泛音之间呈整数倍关系，这个音列又称"谐音列"（harmonics)。

1.1.7.2 频谱

泛音数量、泛音之间的音程关系、以及泛音之间的强度关系，是体现乐器声音特征的三个重要的参量，音乐声学采用一种特定的图形方式将这三个参量之间的

相互关系体现出来，这种图形就称为"频谱"（spectrum)或"声谱"（spectrum of sound)。

典型的频谱是以二维的坐标形式来体现实际声响的泛音列情况：横坐标标示声音中每个泛音的频率，纵坐标标示每个泛音的声压级。图1-4所示的是钢琴A音的频谱图。

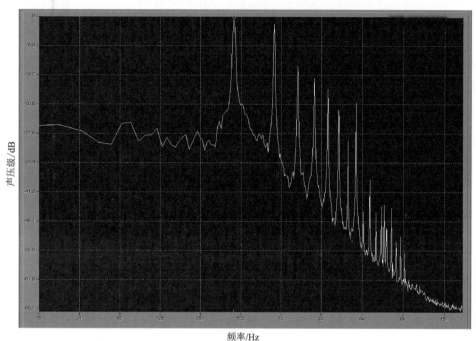

图1-4 钢琴A音的频谱图

1.1.7.3 音色

音色是一种人们对声音的主观心理感觉，是声音的客观物理属性在人们的主观听感中的心理反应。

人们日常听到的语言和音乐声，都是由许多频率成分组合起来的复合音。通常情况下，可以根据声音各频率成分的分布特点得到一个综合印象，即音色感觉。

1.2 人耳的听觉特性

1.2.1 人耳对频率的感知范围

发声体通过振动能产生声波，但不是所有的声波都能被人们听见，这是由于人耳耳膜与一切物体一样有一定的惯性，它与发声体的振动次数有关。只有频率在20~20000Hz范围内的声波才能被人听到，因此，该频率范围内的声音称为可闻声。在这个频率范围以外的声波不能引起听觉，频率超过20000Hz的称作超声波，频率低于20Hz的称作次声波。实际上，只有极少部分的人能听到这两端的声音，大部分人的可听频率范围在40~16000Hz。另外，人耳在不同频率区的听觉灵敏度也是不一样的，如图1-5所示。

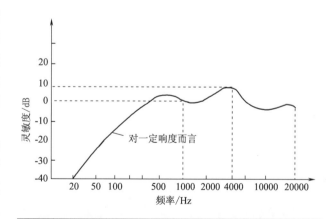

图1-5 人耳对频率的灵敏度

6

1.2.2　可听阈与疼痛阈

当声音刚好能够被听见，我们就说这个声音为最低可听界限，这个值就是可听阈，如图1-6所示。

在低音量电平时，人耳对于低于500Hz的频率不很灵敏。因此，一个40Hz声音的强度必须比500Hz的声音强度更大，才能达到最低的可听界限。

当一个声音到了使人震耳欲聋的时候，我们就说这个声音达到了最大可听界限，这个值就是疼痛阈，如图1-6所示。

如果继续增加声压，我们就会感觉到头痛。由于在听到声音与感到头痛之间没有明确的分界线，所以当某些高频声音离最大可听界限还有一段距离时，有些人或动物就会对这些声音表现出烦躁不安的神情。因此，疼痛阈是因人而异的。

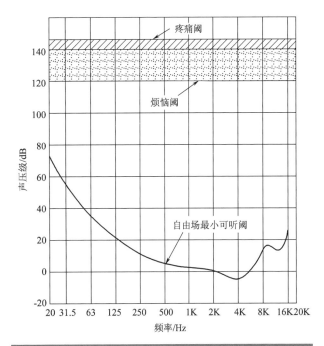

图1-6　人耳的听觉范围

1.2.3　人耳的分辨能力及对不同频率的听感特性

人的听觉对于声音频率变化能察觉到的最小范围称为人耳的频率分辨力。对于1kHz以下的频率为±3Hz；对于1kHz以上的频率为$\triangle f/f=0.003$，其中f为某一固定频率，$\triangle f$为人耳能分辨的频率相对变化值。

听觉对声音的声压级变化能察觉到的最小变化值称为人耳的声压分辨力，一般为±3dB。

复合音由各种频率成分组成，人耳听觉感受的频率范围为20Hz~20kHz，这些频率成分的强度分布形成声音频谱，也就是音色，如同各种光波频率形成不同色感一样。不同的乐音有着不同的音色，引发的听感也不相同。如果按音域的听感特性区分，可分成10个音域：

①深沉区20～64Hz

②浑厚区64～128 Hz

③丰满区128～256Hz

④力度区256～512 Hz

⑤明亮512～1024Hz

⑥透亮区1024～2048Hz

⑦敏锐区2048～4096Hz

⑧清脆区4096~8192Hz

⑨细腻区8192～16384Hz

⑩纤细区16384Hz以上

1.2.4　掩蔽效应

人们在安静环境中能够分辨出轻微的声音，但在嘈杂的环境中却分辨不出轻微的声音，这时需要将轻微的声音增强才能听到。这种一个声音的可听阈因另一声音的存在而提高的现象，称为掩蔽效应。

假设听清声音A的阈值为40dB，若同时又听见声音B，这时由于B的影响使A的阈值提高到52dB，即比原来高12dB。这个例子中，B称为掩蔽声，A称为被掩蔽声。被掩蔽声可听阈提高的分贝数称为掩蔽量，即12dB为掩蔽量，52dB称为掩蔽阈。

早期的掩蔽研究是从纯音开始的，已经知道声音引起的掩蔽大体决定于声音的强度和频率，低频率的声音能有效地掩蔽高频声，但高频声对低频声的掩蔽作用不大。当两个纯音同时发声时，其掩蔽规律如下：

①被掩蔽声的频率越接近掩蔽声，掩蔽量越大，频率相近的纯音掩蔽效果显著。最大掩蔽出现在掩蔽频率附近。

②掩蔽声的声压级越高，掩蔽量越大，且掩蔽的频率范围越宽。实验表明，若掩蔽声增加10dB，掩蔽阈也增加10dB，两者呈线性关系，且这种关系不受频率影响，既适合于纯音，也适合于复合音。

③掩蔽声对比其频率低的纯音掩蔽作用小，而对比其频率高的纯音掩蔽作用大，即低频声容易掩蔽高频声，而高频声较难掩蔽低频声。例如，在轰隆轰隆的低频噪声环境下，人们彼此交谈极为困难；而在叮叮当当的高频噪声环境下，虽然感到声音刺耳，但仍能听懂对方的谈话。一个纯音可以被另一个纯音掩蔽，也可以被一个窄带噪声掩蔽。

1.2.5　双耳效应

人耳在头部的两侧，其作用首先表现在接受纯音信号的阈值比单耳阈值约低3dB，这可以理解为双耳共同作用的结果。

对强度和频率，双耳的辨别力都高于单耳。用声压级70dB的250Hz、1000Hz和4000Hz三种纯音实验的结果表明，双耳的差别感受性都强于单耳。两只耳朵接收声信号，无论时间、强度或者频谱，都是互不相同的，但是听到的却是一个单一的声像，这个过程就称为双耳融合。双耳听觉大都是在立体声条件的声场中产生的，声音位于周围的环境中，而从耳机中听到的声音位于人的头部。在立体声声场中，确定声源的空间位置称为定向；在用耳机时，确定声源的左右位置称为定位。

低频信号的定向是以双耳的时间差为依据，而高频信号的定向决定于两耳间的声级差。当波长大于声音从近耳传到远耳的距离时，两耳间的相位差也是有用的声源定向线索。声音绕经头部的路程为22～23cm，所以声音由近耳传到远耳约需660μs，这个时间差相当于频率1.5kHz。因此对更长的波长而言，两耳间将有一个显著的相位差，可作为有效的定向线索。

声源定位的方法是给听音者的两只耳朵送入一定差别的信号，以确定耳间差对定位的影响。耳间时差对1.3kHz以下的频率最重要，而耳间强度差是高频定位的主要线索。由于人耳的左右对称分布，声源左右移动时，在两耳处引起的声压、时间和相位的差别比较明显，通常可以分辨出水平方向向上5°～15°范围以内的声像移动。但在垂直方向上，可能声像移动达到60°以上才能分辨出来。剧场的观众厅扩声系统中，扬声器置于台口上方，就是因为考虑到人耳左右水平方向的分辨能力远大于上下垂直方向。

双耳效应在厅堂声学设计中占有重要地位，特别是在录音和扩声方面，很多声学参数都需要考虑这一因素。立体声系统就是根据人的双耳效应而发展起来的。

1.2.6　哈斯效应

当一个声场中两个声源（两个声源发出的声音是同一个音频信号）的声音传入人耳的时间差在50ms以内时，人耳不能明显辨别出两个声源的方位。人耳的听觉感受是：哪一个声源的声音首先传入人耳，那么人的听觉感觉就是全部声音都是从这个方位传来的。人耳的这种先入为主的聆听感觉特性，称为"哈斯（Hass）效应"。

当两个声音到达人耳的时间差不超过20ms时，人的听觉不会发现实际上存在有两个声源。当两个声源在方位上较接近时，时间差可达30ms而不被人的听觉所觉察。当时间差增加到35~50ms时，后到达人耳的声音将被感觉到，但此时人的听觉仍不能把两个声音分开。当时间差超过50ms时，若后到达的声音有足够的声级则会干扰先到的声音，形成回音效果。

图1-7所示为哈斯效应的几种情况，图中A、B声源采用相同的声源信号。

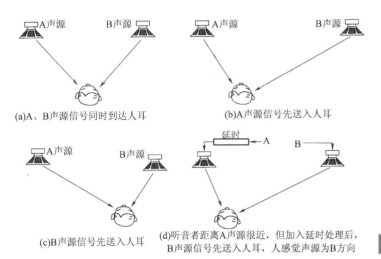

(a)A、B声源信号同时到达人耳　　　　　(b)A声源信号先送入人耳

(c)B声源信号先送入人耳　　　(d)听音者距离A声源很近，但加入延时处理后，B声源信号先送入人耳，人感觉声源为B方向

图1-7　哈斯效应示意图

图1-7（a）中，声源A和B距离人耳的距离相同，人不能明显地辨别出两个声源的准确方位，主观感觉是声音来自两个声源之间，增加了空间感，人们称之为假立体声。

图1-7（b）中，人听音的位置距A声源近，距B声源远，听到A声源声音大，听到B声源声音小。但是，人们的心理感觉却是只有一个A声源的声音，而没有感觉到B声源的存在，即哪个声源声音强，人们就感觉全部声音都是由这个声源传出来的。

图1-7（c）中，人距离B声源近，距A声源远，感觉到全部声音都是B声源发出的，而忽略了A声源的存在。如果将B声源切断，人们才会发现A声源声音的存在，不过由于A声源距离人较远，听到的声音小一些。如果将A声源切断，仍然感觉到声音是由B声源发出的，不过听到的声音由于切断了A声源而变小了，其感觉的方位并没有改变。

图1-7（d）中，听音者距离A声源很近，但A声源加入延时处理后，B声源的信号先送入人耳，人感觉声源为B方向。

1.2.7　多普勒效应

当听音者与声源作相向运动（即互相靠近）时，接收到的信号波长会在瞬间变短。由于波长与频率成反比关系，波长变短，频率就会升高，所以感觉声音在变高；当听音者与声源作反向运动（即互相远离）时，波长会在瞬间变长，同理频率就会降低，所以感觉声音在变低。1842年奥地利物理学家多普勒（C.Doppler）首先从理论上解释了这种现象，所以称这种现象为多普勒效应。比如，当我们乘火车时，听到对面疾驶而来的火车鸣笛声，先是升高，然后又随着车子的驶过而降低。

1.2.8 鸡尾酒会效应

鸡尾酒会效应是指人耳具有"过滤"或选听功能：能够自动滤掉不想听的声音，专门接收想听的声音信息。比如，在人声嘈杂的饭馆里吃饭，周围很多人都在说话，而你却可以只听见同桌朋友的谈话，对周围声响"充耳不闻"；但如果你用录音机录下当时在场的所有声音，待重新播放时，你会听到你和你朋友的谈话已经淹没在周围嘈杂的声响之中，根本无法分辨谁在讲话。这是因为录音机没有人耳的"滤波功能"所致。声学上把这种现象称为"鸡尾酒会效应"。

1.3 室内声音的构成

发声体在闭室内振动，所发出的声波在室内空间形成复杂的声场。声场中某一位置上听到的声音由三部分组成：直达声、近次反射声（又称早期反射声）和混响声（又称多次反射声），如图1-8所示。

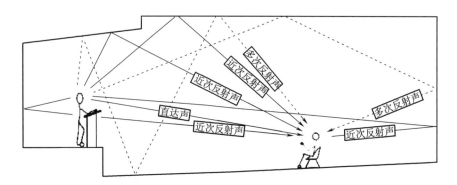

图1-8 室内声音的组成

1.3.1 直达声

直达声指从声源直接传播到听音点的声音，其传播路径是从声源到该点的直线段。在传播过程中直达声不受室内界面的影响，符合平方反比定律，即距离每增加1倍，声压级下降6dB。声源除了向听音位置按直线方向传播声音以外，同时也向四面八方辐射，这些辐射声波遇到墙面或其他较大的障碍物时，一部分被反射，一部分被吸收，而这些反射声在遇到障碍物时又会发生第二次、第三次……反射与吸收的过程，直至能量被吸收耗尽。这样在听音位置上所接收到的声音除了直达声以外还有一系列的反射声。图1-9所示为脉冲声在闭室内的响应曲线。

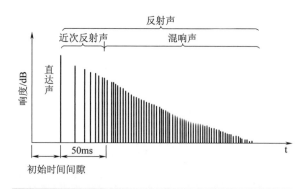

图1-9 脉冲声在闭室内的响应曲线

1.3.2 早期反射声

早期反射声指相对直达声延迟50ms以内到达的反射声。早期反射声到达较早,经过反射次数较少,在响应图上间隔较大且声压级也较高。

由于哈斯效应,延时在50ms内的反射声难以和直达声分开,不会互相干扰。早期反射声有助于加强直达声,特别是大厅内来自侧墙的反射声,对声音的空间感和声音洪亮感起重要作用。在大型厅堂中,可依靠早期反射声使声场均匀。

到达听者的第一次反射声与直达声的时间间隔,称作初始时间间隙(或称作预延时时间),与闭室大小有关,对声音的亲切感起主要作用。

1.3.3 混响声

混响声是室内继早期反射声之后的一系列密集而不可辨认的反射声的总体。混响声对听感的影响主要有以下几个方面:

①提高了听感的响度;

②给人以温暖感和力度感;

③影响清晰度、融合度以及层次感;

④提高声音的丰满度;

⑤对环境感有重要影响,并对判断与声源的距离起一定作用。

从本质上讲,混响声与早期反射声一样都是经房间修饰了的非直达声。不同的是,混响声通常只能在封闭空间中形成,并且主要在混响场部分起主要作用;而在任何空间,只要有反射面存在,反射声的获得总是可能的。

1.3.4 混响时间

室内声源停止发声后,声音衰减的过程称为混响过程。混响过程用混响时间来加以度量。混响时间是指声源停止发声后,室内声能衰减60dB所经历的时间,记作T_{60},如图1-10所示。

不同类型厅堂的最佳混响时间(500Hz)的推荐值见表1-2。

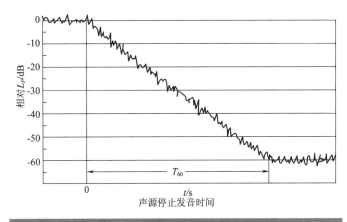

图1-10 混响时间

表1-2 不同类型厅堂的最佳混响时间(500Hz)的推荐值

厅堂用途	混响时间/s	厅堂用途	混响时间/s
电影院、会议厅	1.0 ~ 1.2	电视演播厅	0.8 ~ 1.0
演讲、戏剧、话剧	1.0 ~ 1.4	语言录音	0.3 ~ 0.4
歌剧、音乐厅	1.5 ~ 1.8	音乐录音	1.4 ~ 1.6
多功能厅	1.3 ~ 1.5	多功能体育馆	< 1.8

1.4 立体声

1.4.1 立体声的概念

人的听觉器官有定位功能。在一个声场里,人耳通过对声源的不同频率、不同音色、不同位置（距离、角位）的辨认（双耳效应），而产生立体声感。

通过电声换能系统，再现原发声场声源的空间特性，就是立体声再现。当然，再现只能是近似的，而不能还原。

1.4.2 立体声的种类

1.4.2.1 二声道（2-0）立体声

如果用声道数量来描述立体声格式类型的话，按国际标准应表示为*n-m*立体声。其中第一个字母代表听众前面的扬声器数量，第二个字母代表听众身后或侧面的扬声器数量。所以我们将二声道立体声称为2-0立体声，代表只在听众前面存在有两个扬声器来传输信号并还原一个三维立体声声场。

在实际声场中的声源定位应在两个扬声器之间得到较为准确的还原，并将还原后的声源称为幻象声源。图1-11是标准的二声道立体声喇叭设置。

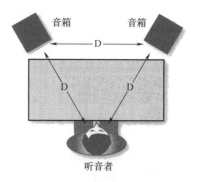

图1-11　标准的二声道立体声喇叭设置

1.4.2.2 三声道（3-0）立体声

三声道立体声目前主要用于其他多声道立体声制式的基础还音设置，所以很少被单独使用。

三声道立体声系统由左（L）、中（M）、右（R）三个扬声器来还原位于听众前面的声场，并根据ITU标准，L、R扬声器和听众之间的关系仍为等边三角形，M扬声器则位于中心法线的位置上，如图1-12所示。

1.4.2.3 四声道（3-1）立体声

四声道立体声按国际标准被称为3-1立体声，也可以遵从其他的习惯被称为LCRS立体声（LFE声道可作为选择进行添加）。3-1立体声开发的主要目的是通过在3-0立体声系统的基础上增加一个效果声道（或者说是环绕声道）来扩大在影院中观众听音的角度。该技术首先由Holman在20世纪50年代美国20世纪福克斯电影公司的产品中加以应用，并由此发展为后来的家庭电视娱乐系统。由于3-1立体声中的环绕声道信号为单声道信号，所以基本上无法全面实现360°真实的声场定位效果。四声道立体声喇叭布局如图1-13所示。

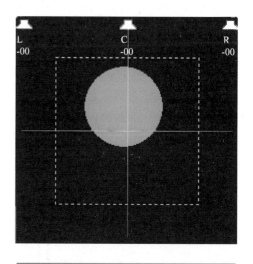

图1-12　三声道立体声喇叭布局

1.4.2.4 5.1声道（3-2）立体声

3-2环绕立体声目前不管其中的LFE声道是否存在均被广泛称为5.1声道环绕立体声，所以本书也直接称这种立体声制式为5.1环绕立体声系统。5.1立体声中的".1"代表经过带宽限制处理的信号声道，通常被称为低频效果声道即LFE（Low Frequency Effect）或是超低音声道。目前有国际标准组织将5.1立体声命名为3-2-1立体声，其中最后一位数字"1"代表LFE声道。

与3-1立体声不同，在5.1立体声格式中，环绕声道是由两个扬声器进行重放的立体声信号，同时与前置三个声道（等

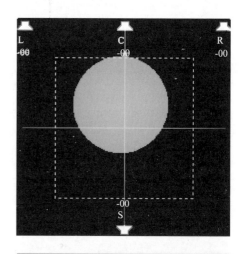

图1-13　四声道立体声喇叭布局

同于上述3-0立体声）结合形成以前置为主的还音模式，如图1-14所示。这种前置为主的还音模式意味着环绕声道只负责为前置信号提供一种"空间印象"或是"效果"的支持，所以从这一点上说，尽管目前存在有许多环绕声拾音制式或通过一些信号处理设备来完成环绕信号的制作，但5.1声道标准本身并不直接支持信号在360°范围内的定位处理。同时这也是很多组织坚持使用3-2立体声模式而不是单纯的五声道立体声来对5.1环绕立体声进行标识的原因。

1.4.2.5 其他多声道音频格式

尽管5.1系统目前被广泛采纳，但其他多声道格式仍然存在，尤其是采用更多的声道和扬声器数量对节目信号进行返送，以求在声音重放时覆盖更大的听音范围。这里主要介绍7.1和10.2环绕模式。

7.1声道环绕模式主要以宽银幕电影的发展为基础，为了覆盖更大的监听范围，增加了左中（CL）和右中（CR）扬声器，但主要用于剧院场所中，并不被家庭影院所采纳。采用这种还音模式最多的为SONY-SDDS影院格式，还有70mm Dolby立体声格式（最早70mm Dolby立体声格式在模拟时期只有一个环绕声道）。7.1声道环绕模式的喇叭布局如图1-15所示。

10.2声道环绕模式主要由Tomlinson Holman开发，但并没有成为一种格式标准。10.2环绕在原5.1环绕扬声器摆放的基础上，另架设两个侧向音箱来

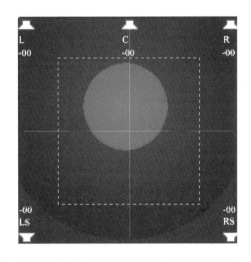

图1-14　5.1声道喇叭布局

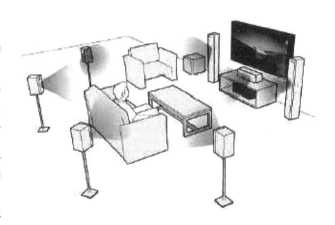

图1-15　7.1声道喇叭布局

拓宽两侧声场的宽度和一个后中置音箱来补偿听众正后方的中空效应，还有两个在听众上方的扬声器来还原声场高度的信号，以及根据Griesinger的建议附加一个超低音箱来覆盖更宽的听众范围，并加强低频信号的空间感。

1.5 数字声

1.5.1 数字声概述

数字化记录声音和画面的技术和现代科技紧密相关，但它的原理却要追溯到古老的机械运算装置。一切都基于一个简单的原理：任何运算都可以使用两个数字——"1"和"0"来完成。这些原理也使得从古老的运算机械到今天快如闪电的计算机都使用同样的运算方法，而今天计算机的运算能力都源于"芯片"。

那些电子硅芯片的运算能力和速度自1970年以来突飞猛进，但直到最近几年，它们的存储能力和速度才满足了后期声画制作的需要。

无论是声音还是图像，所谓的数字化革命都依赖于称为模拟-数字转换器的设备（也称为A/D转换器或者ADC），这是一个将输入的模拟信号转换成数字信号输出的装置，其工作原理为，首先将声音信号分解成两个独立的信息：一个记录声音

信号的位置，即每经过一段特定的时间就记录一次；另一个则记录时刻信号的强度，即在该时刻声音有多响。这种对位置和幅度的测量每秒进行数万次。这个时间参数，也就是声音被取样的速度，叫做采样频率，记录下信号幅度的过程称为量化。

数字信号工作时只可能取两个值：开或关，这使得记录下的信息非正即负，系统中引入的噪声可以完全忽略不计，因为它们不会影响记录下来的那两个值。基础的数字信息单元是"位"（二进制元），其状态只可能是"0"或者"1"，或者对于工程师来说是"低"和"高"，这两种状态可以用很多种方式表示，如电压值或者光盘上深度不一的凹坑（DVD就是这样记录信息的）。

数字信息可以借助电子线路记录到磁带和光盘上，然后毫无损失地还原，但必须和最初使用的采样频率一致。即使频率只有一点点小小的变化，系统也会工作不正常——产生同步的"时钟错误"，可能会导致信号无法还原。

除非信号过载，数字记录声音（和画面）是无失真的。一旦信号过载就会造成严重的失真，甚至是无声。实际上，数字录音最大的优势在于不断复制的过程中，音质不会有任何损失，而这一点则恰恰是后期制作过程中最理想的需求。

1.5.2 数字声的质量参数

1.5.2.1 采样率

录音比特数据流的采样率直接影响了音频数字化过程中对所录制声音的解析力。就如同捕获动态图像一样，如果你在移动它的过程中进行更多的采样，你就能更准确地去描述这个图像。但一方面，如果你采样的数量过少，那么它的解析力就会不合标准甚至导致损耗；另一方面，采样率过高会导致声音文件频率响应超过人耳所能察觉到的频响范围，造成文件占用过大的硬盘空间。除了采用业界标准的采样率外，你还要自己决定哪一种采样率最符合你的制作要求。虽然还有一些其他的采样率标准存在，但是以下这些是最常应用在专业工作室、中小型工作室和一般音频节目制作的标准：

（1）32kHz　这种采样率常用于广播电台通过卫星来传送和接收数字信号。由于它的总带宽只有15kHz，对数据存储容量的需求也不高，因此有些设备也用它来节省内存。虽然这种采样率一般不用于专业领域，但是如果使用高质量的AD转换器的话，32kHz所能达到的声音质量还是能够给人以惊喜。

（2）44.1kHz　长期以来专业音频及消费产品的标准采样率，是CD唱片标准规定的采样率。由于带宽可以达到20kHz，44.1kHz的采样率被认为是专业音频里的最低采样率。如果有高质量的A／D转换器，这种采样率能够无损地录制声音并且占用存储空间最少。

（3）48kHz　广泛应用于电视节目的后期制作。这种采样率标准很早就开始在专业音频应用中使用（尤其对于硬件数字音频设备而言）。

（4）96kHz　随着24bit录音能力的实现，更高采样率和量化精度的录音变为可行，能够以96kHz甚至更高的采样率进行编码（如96kHz／24bit）。同时，96kHz也是DVD-audio产品所支持的采样率。

（5）192kHz　这同样也是DVD-audio产品所支持的采样率。

1.5.2.2 比特率-量化精度

数字声音文件的比特率直接影响了编码到比特数据流里的量化电平数量。因此，比特率（或者叫做比特深度）直接关系到在对一个采样点的电平进行编码时所能达到的精确程度以及信号噪声比的大小（这直接影响到所录制信号的整体动态范围）。量化精度是录音作品动态范围的重要指标，数字录音的编码方式是线性脉冲编码调制技术（LPCM）。在这个系统中，每增加一个比特的量化数，就可以提升6dB的信噪比。

虽然还有其他的比特率标准的存在，但是以下这些是最常应用在专业工作室、中小型工作室和一般音频节目制作的标准：

（1）16bit 同44.1kHz声音采样率一样，16bit是专业音频和消费产品的标准，同时也是CD唱片的量化精度标准（在理论上提供97.8dB的动态范围）。16bit被认为是专业音频产品领域里面最低的比特率标准。同样，如果有高质量的A／D转换器，这种比特率能够无损地录制声音并且占用存储空间最少。

（2）20bit 在24bit出现之前，20bit被认为是高质量量化精度的标准。虽然现在已经不太常用，但还是在一些高解析度的录音中有所使用（理论上提供121.8dB的动态范围）。

（3）24bit 理论上提供145.8dB的动态范围。这种比特率标准被应用于专业音频、高解析度及DVD-audio领域。

1.5.3 数字声的文件格式

不同的记录文件格式，往往采用了不同的压缩编码算法，我们可以通过比较各种文件格式的特点，同时考虑到各种音频播放时不同的应用范畴，从而做出不同的选择。基于Windows操作平台的常见的音频文件格式有以下几种。

1.5.3.1 WAVE文件

WAVE格式是微软公司开发的一种声音文件格式，也叫波形声音文件，是最早的数字音频格式，被Windows平台及其应用程序广泛支持，也成了PC世界数字化声音的代名词。WAVE格式支持许多压缩算法，采用PCM编码、AD-PCM编码等生成的数字音频数据都以WAVE的文件格式存储，以".WAV"作为文件扩展名。WAVE文件由三部分组成：文件头（标明是WAVE文件、文件结构和数据的总字节数）、数字化参数（如采样率、声道数、编码算法等），最后是实际波形数据。

CD激光唱盘中包含的就是WAVE格式的波形数据，只是不存成".WAV"文件而已。但是通过一些抓轨软件可以从CD直接得到WAVE格式的文件，CD-DA音质信号每分钟需10MB以上的存储容量。

这种文件的特点是易于生成和编辑，但由于无压缩的音频数据量大，对数据的存储和传输都造成压力，所以不适合在网络上播放。

1.5.3.2 MP3文件

MP3的全称是Moving Picture Experts Group Audio Layer III。简单地说，MP3就是一种音频压缩技术，由于这种压缩方式的全称叫MPEG Audio Layer3，所以人们把它简称为MP3。MP3是利用MPEG Audio Layer3技术，将音乐以1∶10甚至1∶12的压缩率，压缩成容量较小的文件，当然这是一种有损压缩，但是人耳却基本不能分辨出失真来，音质几乎完全达到了CD的标准。按照这种算法，10张CD-DA的内容可以压缩到一张CD-ROM中，而且视听效果相当好。

MP3文件是采用MP3算法压缩生成的数字音频数据文件，以".MP3"为文件后缀。使用MP3播放器对MP3文件进行实时的解压缩（解码）（无论是软件播放器还是随身听），高品质的MP3音乐就播放出来了。每分钟CD音质音乐的MP3格式只有1MB左右大小，这样每首歌的大小只有3~4MB。正是因为MP3体积小、音质高的特点，使得MP3格式几乎成为网上音乐的代名词。

1.5.3.3 MP3Pro格式

MP3Pro是MP3编码格式的升级版本。MP3Pro是由瑞典Coding科技公司开发的，在保持相同的音质条件下可以把声音文件的文件容量压缩到原有MP3格式的一半大小，而且可以在基本不改文件大小的情况下改善原先的MP3音乐音质。当制作MP3Pro文件时，编码器将音频分为两部分：一部分是将音频数据中的低频段部分分离出来，通过传统的MP3技术而编码得出正常的MP3音频流，用这个方法可以使MP3编码器专注于低频段信号从而获得更好的压缩质量，而且原来的MP3播放器也可播放MP3Pro文件；另一部分则是将分离出来的高频段信号进行编码并嵌入到MP3流中，传统的MP3播放器会将其忽略掉，而新的MP3Pro播放器则可从中还原出高频信号，并将两者进行组合，得到高质量的全带宽的声音。

经过MP3Pro压缩的文件，扩展名仍旧是. MP3。可以在老的MP3播放器上播放。老的MP3文件可以在新的MP3Pro播放器上进行播放。它能够在用较低的比特率压缩音频文件的情况下，最大限度地保持压缩前的音质。

1.5.3.4 WMA格式

WMA的全称是Windows Media Audio，是微软力推的一种音频压缩格式。WMA格式是以减少数据流量但保持音质的方法来达到更高的压缩率目的，其压缩率一般可以达到1：18，生成的文件大小只有相应MP3文件的一半。

WMA文件可以在仅仅20kb/s的数据流量下提供可听的音质，因此WMA常常是在线收听和广播的首选，微软早就在Windows Media Player中提供了播放支持。此外，WMA还可以通过DRM(Digital Rights Management)方案加入防止拷贝，或者加入限制播放时间和播放次数，甚至是播放机器的限制，可有力地防止盗版。

WMA和MP3的优劣一直是大家争论的焦点，其实这是一个无法回答的问题。这要看你的实际需要，是追求高音质（MP3）还是高压缩率（WMA）。

1.5.3.5 Real Audio编码与RA、RAM文件

Real Audio是Real networks推出的一种音乐压缩格式；压缩比可达到1：96，因此在网上比较流行。经过压缩的音乐文件可以在通过速率为14.4kb/s的MODEM上网的计算机中流畅回放，也就是说边下载边播放。Real Audio编码的音频文件采用".RA"为后缀。另一种以".RAM"为后缀的文件是控制".RA"流式媒体播放的发布文件，它的容量非常小，其功能是控制".RA"文件的边下载边播放的过程。目前使用较广的播放软件是RealPlayer，就是支持流媒体的播放器，它同时支持MP3和RAM等多种音频文件的播放。

1.6 影视声音的特性

1.6.1 影视声音的分类

影视作品中的声音是影视"声画艺术"特性的重要组成部分，也是其区别其他艺术门类的重要特性之一。影视作品中的声音丰富多彩，但目前对声音的分类方

法并不统一。比如，有人把影视作品中的声音分为音乐、人声和自然音响，也有人把音乐和人声以外的所有声音统称为声音效果。但是"人声"的含义应是所有由人类发出的声音，但歌唱却又往往被划入音乐部分，所以有人认为单以人声来分类，不符合录音工艺的规范。同时，"自然音响"这一概念也难以概括除音乐和人声以外的所有声音。"效果"一词借用于舞台剧，含有更多的人为因素，难以准确表达影视作品中真实生动、丰富多彩的声音世界。按照《电影艺术词典》与《现代影视技术词典》中对声音的分类方法，影视作品中的声音分为语言、音乐、音响三大类。这种分类应是比较清楚和全面的。现在让我们来分析一下。

1.6.1.1　语言

在生活中，语言是人类交际的工具，而在影视剧作品及舞台上，语言是交代情节、揭露思想、刻画人物、感染观众的重要手段。语言包括对白、旁白、独白、内心独白、解说、群声等。

（1）对白　角色之间的对话，是影视剧作品及舞台剧最重要的语言表达形式，起到交代人物关系及情节背景、揭示人物性格和表达思想感情、推动矛盾冲突及剧情发展等重要作用。对白一般是按先后顺序轮流表意，也有插话或抢话、或打断等形式。影视作品中，除画外对白外，人物对白应该与人物的口型相吻合。

（2）旁白　旁白是影视作品中用第二人称以画外音的形式对作品中的时间及任务进行解释和评论的语言形式，它起到交代说明内容和进行剧情连接的作用。

（3）独白　人物独自抒发个人情感和愿望的话，是揭示人物情感态度及思想发展的重要手段，如《哈姆雷特》中哈姆雷特那段"生与死"的著名独白。与对白不同的是，它无直接交流对象；相同的是，也有口型限制。

（4）内心独白　在影视作品中，画面上人物缄口不语，画外却传来他（她）自己的表白心境的说话声，这种画外音就叫内心独白。虽然都是人物独自抒发情感愿望，与独白不同的是画面上的人物是不说话的，因而无口型限制。

（5）解说　解说是一种讲解和说明性的旁白，多用于专题片、影视栏目、广告片、新闻等片中。

（6）群声　群声，又叫群杂或人声背景。即由众人发出的表现多人议论或群众场面的声音。

1.6.1.2　音乐

音乐是抽象的概括艺术，它的作用是表达情绪和情感。影视音乐具有一般音乐艺术的共性，善于表现丰富的感情，但由于它是影视声音中的一个重要元素，有其影视艺术方面的属性，它必须与影片的思想内容、结构形式和艺术风格协调一致。因此，影视音乐在形式上和音乐艺术不完全一样，例如，它在影视艺术作品中往往失去了独立性，不是连续存在的，而是根据影片剧情和画面长度的需要间断出现的，并与语言、音响共同构成影视作品的声音总体形象。另一方面，影视音乐的运用也不是简单地服从画面，而是服从内容的需要，不一定优美的画面就要有优美的音乐，而应该根据内容的需要，该用则用，不该用坚决不用。

影视作品中的音乐根据其功能大致可分为：主题歌、插曲、主题音乐、角色造型音乐、场景音乐、背景音乐。

（1）主题歌　往往是对电影电视剧内容的一种高度概括。它可以以特定的风格和凝练的情感刻画来充实剧中主要人物形象，可以展现特定的历史气氛，可以表现生活中的某种情怀，等等。出现在电影电视剧开头的主题歌就像一个交响序曲，常常以先声夺人的艺术感染力把人们带到一个特定的历史情境、文化氛围或某种情感范畴之中。而主题歌的旋律往往可以作为一种主题音乐的素材在电影电视剧中配合着剧中人物性格与情节的展开，场景与环境的变化，戏剧性冲突的展开、发展及高潮的出现，采用音乐素材变奏、变形、延展等手法塑造人物形象，揭示主题内容而贯影视作品始终。主题歌主要出现在片头、片尾等重要位置。

（2）插曲　是在电影电视剧的剧情进行当中出现的歌曲。插曲经常出现在一些重要的场景中，与剧中的情节发展紧密相关，有时也可不相关；用以表达剧中人物的情感，烘托情节发展中的气氛和造成戏剧性的发展高潮，还用来承担某种转场、闪回的蒙太奇作用。从整体艺术表现上看，插曲往往能以点描式的方式加强剧中情绪色彩或推动情节发展。

歌曲由于有歌词存在，因此它的意义表达更为直接、明晰，能够吸引听众强烈的注意力，但从另一方面说，歌词的存在也使歌曲的意义拓展能力不如器乐曲。

（3）主题音乐　主要是指概括影视作品主题思想、渲染影视作品的气氛，推动情节发展的音乐，基本来源包括三种方式。

①独立创作：根据影视作品主题的需要，根据导演的创作要求，由作曲家创作的主题音乐。

②主题歌变奏：在有主题歌的影片中，主题音乐大多采用器乐演奏主题歌的旋律，或演奏主题歌旋律经过一系列的变奏、发展而成的旋律，贯穿于影视作品中，起到深化主题，揭示内涵，塑造人物形象，统一作品风格的作用。

③引用现曲：引用已有的音乐作品作为主题音乐。

（4）角色造型音乐　是为影视剧中的角色创作的符合角色性格、身份、阶层、年龄的造型音乐。每当某一特定角色出场时这一角色的音乐就会出现。有人称之为"盲人音乐"，意思是指盲人在听影视作品时角色造型音乐一出现就知道哪个角色出场了。例如电影《人鬼情未了》中作曲者就为剧中人物莫莉、山姆、巫师创作了人物造型音乐。

（5）场景音乐　是为影视剧的某一特定场景所创作的音乐，主要起到描述特定场景情节，渲染场景气氛，连接场景画面等作用。如电影《海上钢琴师》中的与海浪共舞、1900与杰里竞技等多个场景音乐，对特定场景都起到极好的描述作用。

（6）背景音乐　主要是指起到调节情绪、渲染气氛的音乐。背景音乐与画面的关系常常处于游离的状态。一些电视专题片、电视谈话节目、电视竞猜节目、电视文艺节目经常会运用与节目内容、节目主题贴切的背景音乐烘托节目气氛，带动现场情绪。

1.6.1.3　音响

通常依据主、客观性，我们将音响分为客观音响与主观音响，其中客观音响分：自然音响、环境音响（又称背景音响）、动作音响（又称动效）；主观音响分：特殊音响及表意音响。

（1）客观音响　指客观存在的音响，它是人类重要的信息来源，如听见打雷声知道要下雨了、听见窗外汽车喇叭声知道有汽车经过、听见水沸腾的声音知道水开了等。客观音响的存在使影视画面具有了真实感、环境感和亲临现场感。人们之所以把一些影片称为"大片"，一方面是拍摄的场面大，花费巨额资金；另一方面主要是音响效果突出，采用5.1声道的环绕声系统，尽可能地还原真实环境的音响效果，使人产生身临其境的感受。

运用客观音响不是将自然界所有的音响全搬到影片中来，而是需要精心筛选，把那些人们熟悉的、有代表性的、显示特点的声音运用于影片中，使音响不仅能对画面进行补充，而且起到对环境性质的暗示。

（2）主观音响　是为了达到某些艺术效果，人们通过手段臆造、夸张而形成写意、描绘意境或表现个人特殊状态下（如昏迷、幻觉）的听觉体验的声音。主观音响不是现实中出现的声音，可以是超越现实而想象出来的，如阴间地狱的鬼走动的声音、动画片中的各种卡通音效等。

1.6.2　影视声音的表现力

影视声音是由语音、音乐及音响穿插构成的，它们在作品中所起的作用及表现是不同的，合理应用、互相配合才能构成一个声音艺术整体。

1.6.2.1　语音

① 显示出发声者的性别和年龄，如男、女、幼、青、成、老。

② 表现出发声者的情绪和状态，如笑、哭、怒、喜、悲、哀；走路说话还是上楼边喘气边说话；慢条斯理还是连珠炮；大声激昂还是低声细语。

③ 反映出声音的个性，如有的人说话"瓮声瓮气"（形容人说话嗓门大而且低沉，犹如在大缸里讲话）；有的人说话"假嗓"（形容男性说话像女人一样）。

1.6.2.2　音乐

（1）强化或缓和影视剧的节奏　影视的节奏有外在节奏和内在节奏两部分。

外在节奏指的是由各种外在表现形式产生的节奏。比如镜头"组接"（剪辑）：长镜头与长镜头的组接"显"得节奏慢，短镜头与短镜头的组接"显"得节奏快；较近景别（比如特写、近景）的镜头组接在一起会显得节奏快，较远景别（比如远景、全景）组接在一起会显得节奏慢。因此强调"快"节奏的情节（比如武打）应使用时间短、景别近的镜头组接，用长镜头、远景别组接则很难有什么节奏可言。音乐的加入也可以强化或缓和影片的外在节奏。

内在节奏是由剧情本身形成的，用情节的推进、悬念的设置等方法，来抓住观众的心理和情绪，产生紧张或舒缓、低回或高昂的节奏。在两种节奏之间，内在节奏是起决定作用的。如果剧情本身平淡无奇，用再多的外在手段，也产生不了节奏的"快"。

（2）帮助画面抒情　抒情是音乐的本性，影视中也经常使用音乐来抒情。抒情的"音乐段落"一般会有两种情形。

一种是让叙事时间静止。让时间在某一个点上暂停下来不再流动，叙事线索暂时停滞，画面内容不再叙事，而是越出现实作诗意的延伸，纯粹抒情。这种时候一般是人物处于情绪浓烈的时刻。比如人物失去了一个相亲或相爱的人（去世或分离）而陷入思念、追忆，此时画面经常是空镜头，让摄像机作为人物，"重返"过去曾经一起经历的场景，而音乐是如泣如诉、不绝如缕的。比如《寻枪》中表现主人公中弹之后的弥留之际，"灵魂"返回小学教室与妻儿告别的主观（空）镜头音乐段落。

另一种是让叙事时间叠加。这种时候音乐代表的情绪是焦急、漫长、煎熬、折磨、执着等状况，画面上是一组人物焦急状态的叠加镜头。这种音乐段落也可以构成对叙事（时间）的省略。

（3）作为影片结构的一部分　一般情形音乐是不参与"叙事"主体(剧情)的，但也有一些时候会让音乐参与情节并推动情节发展，成为影片内部"结构"的一部分。

不参与结构的音乐如同房子"上"的装饰物，取掉它不会影响叙事的走向；而参与结构的音乐则如同房子的栋、梁、柱，是房子结构的组成部分，取掉它房子就会倒塌。参与结构的音乐，通常是与人物的生活、感情经历有关联的（人物和观众一起"听过"的）音乐，或者让人物从中受到启示、感动而作出重大决定的音乐。它必定是有声源音乐，会在情节发展的关键部分出现，造成悬念。

1.6.2.3　音响

（1）扩展画面的空间容量　有两层意思：

一是从"外延"上的扩展。用画面外的"内在音响"产生的听觉虚像，让人（人物和观众）"似乎看到"另一个空间的情形。比如通过汽车声、雷声、暴雨声知道外面（另一个空间）"有车来了"或者在打雷、下雨。在人的内心视像中，空间比画面中展示的范围"扩大"了。比如老电影《地道战》中，群众挤在地道里的画面与外面传来的鬼子的掘土声。

二是从"内涵"上的扩展。画面的空间范围并没有"扩大"，但它内部的张力增大了，力度、密度增大了，让人感到了空间中的"拥挤"、"紧张"、"透不过气来"。比如另一部老电影《永不消失的电波》也有类似的情形："地下党"在发最后一份电报，紧急的按键声让画面空间有了"紧张"，外面越来越紧的敲门声、砸门声，让人觉得这个空间"膨胀"得可能一触即发。

（2）刻画人物心理　声音是以声波的方式传递的，而声波具有全方位性。人的耳朵对声音的接收受到了主体意识的筛选。这就是现代心理学发现的"听觉（声音）的心理选择原理"，也即人耳听觉特性的鸡尾酒会效应。引起听觉选择的依据是"专注"，以及由此产生的错觉、幻觉。

引起错觉和幻觉的根本原因是"专注"，是过分地"想"什么或"怕"什么。这就是"风声鹤唳"（听）、"草木皆兵"（视）产生的原因。听觉的这种"心理选择原理"，为影视利用音响刻画人物心理提供了可能。如《天堂电影院》中，主人公30年后在废弃的影院里，仿佛"听"到了这里昔日的叫喊声、嬉笑声。比如恐怖片里经常出现的错听、幻听音响。

（3）渲染气氛　音响可以造成某种气氛，增加画面感染力，引领观众进入剧情规定的情境。比如喊声、掌声、笑声、喧闹声可以造成"热烈"、"激烈"的气氛，钟声可以造成"肃穆"的气氛，风雨声可以造成"萧飒"、"凄冷"的气氛，火车汽笛声可以造成"沉重"的气氛。

（4）制造趣味、意蕴或悬念　音响可以制造一些富有戏剧性的瞬间，以增加情节的趣味、意蕴或悬念。如卓别林《城市之光》中，查理在宴会上吞下哨子所发出的一系列音响；《天堂电影院》中，神父手中的铃铛发出的钟声；《沉默的羔羊》高潮前的门铃（电铃）声，等等。

（5）用于表意　音响可以用于表意，隐喻或象征人物所处的某种精神状态或作者的评价、意图。如《美国往事》一开始长达数分钟的一个背景音响——电话铃声，就被称为是主人公"面条"的"心灵铃声"，是主人公长达三十余年的内疚与精神折磨的隐喻。《大红灯笼高高挂》中被夸张的如雷贯耳的捶脚声，变成了一种对封建男权的象征。

（6）连接画面　以"声音的桥梁"连接画面。

1.6.3　影视声音的艺术特点

影视声音的特性是指声音在影视艺术运用中的艺术属性，就是运用语言、音响和音乐等声音元素，去艺术性地反映在影视作品中形成的综合听觉印象等方面的一种重要特性。

声音形象与人类自身的各种感官之间存在着内在的、重要的联系。各种自然现象通过多方面的感性体验进入到声音范畴，使声音产生了强烈的感染力。例如，在影视声音艺术创作中，创作者可以通过语言的音调、音色、力度及节奏等物理属性，来刻画人物的性格。

因此，运用声音的物理特性及人耳的听觉特性，提炼生活中的声音素材，创造出与画面相符或具有特殊含义的丰富立体的声音形象，已成为影视声音创作者的重要任务。声音的艺术属性奠定了影视声音艺术创作中的声音造型基本基础。

1.6.3.1　声音的空间感

声音的空间感是指人耳对声源所处立体空间的感觉。声源的发声在不同的空间具有不同的空间特性。一般来讲，根据自身的生活体验，人耳可辨听出室外或室内的声音，而且还可以分辨出声学特性不同、体积大小各异的封闭或非封闭空间，这是由所处环境空间的声学特性决定的。

在影视作品中，声音的空间感应该与画面所表现的空间范围相一致。录音师运用这种空间感来表现所处的具体空间，能给人以真实、亲切的感觉。影视中的声音除了可以表现画内的空间外，还可以表现画外的空间。例如，画内是几个人在室内交谈，这时从画外传来了远处警车的警报声，由于室内语言和室外音响的空间感完全不同，因此声音给观众展示了两个不同的空间环境。

声音的空间感主要反映在以下几个方面：

（1）环境感　环境感是指影视作品中的声音空间环境。

在现实生活中，我们的生活空间充满了各种各样、连绵起伏的声音，因此我们可以说，声音具有无限的连续性。由于人耳与人眼具有不同的特性，可以接受来自任何方向的声音（当然耳廓前后的接受灵敏度是有所不同的）。因此，听觉的这一特性是我们进行影视声音艺术创作的基础。通过具有典型性的环境音响，可营造出不同的画内或画外空间环境，使观众感知到所处画面的空间环境。

（2）透视感　声音的透视感，又称为距离感、远近感或深度感。

在不同的空间环境里，声音的直达声和反射声的比例，以及声音振幅（音量）的大小，可以使我们产生声音远近距离的感觉。在影视声音创作中，当声音景别的透视感和画面景别的透视感相吻合时，可以使观众产生声音的真实感。

（3）方向感　声音的方向感，又称为方位感。

在不同的空间环境里，声音到达耳朵的时间、强度和音色是不同的，由此可以使我们辨别出声源的具体方向和所处位置。应该说，方向感中含有距离感的因素。在影视立体声的声音创作中，方向感能使我们感觉到声音的水平定位和深度定位，从而使观众产生身临其境的感觉。

1.6.3.2　声音的运动感

任何声源在运动时，其声音都会随着位置的改变而引起音量及音调的明显变化。声学上称之为多普勒效应。这种效应使观众在听觉上产生声音运动的感觉。

声源的移动速度越快，多普勒效应就越明显，在影视声音创作中，录音师常运用这个效应来表现影片中的人、动物或物体的运动速度。当声源移动得不快时，多普勒效应就不大明显，这时，同期录音就体现出其特有的能力，它能够及时捕捉到声音应有的动感。

声音的运动感还包括声源种类的变化。各种声源在内容、音量、音色以及远近上的交替变化形成了生动的声音运动感，当与镜头的运动有机地结合在一起时，可以使影视作品的内容变得更加真实可信。

1.6.3.3 声音的色彩感

声音和画面不同，它没有具体的实在外形，它的色彩感是对它的艺术属性的特别描述，其目的是为了便于我们加深理解和认识声音。

（1）地域色彩 通过声音来反映一个地区的地域特色，通常由地域环境、生活习俗所决定的。在影视艺术作品中，适当运用带有地域特征的声音，如方言、民歌或音响等，可以创造出色彩鲜明的声音形象，能更生动地表现该地域的社会习俗和风土人情，营造出生活气息和艺术感染力。

（2）民族色彩 通过声音可以反映一个民族的特点和风俗。特定的生活环境、内容和条件，可以构造不同国家不同民族的社会生活色彩，形成与其他民族不同的传统和习俗，这些都可以通过声音的内容和形式得到反映。在影视艺术作品中，运用这些富有民族特色的声音及其独特的表达方式，叮以创造观众喜闻乐见的不同声音形象，反映出特定的民族社会生活，达到强烈的艺术效果。

（3）时代色彩 通过声音还可以反映时代的特征及风貌。由于不同的时代具有不同的政治、经济、文化及社会生活，所以声音的内容也各有千秋，会受时间的影响而带有时代所留下的不同印痕。在影视艺术作品中，为了真实地反映不同时代的社会现状，这些带有时代特色的声音，可以生动地再现当时的生活环境和社会面貌，达到烘托时代气氛、深化主题的目的。

1.6.3.4 声音的平衡感

在影视艺术作品中，为了让角色的视觉形象保持平衡和统一，一般要使化妆、服装和造型等方面连贯一致。同样，为了让角色的听觉形象也保持统一平衡，应该使演员的语言音色与角色形象相吻合，而且保持音色的一致，避免一个人的语言在镜头切换或场景变化时，产生音色和音量的突然变化。

除了演员自身的音量和音色需要保持平衡外，还应注意演员之间的音量和音色平衡。这就需要录音师掌握好调音技巧，使演员相互之间的音量和音色协调一致。

1.6.3.5 声音的主题

主题又称为主导动机，原是音乐中的一个术语。在影视艺术作品中，通过将一种具有某种含义的声音（语音、音乐和音响）赋予某个角色或某个环境，并使得这一声音主题多次地出现或贯穿始终，达到刻画人物性格、表达作品主题等目的。

声音主题的表现方法有以下两种：声音主题与角色或环境，在相同的时空内同步出现；声音主题与角色或环境，在不同的时空内交叉出现。

1.6.3.6 声音的意境

在影视艺术作品中，可以通过声音将生活环境和思想情绪融为一体，形成一种艺术境界。"情与景汇，意与象通"，使观众在欣赏中产生想象和联想，犹如身临其境，在思想情绪上受到感染。如在影视作品中，虚化掉现实中的各种环境声音，突出和强调角色发出的某一种声音，可以使观众体验到与角色相同的心境，从而使观众在情绪上引起共鸣。

1.6.4 声音与画面的关系

1.6.4.1 从内容上划分

（1）同步 这是最常见的一种。声音和画面所展示的内容完全合拍：语言、音响均是剧中人物或物体所发出的客观声音；音乐所展现的情绪、气氛与画面内容完全一致。

（2）并行 声音与画面各走各的系列。比如电视新闻节目中，观众看到的画面是大会堂的全景，是领导人在讲话，而听到的声音则是播音员的声音；MV中的歌声和没有歌手（或与歌手口型不对应）的画面；以及所有的读信、留言条，独白等画外音。并行的关系有较大的表现价值，可以形成对画面的省略或对时间的"节约"。

（3）对立 声音表现的情绪、气氛、节奏甚至内容与画面相反或者不和谐，形成悲与喜、庄与谐、慢与快、沉重与轻松等对立效果。这种关系的表现功能更强，常常具有暗示、隐喻、讽刺的修辞效果。比如猪的呼噜声与某人睡觉的画面，母鸡咯哒咯哒的叫声与三个女人聊天的画面。

"并行"和"对立"两种关系也经常被合称为"对位"。"对位"一词原是乐理术语，普多夫金首次提出了"声画对位"的学说，意指将声音作为一个独立的艺术元素在电影中使用。

1.6.4.2 从时空关系上划分

（1）声画同步 声音与画面的内容同步出现，使得声画的时空完全一致。主要用来表现影片的真实性。如画面段落表现的是一个热闹的集市，就相应出现了集市特有的叫卖声音。

艺术特点：在处理剧情时，可展示叙事内容的真实环境，有利于观众产生真实感。但平铺直叙，有时会让观众产生拖沓的感觉。

（2）声音提前 又称声音导前。是指在画面段落转换时，后一个画面段落的声音提前出现在前一个画面段落的尾部，造成一种先声夺人的特殊心理效果。经常用来衔接两个画面段落之间的时空关系。如将后一个画面段落中的火车鸣笛声音提前到前一个宁静的山村画面中，强调了即将到来的时空变化，预示着事件的发展。

艺术特点：能提示即将发生的事件，造成激动和紧张的气氛，引起悬念。

（3）声音延后 又称声音延续。是指在画面段落转换后，前一个画面段落中出现的声音以画外音的形式滞后出现在后一个画面段落的开始处，以此将两个画面段落之间的时空关系进行衔接。如将前一场画面段落中打仗的枪炮声滞后延续到后一个宁静的山村画面中，虽然时空发生了变化，但暗示着战争还在继续。

艺术特点：可使画面的转换变得流畅和连贯，并暗示前后两个画面段落的关系。

（4）声音转场 声音转场就是通过声音来衔接画面段落的转换。出现在前一场景结束时的声音与后一个场景开始时的声音是一致的或类似的，以此作为画面段落时空转换的依据。如前一场景（宿舍）有两个人鼓掌，后一场景（教室）有数十人集体鼓掌。

艺术特点：这种用声音来带动画面段落的转换显得生动、流畅，同时加快了叙事的节奏。

（5）声音的淡入淡出　又称声音的渐隐渐显。指前一个画面段落的声音逐渐消失，后一个画面段落的声音逐渐出现，主要用来表现时空关系的转换或叠置。一般和画面的渐隐渐显一起出现。如前一个画面段落中的现实生活的声音淡出，后一个画面段落中的过去生活的声音淡入，表现了人物对往事的追忆。

艺术特点：它可以制造声音的运动感，表现不同的时空环境。

第2章 MIDI基础

2.1 MIDI是什么

MIDI是Music Instrument Digital Interface的缩写，意思是"数字化的乐器接口"。它是电子乐器用来互相交流、传输信号的一种标准协议。MIDI用来把与演奏或控制相关的行为状态转换成等效的数字信号，然后把这些信号传送给其他的MIDI设备，来控制声音发生或控制演奏中的各种参数。MIDI只是记录音乐各种属性的一种信息（命令），它自己并不能发声，必须依靠声卡和音源进行播放。

2.2 MIDI标准协议

1982年1月，在美国举行了由日本电子乐器制造商及国外知名电子乐器制造商组成的协商会，通过共同协商、研讨，制定了MIDI 1.0规定。定义了电子乐器通过MIDI线传输的数据内容。MIDI就是音乐内容的传送语言。

2.3 音序器

音序器是一种将MIDI类型的音符按照一定顺序进行排列组合的机器，是进行MIDI音乐制作最关键的设备之一。它最基本的功能首先是将音符记录下来，然后对这些音符进行修改和编辑，并且加上所需要的声音效果。

音序器可以分为硬件的和软件的两种类型，前者的体积较为小巧，通常含有16个音轨，可以通过音序器的液晶屏幕进行MIDI音乐的编写，但必须配合MIDI键盘和音源才能工作；后者必须安装在电脑中，音轨的数量基本上不受限制，编辑功能也远比前者强大许多，通过电脑的外接屏幕，可以直观地控制音乐制作的整个过程，但也必须配合MIDI键盘和音源工作。由于其强大功能、直观界面和对音频文件的兼容，软件音序器现在已基本替代了硬件的音序器，成为当代MIDI音乐制作主流。

2.4 MIDI键盘

MIDI键盘又称MIDI键盘控制器，是一种键盘式的输入装置，用来控制MIDI制作系统中的硬件、软件合成器、采样器、音源模块和其他设备。键盘控制器的类型十分广泛，从支持USB供电的便捷键盘到全尺寸、拥有多组可变控制器的键盘应有尽有，如图2-1所示。

这样的键盘控制器内部没有音源或任何发声元件。它们是被设计用来进行演奏控制和软件参数控制的。因此这些控制器提供了演奏键盘（从2个八度25键的小键盘到88个键的全键盘都有）、音高、调制控制、任意数量的参数旋钮和控制器界面（可对软件和设备的参数进行实时监控）、鼓/采样触发垫，甚至是缩混和播放功能。

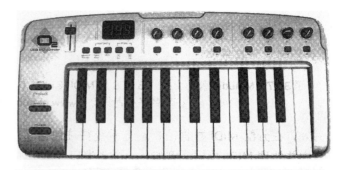

图2-1　M-Audio 02MIDI键盘控制器

2.5　MIDI音源

2.5.1　电子音乐合成器

电子音乐合成器是传统的MIDI音乐制作工具，早期采用的是模拟的FM调频音源，后期采用较多的是数字化的采样音源。制作用电子音乐合成器包含了键盘、音源、音序器等三个主要部分，不仅可用于现场演奏，更适合于进行MIDI编程的工作。这种集成式的电子音乐合成器，也常被称为"音乐工作站"。它可以独立完成从写入音符到CD光盘刻录的MIDI音乐制作的所有工作，其优点是将所需要的硬件融为一体，安装、携带、使用相当方便；缺点是价格比较昂贵，内置音序器的性能有限，音源部分的可扩展性也相对比较差。如图2-2所示。

图2-2　电子音乐合成器

2.5.2　音源器

合成器通常也可以被设计成为19in机架产品或是桌面产品，这就是我们广为熟知的合成器音源。它们具有标准合成器的所有特征，唯一不同的是它们没有键盘控制器。如图2-3所示。这一节约空间的特点意味着将有更多的合成器可以被纳入你的系统设备架上，通过一个主键盘控制器或者音序器就可对所有合成器音源进行控制，避免系统中出现过多无用的键盘。

图2-3　YAMAHA MOTIF-RACK ES音源

2.5.3　软音源

软音源实际上是利用电脑的超强运算能力，执行某个经过特殊编制的程序，从而用"虚拟"的方式还原出我们所需要的音色。早期的软音源往往是某个硬件音源的软件版本，最大的缺点就是不能够"实时响应"；随着电脑硬件性能的飞速提高和AISO驱动方式的运用，软音源摆脱了操作系统对硬件的集中控制，而是在音频软件与硬件之间进行多通道传输，将系统对音频流的响应时间降至十几毫秒以内，从而保证了"实时响应"的实现。

软音源分为独立运行的和插件两大类，后者需要"插入"到主工作站软件内才能工作。目前，软音源的音质和性能已经可以和传统硬件抗衡，甚至在某些方面超越了后者。一个插件所动用的音色库有时会达到几十GB甚至几百GB的惊人容量，当然如此庞大的软件对电脑系统有一定的要求，一块支持AISO驱动的音频卡是必须的。详细介绍见本书第7章内容。

2.6　MIDI系统连接

2.6.1　MIDI的端口

MIDI端口（又称MIDI端子）有MIDI OUT（MIDI输出）、MIDI IN（MIDI输入）和MIDI THRU（MIDI串接）三种。虽然并不是每一种MIDI设备都是三者齐备的，但基本上可以把它们合起米考虑。这些端口都是内置在MIDI设备内的接口端子。

这些端口只要使用MIDI线连接就可以传送MIDI信息。MIDI的最大优点就是连接简单。但是各厂家产品端口方面不是完全统一，这一现象从MIDI诞生以来就一直存在。

2.6.1.1　MIDI OUT端口

发送MIDI信号的端口，必须连接MIDI IN端口。连接错误就无法实现MIDI信息的传送。MIDI的送信方称为主机，受信方称为从机。

2.6.1.2　MIDI IN端口

接受MIDI信号的端口，连接MIDI OUT端口或是MIDI THRU端口。MDII IN接收到的信息通过称为光电耦合器的硬件先转换为光、再返回到电信号被输入到CPU。这样做的原因是为了将受信方CPU接受的MIDI信号和电隔离开，可以防止露电事故的发生。因为光电耦合器的启动需要一定的时间，因此实际的MIDI受信也会消耗一定的时间。

2.6.1.3　MIDI THRU端口

从MIDI IN端口接收的MIDI信号原封不动输出的端口，必须和MIDI IN端口连接。可用于多台设备的串联。但由于MIDI信号每通过一次光电耦合器，就会有信号损失，所以串联的设备数量有限。数字信号比模拟信号劣化所导致的后果更为严重。比如受信方接收到延音或键关闭信息，如果有一位数字损失的话，声音可能会完全消失。当然也可能发生其他的错误。所以一般只串联三台设备。

一台设备的MIDI OUT端口连接多台MIDI设备时，需要使用可以将MIDI信号增幅的MIDI接口。

2.6.2　MIDI连接

无论什么情况，只要坚持OUT—IN、IN—THRU的连接原则就不会出现问题。图2-4所示的是多台MIDI设备与音序器连接的典型范例，图中主键盘是不含音源的主控键盘。

图2-4　MIDI连接图示

2.6.3 MIDI线

MIDI线上使用的插头是称为五针DIN的DIN规格端子，如图2-5所示。DIN是德国工业规格Deutsche Industrie Norm的缩写。

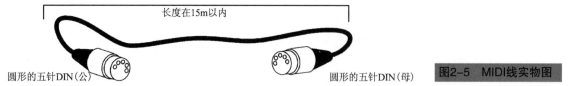

长度在15m以内

圆形的五针DIN（公）　　　　　　　　　　　　　　　　圆形的五针DIN（母）　　图2-5　MIDI线实物图

MIDI线越长，MIDI信号夹杂电噪声的可能性越大，越可能出现错误。市场上销售的最长MIDI线为15m。也就是说MIDI线越短效率越高。长出的部分会卷成旋涡状，造成自身的电磁线圈化。最致命的断线情况从外部是看不出来的，在重要的场合使用大量MIDI线的时候一定要预先确认。

2.7　MIDI通道

正如在一群人当中你能选定某个人并与他交谈一样，MIDI信息也能够通过普通MIDI电缆发送给某个或某些指定的设备，这些设备设置成对这些信息作出响应。这个过程是通过对状态/通道号字节的细微处理（4bit），以指定接收设备相应的通道来接收相应的信息而完成的。通道选择只有4bit的容量，所以每根MIDI线都能支持16通道的信号传送。

一旦一种MIDI设备指定响应某个特定的MIDI通道，对其他任何通道的所有演奏信息它都不再响应。举例来说，假设一个MIDI键盘控制器和两台合成器，它们通过如图2-6所示的MIDI连接在一起，如果指定合成器A接收MIDI通道4的数据，合成器B接收MIDI通道8的数据，那么，把控制器设置为4通道输出时，合成器B没有反应；同样，把控制器设置为8通道输出，则合成器B发出声音，A不发声；如果把控制器分区，低八度设置为4通道，高八度设置为8通道，那么每台合成器便会演奏它们相应的部分。

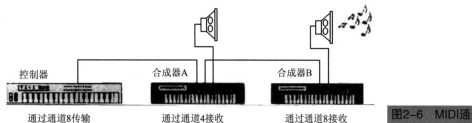

控制器　　　　　合成器A　　　　　合成器B

通过通道8传输　　　通过通道4接收　　　通过通道8接收　　　图2-6　MIDI通道分配图

2.8　MIDI信息

MIDI信息分成两类：通道信息（指配给特定MIDI通道的信息）和系统信息（对系统所有设备地址起作用的信息，而不管通道指配）。

（1）通道信息　通道信息在一个接通的MIDI系统中用来传输实时演奏信息数据。当一件MIDI乐器的控制器被演奏选中或随演奏者变化时，通道信息就产生了。这样的控制变化的例子可以是弹奏了一个琴键，点按了一个音色按钮，或者移动了调制轮或音调轮。每个通道信息在它的状态字节中都包含了MIDI通道号，指配了通道号的其他设备就可以访问它。通道信息共有七种类型：音符开、音符关、复音键压力、通道压力、音色转换、控制变化、音调变化。

（2）系统信息　系统信息是向MIDI链中所有的MIDI设备传输的信息。在系统信息的字节结构中不包含可访问的通道号，因而能实现对所有设备的控制。一般而言，所有设备都会响应这些信息，不管这种设备指配于某一通道或全部通道。

系统公用信息用来传输MIDI时间码、乐曲位置指针、乐曲选择、音调微调请求及系统专用信息结束。它通过MIDI系统或某一特定MIDI端口的16个通道来实现。

2.9　GM、GS、XG音色标准

由于早期的电子乐器设备在音色的排列上没有一个统一的标准，造成了不同型号的设备在回放同一首乐曲时会出现音色偏差的现象，为了弥补这一不足，便先后出现了GS、GM、XG这类音色排列方式的标准。GS出台最早，是Roland公司1990年提出的。

GM是在GS的基础上简化而来的，它比较符合众多中小厂商的需求，在1991年由日本MIDI标准委员会(JMSC)和美国制作商协会（MMA）共同制定。全称是General MIDI System Level。

XG是YAMAHA公司在1994年提出的，与GS、GM相比，XG提供了更为强劲的功能和一流的扩展能力，并且完全兼容GS、GM两大标准。

第3章 声音制作系统的硬件构成

3.1 系统选型

多数情况下，数字音频及音乐制作领域经常用到的电脑有两种：PC机和Mac机。尽管它们之间的差异在近几年的发展中不断缩小，但这两种电脑确实各有千秋。这是一个双平台的世界，究竟选择哪个平台进行工作需要你自己来决定。以下是选择电脑平台时的参考性建议：

① 哪个平台是你最熟悉的、适合你自己的？

② 哪个平台和软件是你的客户最常用（或最可能需要用）的？

③ 哪个平台是你的朋友或合作伙伴最常用的？

④ 哪些软件和硬件是你已经拥有且习惯使用的？

⑤ 哪个平台是你感觉最能符合你的需求的？

总而言之，你需要深入研究，并做出自己的选择。如前所说，这是一个双平台的世界，许多专业软件和硬件系统能够在任何一个平台上使用，两个平台的共存并不是什么问题。双平台的共存使你有机会熟悉两个系统，这在面对一些制作任务时是很有利的。

(1)Mac机　苹果电脑公司生产的Macintosh系列电脑被专业音频、音乐制作者广泛接受。Mac电脑提供了图形用户界面，任由用户在监视器上进行拖曳、拉伸、层叠或堆积系统应用程序等操作，并包含了图形项目显示和鼠标相关命令。由于Mac电脑的操作系统（OS）对硬件要求很严格，因此Mac电脑的硬件和软件之间是紧密捆绑在一起的。

(2)PC机　由于经济实惠、拥有大量可用软件以及在家用和商用领域的广泛应用，基于微软Windows操作系统的个人电脑（PC机）显然在市场上占据了统治地位。Mac电脑仅由一家公司出品，而业界的大量制造商都有生产PC规格电脑的许可。因此，无数兼容机应运而生，可由厂家或用户使用现成的标准配件进行组装、升级。与Mac OS一样，Windows也是一个复杂的、以图形为基础的多任务环境，能够同时运行多个任务的应用程序。随着Windows XP操作系统和64位Vista操作系统的出现，这两种类型的电脑在硬件、软件、网络以及周边设备上的差异已经逐渐模糊。我们已经真正开始进入到双平台时代了。

(3)便携式机　处于这个数字化时代之中，毫无疑问，Mac机和PC机都可以设计成便携式机型，使你可以随时使用。随着它们功能、便携程度和散热性能的日益提升，这些小巧轻便的便携机在CPU、图形性能、硬盘空间、CD-/DVD-ROM的驱动能力等方面都足以和台式机相竞争。随着USB以及火线等外围设备的进一步开发，笔记本电脑作为一种电池供电且便携的个人电脑，已经被越来越多有名的专业人士运用在音频、音乐的制作中了。

3.2 硬件功能简介

3.2.1 音频卡

音频卡也就是声卡（又称音频接口）。专业音频卡与普通电脑内置声卡不同的是，专业音频卡大都以独立的形式出现，用USB或者是1394火线与电脑主机连接在一起。

专业音频卡往往有相当多的输入、输出插口，通常都配备有传声器放大的模块，还具有电容式传声器工作所需的幻象供电功能，完全可以满足普通的音频、音乐制作的需要。除了传声器输入之外，专业音频卡还可以连接电子乐器、各种模拟的和数码的录音设备，还可以通过MIDI接口与各种数字音频设备（如电子音乐合成器、音源、采样器等）进行连接，同时还具有比较完备的监听功能。如图3-1所示。

图3-1 M-AUDIO ProjectMIX
I/O 音频接口

3.2.2 话筒

3.2.2.1 话筒的功能

话筒是一个将声能转换为电能的换能器。位于话筒内的振膜在接收到声波之后会产生振动，这种机械振动经换能机构转换成变化的电压信号。音量越大的声音信号所引起话筒振膜振动的幅度就越大，自然所产生的电压信号也会越大。

3.2.2.2 话筒的分类

（1）按照构造分类 有动圈（电动）式、电磁式、电容式、驻极体式、压电式话筒等。

（2）按照指向特性分类 有全指向、8字指向、心型指向、超心型指向话筒等。

（3）按照使用功能分类 有接触式、颈挂式、卡夹式话筒等。

（4）按照输出信号数量分类 有单声道、立体声话筒。

（5）按照声驱动力形成的方式分类　有压强式、压差式、复合式话筒。

（6）按照振膜大小分类　有大振膜、小振膜话筒。

（7）按照使用范围分类　有录音用、声测量用话筒。

3.2.2.3　动圈话筒

动圈话筒内部的振膜上，附有一个被悬挂于磁场中的音圈，如图3-2所示。当声波引起振膜振动时，也会带动附在上面的音圈一同在磁场中振动。这样在音圈的导线中便产生与声音信号相对应的电信号了。

动圈话筒比较坚固耐用，通常用于近距离地拾取音量较大的乐器，如吉他音箱、架子鼓和现场人声。正是因为它不易损坏，动圈话筒经常被用于现场演出中。总结起来，动圈话筒的优点有瞬态响应良好，低频响应扎实，对于中频段（大约5kHz）的峰值信号响应真实、自然，并且由于其指向性较强，因而不易串入周围的杂音。

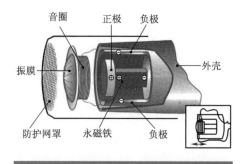

图3-2　动圈话筒结构示意图

3.2.2.4　电容话筒

电容话筒的内部有两块相邻的金属薄板，其中一块是固定不动的，另一块则随声波的变化而振动——这就是话筒的振膜。如图3-3所示，当给这两块极板加上直流极化电压——幻象供电之后，振膜的振动会使它与固定极板之间的距离发生变化，从而得到一个随着声压的变化而变化的电流。

与动圈话筒相比，电容话筒虽然没有那么结实耐用，但音质却更加温暖和润泽，而且所能拾取到的声音的频率范围也宽了许多。因此，电容话筒通常被用来拾取声学乐器、人声、房间环境声以及小功率电子乐器等。另外，由于所有的电容话筒内部都有一个前置放大器，因此它们的输出电压要远高于动圈话筒的输出电压。

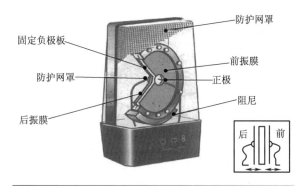

图3-3　电容话筒结构示意图

3.2.3　同期调音台

为了控制拍摄时的录音电平，大多数录音师或混音师会把所有话筒的输出通过一个调音台再送到录音机里。一个简单的双通道调音台，现场的摄像人员可以进行操作。

电视剧和电影的拍摄现场，录音师经常用一个外接电源或电池的便携式调音台（如图3-4所示），并连接到发电车上。

演播室的录音会使用一个全功能的调音台，拥有多通道的话筒输入和线路输入。录音师使用调音台来完成如下工作，尽可能地给后期部门提供最佳的原始声音。

① 多个话筒录到的声音能较均衡地匹配，并混合到有限轨的录音介质上。

② 只要记录介质的轨数足够多，混合后的信号加上单独的分轨信号都能记录下来。

③ 录音师可以通过调节增益和每一轨上的推子获得最佳的录音电平。

④ 录音师在必要时能使用均衡或压缩等效果器。

⑤ 每一轨的声音可以随时打开和关掉，在同期录音过程中每一支话筒都可以在需要时才被使用，这样话筒就可以一直开着，减少了相位和噪声问题发生的几率。

⑥ 可以用专门的一路话筒来录制报场和打板的声音，这样每一条镜头的开头都能听到打板声。

⑦ 耳机输出可以把声音分给导演、话筒员等。录音师应该用耳机监听并检查声音没有噪声或失真。

⑧ 在每一条镜头前都可以录下基准电平信号。

图3-4 同期调音台Sound Devices302

3.2.4 监听音箱

3.2.4.1 监听音箱的功能

所谓监听音箱是供录音师、音控师监听节目的音箱。这类音箱应有极高的保真度和很好的动态特性，应不对节目作任何修饰和夸张，真实地反映音频信号的原来面貌。监听音箱的使用目的不是欣赏节目，而是通过监听音箱去及时、准确地发现节目声音存在的问题和缺陷。

监听音箱安装在监听室和录音室，由于室内容积不很大，因此监听音箱的体积一般总是比扩声用音箱小一些；监听音箱的中高音一般较少用恒指向号筒。

正因为监听音箱的要求很高，优质的监听音箱价格自然也较昂贵。但监听音箱对节目音质毫无修饰美化能力，节目信号中的缺陷会较多地暴露出来。因此，切勿以为用监听音箱作扩声音箱可以提高音质。另外，监听音箱往往不具备扩音音箱的功率承受能力、灵敏度以及恒指向性特性。

3.2.4.2 监听音箱的分类

监听音箱分有源监听音箱和无源监听音箱两大类。

（1）有源监听音箱 有源音箱指的是那些内部含有功率放大器的音箱，由于不需要外接另外的功率放大器，有源音箱具有性能可靠、使用方便、价格相对低廉的优点。与普通电脑所使用的有源音箱相比，有源监听音箱在技术上的要求要高许多，在它们的内部大多配备了高、低频独立的扬声器单元，输出更大的功率放大器单元；一些高档的有源监听音箱还安装了电子分频器和分别的高频、低频功率放大器；它们的箱体也非常结实，这样做的目的，是为了杜绝箱体的不良谐振导致的失真度和声音染色现象，以获得更好的声音重播效果。如图3-5所示。

图3-5 Mackie HR624有源监听音箱

33

（2）无源监听音箱　无源监听音箱就是传统的需要外接功率放大器才能发声的音箱，由于结构简单、工艺成熟，著名品牌的监听音箱无论性能指标还是音质，都达到了很高的水准。

从构造原理出发，可以区分为封闭式和倒相式两大类：封闭式音箱的构造就是一个完全密封的立方体，由于扬声器背面的声音完全被封闭起来而不加利用，封闭式音箱的效率比较低，需要更大的功率放大器才能推动；倒相式音箱的前面板或后面板上有一个被称为"倒相孔"的管状物，它的作用是将扬声器背面的声音反相送出，与扬声器正面声音叠加在一起，从而提高声音重播的功率。

从扬声器单元数量出发，常见的有2单元、3单元及2.1单元等几种，在目前的制造工艺水平下，仅使用一个单元而达到整个频带宽度的扬声器几乎没有，必须依靠高频、中频、低频扬声器的协同工作，才能还原出完整的频带宽度。

3.2.5　耳机

耳机同样是一个很重要的监听工具，它能够把我们带出房间的听音环境。耳机也能够传递一个很好的空间分布，因为它可以使音乐家、录音师或者制作人在没有任何反射和房间声学干涉的立体声声场原始状态下安排声源的位置。由于它的轻便，你可以随时带着你最喜欢的耳机快速且方便地在陌生的环境中检查你的混音作品。但需要注意的是，由于耳机去除了房间声学的影响，因此它无法真实表现出声音通过普通音箱传播后的情况（尤其是关于声像）。另外，由于房间声学的缺失，你会比用普通音箱监听额外地提升在房间中已有的低电平声，如混响和其他效果。所以在混音时，两种方式的监听最好都使用。

用耳机监听是目前为止在录音阶段最为普遍的演员监听方式。在录音时，最好使用全封闭式的耳机，防止或减小从背面泄漏其他轨道中的声音。

3.2.6　功率放大器

功率放大器简称功放，是对音频信号进行电压、电流综合放大，从而得到放大的功率。功率放大器在系统图中的位置是在扬声器系统前面，它的输出直接送到扬声器系统，用于驱动扬声器系统。

由于功率放大器的输入灵敏度一般在0dB左右，所以加到功率放大器的输入信号一般取自调音台或周边设备的0dB输出信号。而对于像话筒等低电平的输出信号，必须经过前置放大器放大或调音台进行电压放大后才能推动功率放大器。前置放大器、调音台或周边设备输出的都是电压信号，只能输出极小的电流，不是功率信号，所以它们不能用来驱动扬声器系统。必须经过功率放大器将音频信号进一步做电压放大，最后对电流和功率进行放大，使其具有足够的功率输出才足以推动扬声器工作，辐射声音，也就是推动音箱正常工作。

3.2.7　数字录音机

3.2.7.1　DAT数字音频磁带录音机

DAT是英文单词Digital Audio Tape——数字化音频磁带的缩写。在20世纪80年代初CD唱机正式推向市场之前，各大唱片公司已经开始用数字录音机录制音乐节目；然而，数字化录放音设备真正走向普及，则是随着DAT数字音频磁带录音机（简称DAT录音机）推向市场而实现的。

　　DAT录音机使用的磁带非常小，磁带的宽度仅为3.81mm，走带速度仅为8.15mm/s。为了在如此小巧的磁带上记录足够的信息，DAT录音机采用了类似录像机那样的旋转磁鼓，在磁带缓慢走过磁鼓的同时，磁鼓所作的高速反向旋转，使得磁带与磁头之间的相对速度大为提高，从而大大增加了信息记录的密度。DAT录音机可以通过光纤和同轴电缆，直接输入、输出数字信号。

　　DAT还有丰富的子码功能，用来记录节目的编码、地址和时间等信息，这些信息能帮助机器方便地检索、寻找所需要的节目，也可以像CD唱机那样编制放音程序。DAT录音机在性能与音质方面略高于CD唱机，有些便携式DAT录音机不仅音质优良，也非常方便外出携带，因此无论在录音棚、电影片场，还是外出采风都很适合。

3.2.7.2　MD迷你光盘录音机

　　MD是Mini Disc迷你光盘的简称，由索尼公司于1992年推出。MD录音机既有用于固定场合的台式机，也有用于移动场合的便携式机。除了可以连接话筒进行实况录音外，还可以通过光纤、同轴等数字化接口与CD唱机、DAT录音机、电脑声卡等数字化设备进行连接。

　　MD录音机不仅可以作为便携式的录放音设备，供人们在移动场合欣赏音乐或作现场录音；也可以作为辅助设备，用于音乐厅、大剧院、录音棚等场合。

3.2.7.3　闪存卡便携录音机

　　闪存式储存卡具有容量大、可靠性强、价格更低廉的特点，近年来也被一些便携式录音机、录音笔所采用。这些闪存式便携机采用的存储卡有CF卡、SD卡、记忆棒等多种形式，具有体积小、重量轻、耗电省、功能全、可靠性高等许多优点，成为继便携式DAT、MD以来最受瞩目的便携式数字化录音设备。如图3-6所示。

图3-6　Sony PCM-D50
闪存卡录音机

　　闪存卡便携录音机可以连接多种音源，除了本机的小型立体声话筒之外，还可以通过平衡式话筒输入端口连接专业的电容话筒（提供48V幻象供电）；线路输入端可以连接电子乐器和各种模拟音频设备，可以非常方便地将磁带、胶木唱片、电子琴等发出的声音捕捉为WAVE、MP3等数字格式；同轴数字端口用于连接CD、DAT、MD等数字设备，获得几乎没有损耗的复制效果；USB端口可以将便携录音机与电脑连接在一起，无论上传还是下载都非常方便，节省了将声音信号送入电脑所需的时间。

　　闪存卡便携式录音机的录音格式非常丰富，可以选择使用单声道或是立体声的录音方式，有些机型升级提供了四声道录音方式；除了可以进行不加压缩的PCM录音，也可以选择MP3的压缩格式以获得更长的录音时间。

闪存式便携录音机的运用范围是非常广泛的，在演讲、会议、电台采访、音乐会实况录音、户外音效采集、影视作品同期录音等场合，都可以有它的用武之地。

3.3 信号处理设备

专业音响系统拥有较多的专业信号处理设备，这是与家用音响系统的明显区别之一，因为主要安放在调音台周边，故又称它们为周边设备。专业信号处理设备配合调音台对音频信号进行各种处理和修饰，可达到美化音色和保护后级设备的作用。常用的专业信号处理设备有：均衡器、压限器、混响效果器、延时效果器、激励器等。

3.3.1 音色处理设备

3.3.1.1 均衡器（Equalizer）

（1）原理　无论语音、乐音还是音响，均为复合音，是由基音及多次泛音构成，其中基音与多次泛音、各泛音之间的关系（包括幅度及相互间相位）影响着声音音色。对应于音频电信号则是基波与多次谐波频率之间的关系。当音频电信号经传输通道后，改变了原有基波与多次谐波频率之间的关系，将会带来声音音色的变化。因此处理声音素材音色的最有效方法是变更原声音中所含有的各频率成分之间的关系。

频率均衡是指人为地提升或降低不同频率范围的增益，使音频信号中某段频率成分的幅值增大或减小，用来补偿该频率范围产生的幅值下降或增大，使这段频率范围信号幅值得到恢复或调整。

频率均衡又称EQ，在后期制作中经常使用它来处理声音音色。专业设备称为频率均衡器。调音台内、硬盘录音机以及数字音频制作工作站也可以具备频率均衡的功能。

（2）作用

① 校正各种音频设备产生的频率失真，以获得平坦响应。

② 改善室内声场，改善由于房间共振特性或吸声特性不均匀而造成的传输增益（频率）失真，确保其频率特性平直。

③ 抑制声反馈，提高系统传声增益，改善扩声音质。

④ 提高语言清晰度和自然度。

⑤ 在音响艺术创作中，用于刻画乐器和演员的音色个性，提高音响艺术的表现效果。

均衡器的种类很多，但基本的工作原理都是相同的。它们都是将音频信号的全频带（20Hz～20kHz）或全频带的主要部分，按一定的规律分成几个甚至几十个频率点（也称频段），再利用LC串联谐振的选频特性，分别进行提升或衰减，从而获得所希望的频率校正曲线。

图3-7是频率补偿对语音音色感受的影响。表3-1是明显影响乐器音色的频率范围。

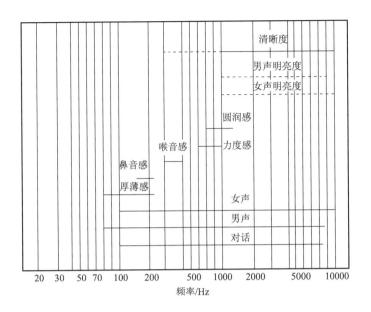

图3-7　频率补偿对语音音色感受的影响

表3-1　　　　　　　　　　　明显影响乐器音色的频率范围

乐器	影响音色的频率范围
底鼓	60~80Hz时为低音厚重感，鼓皮拍打声在2.5kHz
军鼓	240Hz为声音的结实感，5 kHz为高频的鼓皮颤动感
踩镲	200Hz为敲击的共鸣点，7.5~12 kHz时为声音颤动的亮点
通通鼓	240Hz为声音的丰满度，5 kHz为其冲击感
落地通鼓	80~120Hz为声音的丰满度，5 kHz为其冲击感
低音吉他	60~80Hz为低音的厚重感，700~1000Hz为声音的音头/拨弦，2.5kHz为弹奏时的琴弦噪声
电吉他	240Hz为声音的丰满度，2.5kHz为电吉他声的刺穿感
原声吉他	80~120Hz为低音厚重感，240Hz为琴箱共鸣点，2.5~5Hz为声音的通透感
电子管风琴	80~120Hz为低音厚重感，240Hz为共鸣点，2.5kHz为声音的现场感
钢琴	80~120Hz为低音厚重感，2.5~5kHz为声音的现场感，10kHz为清脆的敲击感，2.5kHz为类似乡村酒吧的声音（使用尖锐的Q值）
小号	120~240 Hz为声音的丰满度，5~7.5kHz为声音的尖锐度
弦乐	240Hz为声音的丰满度，7.5~10kHz为擦弦声
康茄鼓/非洲小鼓	200~240Hz为共鸣点，5kHz为现场拍打感
人声	120Hz为声音的丰满度，200~240Hz为人声的共鸣点，5 kHz为人声的现场感，7.5~10kHz为齿音的嘶声

3.3.1.2　滤波器(Filter)

　　一般来说，均衡器的效果是对比较宽的频段起作用，大多数时候用于调整声音片段的整体音色。但有时候我们想要去除一些声音，比如在各剪辑片段间变化的低频隆隆声，完成这种清理工作，滤波器更有效，因为它们对频率的处理比均衡器更加尖锐，因此在去除频率的同时更容易避免对邻近频率的影响。

（1）滤波器在工作时具备的四个要素

① 滤波类型　指滤波器在工作时的状态，也叫滤波器模式。

② 截止频率　指滤波器发生作用的频率位置，也叫截频位置。单位：赫兹（Hz）。

③ 共振能量　指滤波器强调声压在截止频率上的能量大小，也叫共鸣强度。单位：百分比（%）。

④ 衰减斜率　指滤波器对截止频率进行衰减的缓急程度。单位：分贝（dB）/八度（Octave）。

（2）滤波器的种类

①高通滤波器　也叫低切滤波器。该类型滤波器允许截止频率以上的信号通过。常用于对白的截止频率是80Hz。该滤波器不会对人声造成任何破坏，而同时去除了低频噪声。如果通道里只有女声，该截止频率可以提升到160Hz左右。除了截止频率之外，另一个唯一可能要调的参数就是斜率，即每倍频程衰减量的大小。如果这一参数可调的话，电影声音制作最好选择最大的斜率。

②低通滤波器　也叫高切滤波器。该类型滤波器允许截止频率以下的信号通过。常用于对白的截止频率一般在（8~10）kHz的范围。它非常实用，因为各剪辑点间很高的频率成分很难匹配，而人声几乎所有的能量都集中在这一频段以下。另外，当最终制作的是光学声轨或电视播出带时，它对于限制很高频段的频率成分也很有帮助。另一方面，在音乐制作中一般不使用低通滤波器，而制作音响效果时，可以用它来去掉不需要的频率成分，甚至可能将截止频率调到很低的频点来使用。

③带通滤波器　高通与低通滤波器组合在一起就形成了带通滤波器。可以用它来模仿电话声。将频率范围限制在250Hz~2kHz就得到了类似电话的声音，尤其当与全频带人声对比时，这种效果更为明显。

④陷波器　陷波器能够消除带宽很窄的频率而对相邻频率影响很小，它常用来减弱声音中某种讨厌的音调。一些均衡器具有这种很窄范围的频率调节功能，只要将均衡频带调到最窄（Q值设为最大）就可以作为陷波器来使用。

⑤嗡声消除器　60Hz的嗡声和它的谐波成分如120Hz、180Hz的声音会带来一些麻烦。因为它是民用交流电的频率，在电网中传输，有可能在某些环节感应到信号里。并且，通过电网来供电的设备，比如荧光灯等，在这些频率上也会产生噪声。使用单一的陷波器只能衰减某个频率成分，很难解决所有的问题，而针对基频和谐频的多点滤波器可能更有效。

3.3.1.3　激励器(Exciter)

激励器的发明对于传统的音频信号处理技术来说是一个变革。激励器与其他音频设备工作原理的不同处在于：其他音频处理设备都是对输出的信号成分进行各种加工，而激励器是在声音信号中加入特定的谐波成分，以达到增加声音透明度和临场感的目的，从而获得更动听的效果。目前，激励器广泛应用于录音和扩音场所。

激励器的作用：

① 提高声音的清晰度、可懂性和表现力，使声音更加悦耳动听，降低听音疲劳感。

② 增加声像的立体感，以及声音的分离度，改善声音的定位和层次感。

③ 提高重放的音质，明显改善声音的高频特性，又不会降低信噪比。

④ 对乐器的声音进行处理，可以强化乐器音色特征，使该乐器（声部）更加突出。

3.3.2 时间处理设备

3.3.2.1 混响效果器(Reverb)

混响效果器是常用的一个设备，用来模拟声音在一定空间内因声波的反射而造成的空间感。在听觉上，让枯燥干涩的声音变得柔美和湿润。

处理音频时，混响效果常用于修饰人的声音。除此之外，在各种类型的乐器音色中也经常会用到。对于一般的声学乐器音色，需要模拟音乐厅的环境来调试混响效果，这样才能更好地表现出声学乐器应有的声学特性美；对于非声学乐器的音色，可以展开想像来调试混响效果，比如封闭管道内的抽水声、无边宇宙里的科幻声等。

混响效果器主要参数说明：

［Predelay］ 预延迟。控制直达声与第一次反射声之间的时间间隔。

［Time/Decay］ 衰减时间。控制混响效果慢慢消失所需要的时间。

［Reverb］ 混响强度。控制混响效果所能够产生的作用强度。

［Size］ 空间大小。决定混响声场的空间大小。

［Lo Damp］ 低频阻尼。决定声音在反射时被吸收了部分低频后所得到的剩余低频强度。

［Hi Damp］ 高频阻尼。决定声音在反射时被吸收了部分高频后所得到的剩余高频强度。

［Mix］ 干湿比例。决定输出时原始干声与混响湿声所占的比例大小。

3.3.2.2 延迟效果器(Delay)

延迟效果器的概念来自回声。这种效果相对混响而言更加具有颗粒感和清晰度，每次声音延迟反弹的时间间隔会更久。

延迟效果器的工作原理是将原始声音信号输出的同时又将原始声音信号进行复制，然后按照用户所设置的延迟时间来进行反复再输出。这对音色的修饰非常重要。

立体声延迟效果器（Stereo Delay）除了让声音产生基本的延迟效果外，还可以实现延迟声在声像声场位置里的自由变化，让声音时左时右时远时近反复跳跃，使整体效果更加丰富多彩。

另外，还有一种和延迟效果器类似的效果器叫做回声效果器（Echo），它和延迟效果器有时整合在同一个设备上。

延迟效果器主要参数说明：

［Time］ 延迟时间。决定原始声与延迟声之间的时间间隔。

［Feedback］ 反馈数量。决定延迟效果的持续时间或反复次数。

［Mix］ 干湿比例。决定输出时原始干声与延迟湿声所占的比例大小。

3.3.2.3 镶边效果器(Flanger)

镶边效果器俗称"佛兰戈效果器"，它将需要处理的原始音频信号复制，加上延迟效果后再进行移相处理，让声音回旋于声场中，使其变得富有梦幻和飘渺的感觉。可以说它是集合了延迟效果和移相效果的双重效果器。

镶边效果器主要参数说明：

［Rate］　镶边速率。决定镶边效果的发生速率快慢。

［depth］　镶边深度。决定镶边效果的发生深度大小。

［Delay］　镶边延迟。决定镶边效果的延迟时间间隔。

［Feedback］　反馈数量。决定镶边效果的持续时间或反复次数。

3.3.3　电平处理设备

3.3.3.1　压缩器（Compress）

这是一个专门用来处理音频信号"动态"的设备。当音频信号被记录时，最高电平与最低电平各有一个限度，这个限度之间的声压范围叫做动态范围（Dynamic Range）。通俗的说法就是：一段音频中，最大音量与最小音量之间的音量差距大小。动态范围仍然使用声压振幅单位：分贝（dB）。压缩处理器的作用是缩小音频信号中最高电平与最低电平之间的动态范围，使其提高整体音量时避免音频信号失真，让声音更加清晰，突出表现其音乐和声音的细节部分。

这个设备多用于音频缩混和母带处理，根据其特点，可以配合其他效果器以及声音特点来对其进行灵活运用。除了压缩处理器之外，还有其他的效果器能够用于动态处理，如用来扩大音频信号动态范围的"扩展处理器"（Expand）；用来使微弱低电平声变得听不见的"噪声门"（Gate）；用来将音频信号限制在一个固定电平内的"限制器"（Limiter）等。

图3-8　压缩效果器

压缩处理器主要参数说明，如图3-8所示。

［Threshold］压缩阈值（门限）。决定对信号进行压缩处理的电平大小位置。

［Ratio］压缩比例。决定对超过所设压缩阈值的音频信号电平进行压缩处理的强度。

［Attack］启动时间。决定当音频信号电平超过所设压缩阈值后，达到所设压缩比例的处理强度所经过的时间。

［Release］释放时间。决定当音频信号电平离开所设压缩阈值后，完全脱离压缩器所进行的压缩处理所经过的时间。

3.3.3.2　限制器（Limiter）

如果压缩比设置得足够大，那么压缩器实际上就变成了限制器。

一台限制器通常用来限制那些超过特定电平的信号峰值，从而避免放大器、磁带、光盘、广播传送等介质上的信号过载。尽管有些设备的压缩比达到100∶1，但大部分限制器的压缩比为10∶1（即超过门限时，输入每增加10dB，输出仅增加1 dB）或20∶1。由于超过门限后的输入信号即使增幅较大，在输出时也只会是一个很小的增量，因此来自限制器之后的设备，信号的过载会很大程度地降低。

3.3.3.3　噪声门（Gate）

噪声门能使超过预设门限的信号通过并按照原来的增益输出，不会对动态进行处理。然而，如果输入信号在预设门限之下，噪声门就像一个处在无限状态的扩展器，将信号完全地削弱，使信号被有效地滤除。通过这种方式，我们需要的信号可以顺利地通过设备，而环境噪声、乐器"嗡嗡"声、串音噪声，以及其他在音乐暂停时产生的不必要噪声都会被滤除。

3.4 数字音频工作站

近些年来，数字音频工作站（Digital Audio Workstation，简称DAW）日益普及，并逐渐显示出这个基于电脑及硬盘录音的综合系统的优越性：

① 更先进的多轨录音、编辑及缩混能力。

② MIDI音序、编辑及制谱能力。

③ 内部集成式和插件扩展式的信号处理。

④ 可将软件音源插件（VSTi、AU和RTAS等）以及周边音乐程序（RwWire）整合在一起。

⑤ 可将外部硬件设备整合到系统中，如各种控制器以及音频和MIDI接口等。

事实上，软件程序以及周边硬件设备构成的这种系统提供了惊人的制作能力，并且已经革命性地改变了专业级、中小型以及个人工作室的面貌，影响了音频和音乐制作行业中每一个人生活的方方面面。

3.5 声音制作场所

3.5.1 录音室

录音室又称录音棚。它是人们为了创造特定的录音环境声学条件而建造的专用录音场所。录音室的声学特性对于录音制作及其制品的质量起着十分重要的作用。录音室的形式多种多样，性能也各不相同。人们可以根据需要对其进行分类，例如，可以按声场的基本特点划分为自然混响录音室、强吸声(短混响)录音室以及活跃端—寂静端(LEDE)型录音室；也可以从用途角度划分为对白录音室、音乐录音室、音响录音室、混合录音室等。如图3-9所示为强吸声录音室。

图3-9 强吸声录音室

在一般情况下，录音师遇到的是已建成的录音室，但有时可能会遇到需要新建或改建录音室的事情。在这种情况下，作为录音室主要使用者的录音师就不可避免地要对录音室的声学要求提出建议，并参与建成后的录音室鉴定、验收等工作，甚至参与对录音室的声学状态进行某些调整，都是可能的。例如，为了造成某种环境气氛或取得特殊的声音效果，需要在录音室内设置反射面或吸声面，或者对室内的混响时间作临时性的调整等。必须明确，对录音师而言，录音室犹如他所使用的其他录音设备一样，也是用于对声信号控制的重要"设备"，正确地使用录音室，甚至可以起到调音台、延时器及混响器等音质处理设备难以起到的作用，而这一切都基于对声场及影响声场声学特性因素的深刻理解。

3.5.2　动效棚

指专门用来录制音响的录音棚。在室内除了用于观看视频的银幕外，通常还备有各种类型的发声物体，如各式各样的地面、门、窗、容器、布料等其他稀奇古怪的发声道具，当然还有各种型号的话筒。拟音师（创造声音的人员）就是在这样的环境中，一边看着银幕上的画面，一边运用他们灵巧的双手借助各种发声道具模拟出各种声音来。同时录音师也利用各种话筒及不同的话筒摆放方式把声音录制下来。如图3－10所示。

图3-10　动效棚中的拟音道具

3.5.3　编辑室

编辑室往往都是用办公室改造的，而且大多数这样的房屋的声学情况都很糟糕，离理想的监听状况非常远。它们可能只能进行编辑，而不能混音；不过在小成本节目的制作中，编辑和混音通常都是在同一个房间里。不幸的是这些工作室往往太小了，而且没有经过声学改造，这就造成了令人不悦的声反射和混响甚至驻波，以及在某些频率上严重的声染色。如果作品是在这样糟糕的声学环境中做出来的，那么就会造成类似低频不足的问题，声音编辑就得使用均衡器增加低频以补偿作品中的缺陷。这种补偿的结果是一旦作品在其他地方播放就会相差甚远，声音很可能会变得浑浊。

机房和办公室一般都是矩形设计的，因为这样在建造时能最有效地利用空间，但这其实并不是理想的形状。有一些声学材料的生产商提供一些产品能够减小这类问题。合理安装这些材料以后，不仅可以提升音质，甚至听音者的疲劳也可以适度减轻。声场环境和音箱都应该是中立的，不偏不倚的。立在工作站旁的小型音箱，在这种环境下是比较适用的，它提供的是近场的声音。在编辑声音时，这能给人以信心。声音经过一个会引起声染色的反射表面之后，就不能保证声音的真实性了，而近场监听就能保证听到的声音比较原始。但是近场音箱肯定不能达到大棚的监听环境，特别是存在因为房间尺寸而引起的低音不足的问题。声场或许太窄，头部的轻微移动都会带来频响的变化。

THX公司的PM3认证是专门为小型录音棚设计的监听标准，通过这个认证，则可以保证获得一个高质量的监听环境。

3.6 音频信号互连的线材与接口

3.6.1 线材

3.6.1.1 平衡式线缆

通常，录音棚里的每根XLR（卡侬）平衡式线缆都是由三条缆芯构成的——其中两条为音频信号线，另一条为屏蔽线，而与缆芯相连接的线缆插接头则一般称为冷端、热端和接地，如图3-11所示。

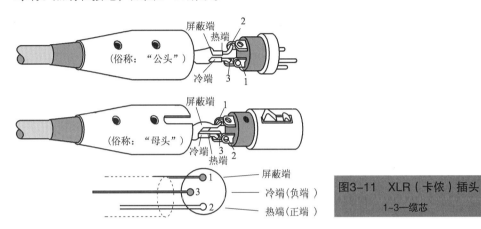

图3-11 XLR（卡侬）插头
1~3—缆芯

XLR和1/4″（即大三芯）的音频线都是平衡式的，只不过1/4″音频线的三条缆芯所连接的分别为1/4″插接头的尖部、环部和套管（TRS），其中与插接头套管部分相连的则是线缆的屏蔽层，如图3-12所示。

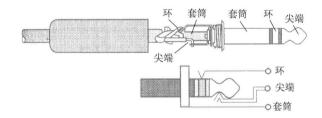

图3-12 TRS（大三芯）插头

由上述可知，线缆中有两条缆芯是用来传输音频信号的。但是，这两条缆芯所传输的信号极性（相位）相反。这是为什么呢？因为在信号的传输过程中，一旦有噪声信号混入音频信号的话，那么两条线缆受到噪声信号干扰是等量的。但是，当信号被送入平衡式线缆的插接头后，由于两个接头的极性相反，所以混杂在音频信号中的噪声很容易就会被抵消，这也就是所谓的"平衡"或共模抑制的过程了。随着噪声干扰的消除，我们便可以在尽量减少哼声噪声的同时，延长音频线缆的长度了。

3.6.1.2 非平衡式线缆

我们平常所使用的吉他线就是一种非平衡式线缆。它是由两条缆芯构成的——一条为音频信号线，一条为屏蔽线。屏蔽线缠绕在传送热信号的缆芯外面，用于传送返回的信号。非平衡式线缆多用于将乐器所发出的单声道音频信号送入放大器或D.I盒中。现今大多数周边设备的输入端口所使用的都是1/4″规格的插接头，而且所有调音台也都拥有平衡或非平衡1/4″（线路电平）输入方式的选择功能。

另外一种非平衡式的线缆是1/4″无屏蔽层的扬声器线缆。它是由两股直径较宽的并行缆芯构成的，因为只有用直径较宽的线缆将功率放大器与扬声器连接起来，才能使传输信号功率的损失减少到最小。不过还需要注意，由于用途不同，因此在使用时绝不可用扬声器线缆代替有屏蔽层的音频线缆。

3.6.2　接口

3.6.2.1　模拟接口

对于音频接口来说，其输入输出口的形式分为两类：模拟口和数字口。模拟口主要有小三芯、莲花口、卡侬口、大二芯和大三芯等几种；数字口则有两种声道的AES/EBU、S/PDIF规格和八声道的ADAT、TDIF和R-BUS等规格。

模拟音频信号分为平衡式和非平衡式。比如，所有专业话筒都有一个平衡输出端，由三芯电缆组成，其中两条主要传送相同的音频信号（异相），第三条线是起地线作用的屏蔽；而非平衡只用两条线传送信号，一条线传送音频信号，另一条用作地线。非平衡线路对嗡嗡声及其他电子噪声比平衡线路要敏感得多，所以平衡式的音质比非平衡好。但如果一套系统中有一个是非平衡式，整个系统就是非平衡的。例如你的声卡的输出是平衡式，但前面的功放的输入却是非平衡式，那么你的声卡也就等于作为非平衡式在使用。

（1）小三芯　小三芯的插口主要用于家用级的多媒体等音频卡，在专业领域现在已很少使用。

（2）莲花口　莲花口用于普通的专业设备，它提供的信号电平为-10dB。

（3）卡侬口　所有平衡式话筒和连接线都使用三孔连接器，也叫XLR连接器，俗称为卡侬口。

（4）大二芯和大三芯　大二芯和大三芯用于高级的专业设备，它提供的信号电平通常为+4dB。其中大三芯的插口和卡侬口一样是平衡式的，是在信号电缆的外层又包一个屏蔽层，可以提高音频信号在传送过程中的抗干扰能力。如果工作室中的设备很多，各种音频线电源线经常纠缠在一起，那么使用平衡式的插口和线缆就可以减少噪声出现的可能性。

3.6.2.2　数字接口

（1）AES/EBU　AES/EBU的全称是Audio Engineering Society/European Broadcast Union(音频工程师协会/欧洲广播联盟)，它是美国和欧洲录音师协会制定的一种高级的专业数字音频数据格式，现已成为专业数字音频较为流行的标准。大量专业音频数字设备如专业DAT、顶级采样器、大型数字调音台、专业数字音频工作站等都支持AES/EBU。AES/EBU是一种通过基于单根绞合线对来传输数字音频数据的串行位传输协议。非均衡的状态下可在长达100m距离上传输数据，均衡状态下可传输更远的距离。AES/EBU的普通物理连接介质有三种：其一是平衡和差分连接，使用XLR连接器的三芯话筒屏蔽电缆；其二采用单端非平衡连接，使用RCA插头的音频同轴电缆；其三是光学连接，使用光纤连接器。

（2）S/PDIF　S/PDIF的全称是Sony/Philips Digital Interface Format，它是索尼公司和飞利浦公司制定的一种音频数据格式，主要用于民用和普通专业领域。由于被广泛采用，它成为事实上的民用数字音频格式标准，大量的消费类音频数字产品，如民用CD机、DAT、MD机、计算机声卡数字口等都支持S/PDIF，在不少专业设备中也有该标准接口。S/PDIF通过同轴电缆或光纤进行数字音频信号传输，取代了传统的模拟信号传输方式，因此可以取得更好的音质。就传输方式而言，S/PDIF技术应用在声卡上表现为输出（S/PDIF OUT）和输入（S/PDIF IN）两种。其接口通常也有两种，一种是RCA同轴接口，另一种则是TOSLINK光纤接口。其中RCA接口是非标准的，它的优点是阻抗恒定、有较宽的传输带宽；而使用光纤的主要优势在于无需考虑接口电平及阻抗问题，接口灵活且抗干扰能力更强，可以获得优于同轴接口的音质。插口硬件使用的是光缆口或同轴口。支持S/PDIF技术的声卡芯片常见的主要有CMI8738\YMF-744、FM801、AU8830等，并且它们通常都会在声卡上有明确的标注。

（3）ADAT ADAT（又称Alesis多信道光学数字接口）是美国Alesis公司开发的一种数字音频信号格式，因为最早用于该公司的ADAT八轨机，所以就称为ADAT格式。该格式已经成为了一种事实上的多声道数字音频信号格式，越来越广泛使用在各种数字音频设备上，如计算机音频接口、多轨机、数字调音台，甚至是MIDI乐器上（像Korg公司的TRINITY合成器和Alesis公司的QS系列合成器和音源）。目前许多公司的多声道数字音频接口，像Frontier公司的一系列产品，使用的都是ADAT接口。

（4）TDIF TDIF是日本Tascam公司开发的一种多声道数字音频格式，使用25针类似于计算机串行线的线缆来传送八个声道的数字信号。TDIF的命运与ADAT正好相反，在推出以后TDIF没有获得其他厂家的支持，目前采用它的数字设备越来越少。

（5）R-BUS R-BUS是Roland公司推出的一种八声道数字音频格式，也被称为RMDB Ⅱ。它的插口和缆线都与Tascam公司的TDIF相同，传送的也是八声道的数字音频信号，但它有两个新增的功能：第一，R-BUS端口可以供电，这样当你将一些小型器材（如Roland公司的DIF-AT，它可以将R-BUS格式的数字信号转换成ADAT和TDIF格式）连接在其上使用时，这些器材可以不用插电；第二，除数字音频信号外，R-BUS还可以同时传送运行控制和同步信号。这样，当两台设备以R-BUS口连接时，在一台设备上就可以控制另一台设备。比如，你将Roland公司最新的VSR-880多轨机通过R-BUS连在Roland的VM系列调音台上时，就可以在VM调音台上直接控制多轨机的运行。

图3-13是各种常用的音频插头种类。

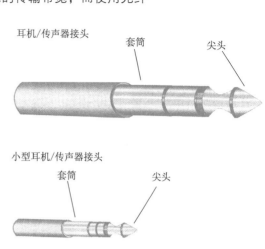

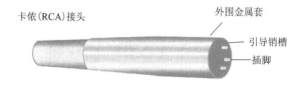

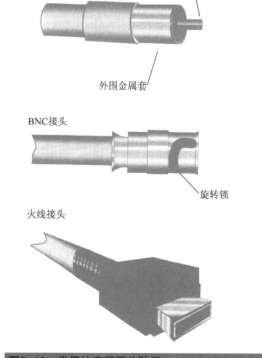

图3-13 常用的音频插头种类

第4章　DV基础

4.1 DV概述

DV是Digital Video的缩写，即数字视频或数码摄像机。从广义上讲，似乎所有的数码摄像机都可以使用DV这个称号，但是实际上，DV以及不同的演化规格，如MiniDV等，都已经有了很细致的国际规范。1993年9月，由世界主要录像机生产商组成的"高清晰度数字录像机协会"联合制订了消费类数字视频的统一DV标准，所有公司的相应产品要兼容并遵循这个标准，才能在其产品上印上相应的DV商标。

DV采用1：5压缩比的MPEG-2数字视频编码来记录现行的电视信号，且基本技术规格符合未来HDTV的规范。DV数字格式的磁带宽度为1/4in（6.35mm），体积最小，仅有VHS-C盒带的1/3。高达500线的录放水平清晰度，可以再现更丰富色彩和更细腻的层次过渡，音频记录直接采用PCM编码，质量与CD相当。

在摄像时，使用者通过DV的液晶显示屏观看要拍摄的活动影像，拍摄后可以马上看到拍好的活动影像。通过DV能够把拍摄到的活动影像转换为数字信号，连同话筒记录的声音信号一起存放在DV带中。

DV可以与计算机连接，以读取DV带中的内容，继而对这些内容进行后期处理，如编辑等，还可以刻成VCD或者DVD光盘保存起来。

DV还可以与电视机连接，不仅能在电视上显示DV带中的内容，还能录制电视节目。

4.2 DV摄像机的分类

4.2.1　按质量分类

由于数码摄像机的用途广泛、种类繁多，按照质量的不同可以将其分为广播级、业务级和家用级三大类型。

4.2.1.1　广播级

广播级的数码摄像机是指那些在广播电视行业里使用的专业数码摄像机，这类数码摄像机又称为高端产品。它融入了高端的数码摄像机技术，在图像和声音质量上都有极佳的表现，它们最明显的标志是可拆换各类专业镜头。但此类数码摄像机一般体积大、重量重、价格昂贵。如图4-1所示。

图4-1　Canon XM2摄像机

4.2.1.2　业务级

业务级数码摄像机一般应用于文化宣传、教育、工业、交通、医疗等领域。业务级的数码摄像机图像质量稍逊于广播级，但其更加轻巧，给用户带来了极大的方便，有利于使用者深入到社会各方面进行拍摄，加上画质本身与广播级产品没有太大的差异，因此在广播电视行业里的应用也很广泛。如图4-2所示。

图4-2　Sony CDR-PC330摄像机

4.2.1.3　家用级

家用级数码摄像机一般用于家庭文化娱乐，其操作人员往往没有经过专业的培训。

家用级数码摄像机操作简便，用户不需要专门培训就可以完成拍摄。其图像质量也较好，一般都能达到500电视水平线以上，适合于自娱自乐或作为家庭电影拍摄。

家用级数码摄像机成本较低，一般使用单片的CCD作为成像器件，其尺寸比较小。虽然功能被简化许多，但如果拍摄者对摄像机使用得当，又有一定的艺术修养，加上有一个好的拍摄内容，也是可以拍出好的作品的。

图4-3所示的是一款家用级数码摄像机。

图4-3　JVC GRD23摄像机

4.2.2　按制作方式分类

按电视节目制作方式可将摄像机分为ESP用、EFP用和ENG用三类。

4.2.2.1　ESP用摄像机

此类摄像机图像质量最好，通常非常沉重，需要机架或其他类型的摄像机底座设备来支撑，不方便随便搬动。高质量的DP用摄像机包含有三个CCD（电荷耦合器件）和许多电子控制装置，它们装配有一个大的镜头和一个大的取景器，因此，整个摄像机头比一般的便携式摄像机重很多。它们往往也需要通过电缆把摄像机头和摄像机控制器CCU、同步信号发生器、电源等一系列制作高质量图像所必需的设备相连接。

现在使用的主要有模拟分量机和数字摄像机。高清晰度电视（HDTV）摄像机是一种新的发展趋势，有极高的分辨率，水平清晰度线可高达1125行，相当于现在电视系统(625行）的两倍，因此，色彩更加逼真，电视图像从最亮到最暗有更多更丰富的层次，使它成为35mm电影的一个强有力的对手。HDTV是一种高度专业化的电视系统，通常采用16∶9的宽高比，类似于电影银幕的长宽比例。使用HDTV相当不便和特别昂贵的主要原因是视频系统的所有元素都必须是高清晰度的，而不仅仅是HDTV本身，现在多用于非广播电视的电子化的电影创作、医学等领域的教育研究和广告制作。

4.2.2.2　EFP用摄像机

EFP用摄像机往往是便携式的，摄像机中包括了摄像机系列的所有部件，它可以采用电池供电方式，也可以采用交流电源供电方式。EFP用摄像机质量与ESP用摄像机相似，但体积更小，以满足轻便型现场节目的制作需要。

4.2.2.3　ENG用摄像机

ENG用摄像机一般也是便携式的，甚至有的是摄录一体机。ENG用摄像机一般用于复杂多变的环境中，要求体积更小、重量轻、便于携带，对非标准的照明情况有良好的适应性，在恶劣的气候条件下有良好的工作稳定性，自动化程度高，在实际操作中调整方便。

　　无论是ESP用、EFP用、还是ENG用摄像机，都在向高质量化、固体化、小型化、数字化、高清晰度化等方向发展，用它们制作的电视图像质量的差别也越来越不明显了。

4.3　DV的记录存储载体及特点

　　一般来讲，目前每一种消费类数码摄像机都是按一定标准将视频和音频录制在一定的存储介质中，如图4-4所示。

图4-4　DV的记录存储载体

　　（1）Mini DV　Mini DV是按DV标准拍摄的，视频超过原来的模拟式摄像机的画质，能够达到500线以上的水平清晰度。Mini DV磁带在几类DV存储介质中属于价格最低廉的耗材。

　　（2）Digital8　Digital8就是俗称的D8格式，可以在原来8MM模拟和Hi8磁带上录制DV规格高质量影像，和Mini DV的规格接近，Digital8能够达到500线的水平清晰度。

　　（3）Micro MV　Micro MV是目前最小的DV磁带规格，使得Micro MV格式的DV在外形设计上尤其小巧。Micro MV 规格可以录制高品质的MPEG-2视频，能够达到500线以上的水平清晰度。

　　（4）Mini DVD-R和DVD-RAM　Mini DVD数码摄像机采用MPEG-2格式进行拍摄，存储介质为Mini DVD-R或DVD-RAM，画质上也能达到500线以上的水平清晰度。

　　（5）微型硬盘　采用CF接口标准的微型硬盘作为DV的存储介质，在视频规格上通常为MPEG-2格式。突出特点是使用方便，不用像采用磁带的DV一样需要繁琐的视频采集过程。

　　（6）存储卡　目前许多采用磁带的DV都设计有存储卡接口，用于在接入的SD/MMC卡或记忆棒中存储拍摄的静态图片和MPEG-1或MPEG-4格式的视频短片。

4.4　不同格式DV带的音频特征

　　关于音频格式的设置有很多种组合方式，使用单一摄像机时它的选择是有限的。例如，有些型号的摄像机不具备在录像带所能提供的所有声道上录音的能力。以下是对于一些常用设置的相关信息。

（1）Mini DV、DV、DVCAM、Digital8　能录制双声道、48kHz、16bit或四声道、32kHz、12bit格式的音频。

（2）DVCPro　能录制双声道、48kHz、16bit格式的音频。

（3）DVCPro50　能录制最多四声道、48kHz、16bit格式的音频。

（4）HDCAM　能录制最多四声道、48kHz、20bit格式的音频。

（5）DVCProHD　能录制最多八声道、48kHz、16bit格式的音频。

当录音是通过火线接口进行时，这些格式都能重放双声道、44.1kHz、16bit的音频信号（CD标准）。

4.5 DV节目的拍摄形式

无论筹划什么类型的数字影视项目，必须在早期对两种不同的拍摄式样做出选择。对于影视作品制作人来说，不同的式样有不同的要求，这个选择会影响后续所做的每一项工作。可选择的拍摄式样有：

①新闻式样:无脚本、无摄制组、在短期内完成拍摄任务。

②电影式样:有脚本、有摄制组、花较多时间进行制作处理。

对拍摄式样的选择是个美学问题，这是由摄制人对画面要求决定的。在另一个层次上说，它涉及进度表（最终期限的压力）和预算（能支付得起的工作小组有多大规模）。

在本节中我们将重点讨论利用单台摄像机拍摄新闻和电影式样作品的问题，这是最常用的技术。当然，你也可以用多台摄像机对任何一种式样进行拍摄。利用多台摄像机的基本原则是为了从不同的角度拍摄不可重复的事件，这样你可以选择不同的镜头。某些低预算DV电影的制片通过同时在现场从几个角度拍摄的方法，达到节省时间和预算的目的。但是，为了获得令人印象深刻的好莱坞式的效果，应该使用灯光照亮场景，这样只有其中一个角度的观赏才是恰当的。

4.5.1 新闻式拍摄

通常把"电子新闻搜集"简称为ENG，使用单台摄像机拍摄新闻式样是拍摄故事内容最直截了当的方法，如图4-5所示。经验丰富的新闻工作者称这种拍摄式样为"边跑边拍"。这一术语描绘了像装备齐全的士兵那样的影视作品制作人——便携式摄像机操作人员和音响灯光小组集合成一人。显然，可以把这种拍摄式样应用于差不多所有类型的项目，不仅是新闻项目。许多相似的家庭电影的制作就是采用这种最简单的新闻拍摄式样。

4.5.2 电影式拍摄

新型的便携式摄像机轻巧又便宜，人们可以把它拿到几乎任何地方，在任何时候都不需要做更多的计划就可以

图4-5　新闻拍摄形式

使用。但是无论拍摄何种项目，如果愿意体现某些电影式样的技术，那么可以改进作品的技术品质。

　　拍摄电影式样的主要目的是尽可能多地控制场景条件，如图4-6所示。这正是为什么电影式样的拍摄一般都使用某种脚本，并且聘用一个摄影小组来处理音响和灯光的原因。根据脚本、情节串联图板或镜头清单进行工作，可以精确地筹划摄影机和灯光的位置。

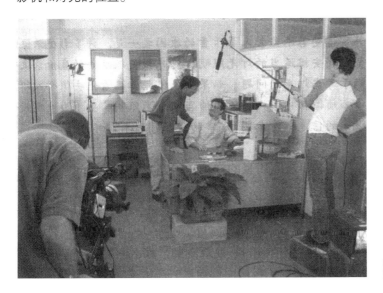

图4-6　电影拍摄形式

　　是否要用多台摄影机协助拍摄？有时候是需要的，尤其是对于某种惊险的表演或特殊的效果，由于它们很复杂、具有破坏性或者很昂贵，以至于只能做一次表演。但是由于一些美学原因，大部分制片人和影视摄像师都偏爱使用一台摄影机。

4.6　DV影视作品的制作流程

　　数字影视作品制作过程中主要的步骤与电影或模拟影视作品的制作过程十分类似，如图4-7所示。不同的地方是，许多过程进行得更快，并且传统制作步骤中的一些步骤（例如胶片处理的过程）根本没有。

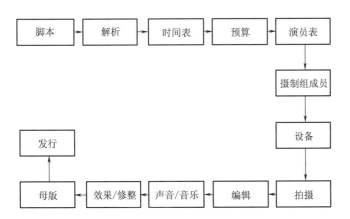

图4-7　数字影视作品制作过程

　　（1）脚本　脚本提供了改进故事内容和指定基本制作元素的方法。对于故事片，脚本是必需的，对于诸如记录片这样的演示作品，甚至是镜头清单或拍摄计划

51

都是很有价值的计划工具。

（2）解析　从脚本开始工作时，应列出制作所要求的所有元素，如：场地、演员阵容、道具、镜头等。还要根据脚本中设置的说明、打算使用的真实场地的情况，以及需要的照明范围和现场的声音效果决定摄制组成员的数量。

（3）时间表　如果脚本遵循标准的格式，那么可以用它来粗略估计需要拍摄的天数。假如可以创建合理精确的脚本的话，对于大部分类型的制作（不仅是故事片），这都是正确的。对于编辑和最终修整项目所需的时间是变化的，取决于脚本的长度和期望特殊效果以及音响效果完美的程度。

（4）预算　创建一部电影精确的预算是一种特殊的和先进的技能。如同指定时间表一样，在后期制作中的熟悉程度也会影响成本，打算用的发行方法（录像带、DVD、广播、互联网站或电影）也影响成本。

（5）确定演员表　这一步中包括试演的演员和演员表。为故事片确定演员可能是很花工夫的事情，即使是低预算项目的制片人也经常雇用挑选演员的导演。如果拍摄记录片或其他非故事片的项目，可能在这一步中要进行预备性访谈和拍摄前的情况交流。

（6）摄制组成员　确定摄制组成员时经常要权衡项目的大小和必须花费的资金。项目越大，需要雇用的人手越多。但是摄制组越大，用于交通、伙食等的有关费用也越大。项目越小，制片人自己做的工作可能越多。

（7）设备　在拍摄前，制片人和关键的制作人员就要选择灯光、摄影机、声音和控制设备。如果雇用专业的摄制组，那么他们中的许多人拥有他们自己的设备，而且按定额（每天或每星期）出租（和他们的服务捆绑计算）。

（8）拍摄　拍摄图像和录制声音从这里开始。时间表必须足够地详细说明在指定的日子、指定的场景中需要哪些演员、摄制组成员、设备和道具。如果工作不能按照计划进行，要准备好可移动可折叠的纸板房子。

（9）编辑　编辑人员把各个镜头组合起来构成连贯的演示作品和构成故事。如果没有获得需要的所有镜头，或者如果需要重新录制不好的声音轨迹，那么编辑这一步会花比计划的长得多的时间。在最坏的情况下，可能需要重新拍摄错过的或者有瑕疵的资料。

（10）声音和音乐　音频资料是电影中至关重要的元素。编辑人员和音响技术人员在事后创建大部分的声音轨迹，并把音乐和多层的声音效果添加到现场录制的对话上。有讽刺意义的是，虽然他们做这项工作是为了提高真实感，但是，声音轨道可能是在电影制作中加工最复杂的部分。

（11）效果和最后的修整　在这一步中将要添加标题和特殊效果，以及修正颜色使得外观更自然，更像电影，或者达到更好地适合希望发送的状态。

（12）母版　为了作品的发行，需要通过用于复制的母版来准备最后的生产，这个母版可以是录像带、DVD或电影的负片。一种新兴的格式——"数字介质"正被用于较大的电影制作项目，是从数字文件（那是由扫描非剪接的负片创建的）制作的复制品。

（13）发行　这是最后一步了，如果不是预售产品，那么你把作品公布于世就意味着销售、行销和促销。这种工作可能是困难和麻烦的，但是，如果想要观众看到作品的话，事先的计划和跟踪到摄制完成是很重要的。

4.7 各档次DV摄像机的音频接口与音频装置

4.7.1 专业级摄像机的音频接口与音频装置

高端专业级摄像机通常使用平衡式音频输入接口，既能用于话筒输入也能用于线路输入。这些接口一般使用卡侬接头（XLR接头），如图4-8所示，有的设在机身上，有的设在专用的话筒输入附件上。带平衡式XLR接口表明摄像机可以进行单独的外接话筒输入。平衡式线缆包含由一根公用屏蔽线包裹起来的两根信号线，这种接线方式不容易出现因感应由各种电源线带来的磁场干扰所导致的嗡嗡声。平衡式电缆可以减小类似的由磁场干扰导致的嗡嗡声，因此在专业领域首选平衡式电缆，而不是更普通的非平衡式电缆；后者通常采用RCA接口方式，这种接口在CD播放器上一般都能找到。

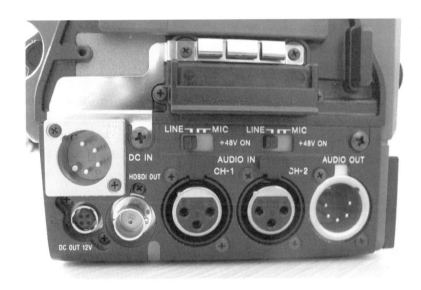

图4-8 Sony HDW-750P的音频接口

图4-9是专业级摄像机Sony HDW-750P的音频装置。

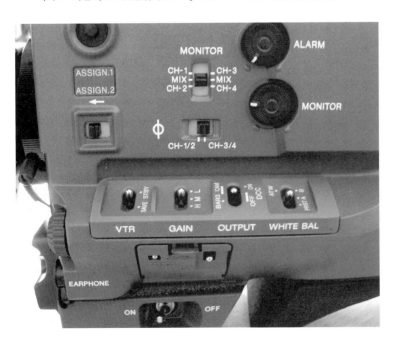

图4-9 Sony HDW-750P的音频装置

4.7.2 家用级摄像机的音频接口与音频装置

家用级摄像机和准专业级摄像机都可能具备平衡式话筒输入口，但一般都不具备平衡式线路输入口，而更多地采用RCA接口来提供非平衡式的线路输入，如图4-10所示。有时候这些连接件甚至采用双向信号流通：录音时作为输入口，重放时作为输出口，例如，佳能（Canon）XL系列摄像机就采用这种双向传输方式。最常见的消费类产品的音频接口，一般称为RCA、phono、pin或Cinch plug接口，有时候是以上这些名字的组合。

图4-10 家用级摄像机的非平衡式音频接口

图4-11是家用级摄像机Canon XL系列摄像机上的音频装置。

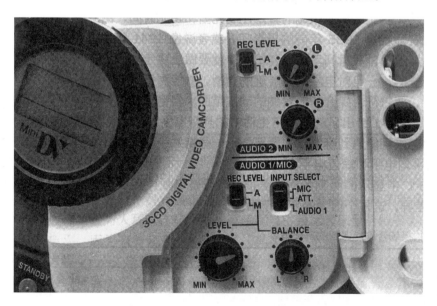

图4-11 Canon XL系列摄像机上的音频装置

4.8 声音制作人员应具备的视频知识

4.8.1 NTSC/PAL/SECAM制

对于DV和数字TV（DTV）来说，最大的挑战之一是：在能预测的未来，它能保持可与半个世纪之前建立的模拟电视（ATV）标准相兼容。

ATV广播格式应用于网络传输、有线系统、便携式摄像机、VCR和DVD装置，但糟糕的是，在世界不同地区使用不同的ATV广播格式。

DV便携式摄像机的设计不是用NTSC（北美广播电视标准）工作，就是用PAL（英国广播电视标准）或SECAM（法国和亚洲广播电视标准）工作。虽然有多格式的VCR和DVD播放机，但是便携式摄像机只能用其中一种格式，不是两者都可。NTSC和PAL/SECAM之间的基本差别是帧速率和扫描线。

4.8.2 帧速率

在世界上任何地方，电影摄像机的标准帧速率是每秒24帧（f/s），NTSC以大约30f/s的速率显示图像——实际数值为29.97f/s，PAL/SECAM用精确的25f/s。这些帧速率是以当地交流（AC）电源的频率为基础的，在美国为60Hz，在世界大部分地区为50Hz。早期的电视工程师使用AC频率来控制光栅扫描。

4.8.3 时间码

时间码（time code）是一种数字系统，可以为电子影像的每一个画格提供其他位置的数字。大多数电子影像系统都会在录像带上录制SMPTE时间码，就可为每个画格提供位址数字。例如01:02:15:10的时间码，指的就是1h、2min、15s、10个画格。有的电子影像格式，时间码会录在其中一条声音轨中，其他的就录在场消隐期中，或是录像带特别保留要录制时间码的区域。有些摄像机并不在拍摄时提供时间码的录制，但是可以在后期制作时补录进去。时间码在剪辑上是非常有用的。

时间码也可以录在录音带或胶片上，也可以出现在拍板(slate)之上。拍板是当一个镜头要拍摄时，放置在摄影（像）机前方的器具，它会列有影片片名、导演名、录制的场景号码等资料。如果在同时间录影的所有器材，都录下相同的时间码数字，那在日后就可以很容易地求得同步。时间码由内置在摄影机中的时间码产生器（time code generator）或其他器材所产生。就胶片来说，时间码会直接录在胶片齿孔的磁性材料上，胶片冲洗后才可看见。当为了剪辑而把胶片转换成电子影像时，时间码读取器（time code reader）就会读取胶片上的数字，然后和画面录制在一起。

有些编码，像是片边号码（keykode）、号码先生（Mr.Code）、边缘号码（edge numbers），以及Aaton编码，都会在胶片冲洗后出现，可用在剪辑和剪切原始底片中，如此才可以在冲印室中再印出无数的拷贝。

4.8.4 变速摄影

电影摄影机一般可以加装变速马达，使其既能在大多数时候以精确的24f/s拍摄，又能进行大范围的变速来制造特殊效果。直到最近，这些效果都很难在录像上实现，因为摄像机上所有的定时信号都是基于帧率来设置的——改变帧率很多东西也随之改变。然而，现在高端摄像机开始涉足这一领域了，通过外接能提供变速的处理器，至少在特定变速量上，能提供减速或加速摄影功能。

声音的减速或加速处理一般在后期制作时进行，将实时录制的声音进行转录，按照与摄像机变速时相同的速度来减慢或加快，以此来保持与画面的同步。

4.8.5 视频信号互连接口

除了可以在数码摄影机屏幕上观看你摄录的镜头以外，你还可以将数码摄像机连接到电视机上，通过电视屏幕观看你的摄录效果。这时，你需要选择正确的连接方式。随着你拥有的设备不断增多，你所需要缆线、导线和连接器也越来越多。你要仔细保存这些缆线、导线和连接器，还要记住哪种连接器是用来连接哪种装置的。在下面的内容中，我们将介绍主要的几种连接器以及与其相对应使用的缆线。使用数字技术的其中一点优势就在于，数字格式设备的连接器要比模拟格式的小很多，而缆线也比模拟格式的轻巧许多。如图4-12所示。

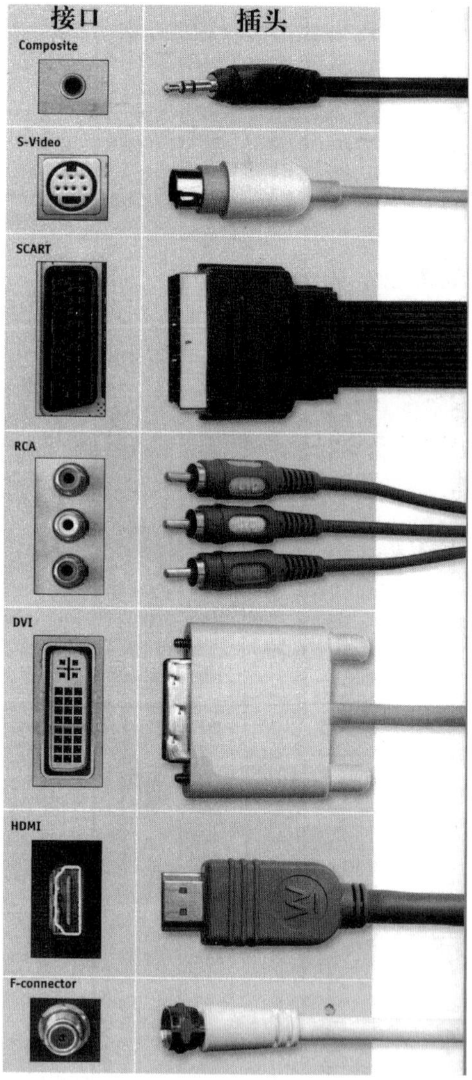

4.8.5.1 复合端子（Composite）

复合端子只有一个接孔，可以把复合视频信号传送到一条线路上。也就是说，一个信号的所有组成成分被合并成一个传送到电视机上。电视机需要一个过滤器对该信号解码。目前，许多摄像机使用复合端口输出视频。复合连接器的导线几乎可以插入到所有的电视机上。

4.8.5.2 S端子（S-Video）

这是一个信号系统，用来传送独立的信道或数据流。该系统可以制造高质量图像，故而在带有DVD播放器的家庭影院装置中广泛使用。

4.8.5.3 SCART端子

SCART端子用于混合的音频和视频信号。SCART连接器还叫做法国Peritel公司连接器或欧洲标准21脚AV接口。该连接器可根据实际或电脑软件的需要为不同的视频设备配置不同的接口脚。广泛用于录像机和电视机，SCART端子需要使用粗重的缆线。

4.8.5.4 RCA端子

RCA端子又被称为"莲花头"。RCA端子的插头带有一个尖头，这个尖头部分包在半坚硬的套子里。尖头用来传送视频或音频的输出和输入；套子支持返回的信号。连接器的结构简单，价格低廉，因此使用广泛。该连接器的插头可以成套使用。三个插头成套使用，可以输送分量电视信号。

接口	插头
Composite	
S-Video	
SCART	
RCA	
DVI	
HDMI	
F-connector	

图4-12 视频信号互连接口与插头

4.8.5.5 DVI端子

DVI是Digital Video Interface的缩写，意思是"数码视频接口"。该连接器能够保证高清晰画面，因为所有信号完全都是数字格式的。

4.8.5.6 HDMI端子

HDMI是High-Definition Multimedia Interface的缩写，意思是"高清晰度多媒体界面"。HDMI是一种完全数字格式的音频视频界面，可以将任何音频视频设备（比如：DVD）和一个音频或视频终端机（比如：数码电视机）连接。HDMI支持标准视频、高清晰度视频和多通道数字音频。同时，HDMI还可以与DVI兼容。

4.8.5.7 F-connector端子

F-connector端子是有线电视所使用的同轴网线的末端，包括一个金属中轴和一片金属窄条。金属窄条可以拧入或塞入电视机或者卡带式影像录放机后面的F接孔里。

4.8.6 压缩与压缩比

4.8.6.1 压缩

所有的数字格式或多或少都进行了压缩和解压缩(compressiondecomperssion），这样可以减少存储影像所需要的空间以及传送数据所需要的网络带宽。每种压缩方式都要编码和解码（codec），codec这个术语代表的是压缩（compressor）和解压缩（decompressor）。静态影像（如JPEG和BMP）和动态影像（MPEG-1、MPEG-2和MPEG-4）有着不同的编解码器。

压缩有很多途径，但是其中有些是通过损失画面来实现的。例如有一种叫做"空间压缩"（spatial compression）的压缩方式，它通过寻找重复的像素来实现压缩，如果它发现影像中所有的天空部分都是浅蓝色，那么它就不一一记录下每个像素了，从某种程度上来说，使用这种压缩方式损失了图像的清晰度和精确度，因为实际上，有些像素的色度与浅蓝色有着轻微的区别。如果采用有损（lossy）压缩，损失的品质将无法复原，例如，天空原来有80个色度的浅蓝色，有损压缩可能只存储其中的65个。另一种压缩方式是无损（lossless）压缩，这种方法完整保留了原始素材上的所有信息，在素材被解压缩后，将还原到原来的品质，但是无损压缩的缺点是它的压缩程度非常有限。

你可以选择你想要的压缩方式。一般来说，采用高压缩比（如50:1）压缩的影像品质比采用低压缩比（如2:1）的要差，但能让你的硬盘存储更多的素材。

4.8.6.2　压缩比

压缩比（compression ratio）非常重要。压缩比越高，压缩的程序越大，节省的存储空间也越多，但也损失更多的画面质量。DV和DVCAM格式的压缩比是5：1；而Digital Betacam 的压缩比较低，是4:1。由于不同编解码器的渲染方法不同，它们在压缩速度和影像品质上会有很大不同。理想状态下，在压缩和解压缩过程中损失的图像信息不会明显影响到剩余图像的品质。而影响影像品质的因素也不仅仅是压缩程度，还有其他因素如色彩取样格式和亮度等。

4.8.7　常见的视频文件格式

4.8.7.1　AVI视频格式

AVI（Audio Video Interleave）是一种音频影像交叉记录的数字视频文件格式。AVI技术及其应用软件VFW（Video For Windows）是1992年初Microsoft公司推出的。AVI的非压缩文件可以看作是由许多幅连续的图形按顺序组成的动画文件。

在AVI文件中，运行图像和伴音数据以交织的形式存储，并独立于硬件设备。AVI格式的优点是兼容性相对较好、调用比较方便而且图像质量好，缺点是体积相对于其他的格式来说过于庞大。

4.8.7.2　MOV视频格式

MOV（Movie Digital Video Technology）是Apple(苹果)创立的一种视频格式。MOV格式可以跨平台且存储空间较小，因此受到业界的广泛认可。MOV格式也称为Quick Time，原本是应用于Apple公司的苹果系列电脑上的，后来被应用到PC机的Windows系统中。

4.8.7.3　MPEG视频格式

MPEG（Motion Picture Experts Group）即运动图像专家组格式。MPEG压缩标准是针对运动图像而设计的，基本方法是在单位时间内采集并保存第一帧的信息，然后就只存储其余相对第一帧发生变化的部分，以达到压缩。MPEG压缩标准可实现帧与帧之间的压缩，其平均压缩比可达到50：1，压缩率比较高，兼容性也比较好，且有统一的格式。

目前MPEG格式主要有三个压缩标准，分别为MPEG-1、MPEG-2和MPEG-41；另外，MPEG-7与MPEG-21尚处于研发阶段。

（1）MPEG-1　制定于1992年，用于传输1.5Mb/s数据传输率的数字存储媒体运动图像及其伴音编码，也就是通常所见的VCD制作格式。这种视频格式的文件扩展名包括.mlv、.mpg、.mpe、.mpeg及VCD光盘中的.dat等。

（2）MPEG-2　制定于1994年，主要针对高清晰度电视（HDTV）的需要，传输速率10Mb/s,与MPEG-1兼容，适用于1.5~60Mb/s甚至更高的编码范围。这种格式主要应用在DVD、SVCD的制作（压缩）方面，文件扩展名包括 .m2v、.mpg、.mpe、.mpeg及DVD光盘中的.vob等。

（3）MPEG-4　制定于1998年，是超低码率运动图像和语言的压缩标准，主要用于传输速率低于64kb/s的实时图像传输。MPEG-4为多媒体数据压缩提供了一个更为广阔的平台，最有吸引力的地方在于其能够保存接近于DVD画质的小体积视频文件。这种视频格式的文件扩展名包括.mov、.asf、.DivX和.AVI等。

4.8.7.4　RM视频格式

RM（Real Media）是Real公司推出的一种流媒体视频压缩格式。RM格式可以实现即时播放，即先从服务器上下载一部分的视频文件，形成视频流缓冲区后开始播放，同时继续下载，为接下来的播放做好准备。这种"边传边播"的方法可以有效避免用户必须等待整个文件从网上全部下载完毕才能观看的缺点，因而特别适合在线观看影视。

RM格式适用于在低速率的网上实时传输视频的压缩格式，同样具有小体积而又比较清晰的特点。

4.8.7.5　RMVB 视频格式

RMVB格式是一种由RM视频格式升级而来的新视频格式，VB指的是动态码率（Variable Bit）的意思。RMVB打破了原先RM格式那种平均压缩采样的方式，在保证了平均压缩比的基础上，设定了一般为平均采样率两倍的最大采样率值。这样在保证了静止画面质量的前提下就大幅度地提高了运动图像的画面质量，从而图像质量和文件大小之间就达到了微妙的平衡。

一部大小约为700MB的DVD影片，如果将其转录成同样视听品质的RMVB格式，其大小最多也就400MB左右。不仅如此，这种视频格式还具有内置字幕和无需外挂插件支持等独特的优点。

4.8.7.6　FLV视频格式

FLV（Flash Video）是一种新的流媒体视频格式，利用了网页上广泛使用的Flash Player 平台，将视频整合到Flash动画中。网站的访问者只要能看Flash动画，自然也能看FLV格式视频，而无需再额外安装其他视频插件。FLV视频的使用给互联网视频传播带来了极大的便利。

4.8.7.7　ASF视频格式

ASF(Advanced Streaming Format)是一种高级流媒体视频格式，使用MPGE-4的压缩算法，因此压缩率和图像的质量都很不错。ASF的主要优点包括本地或网络回放、可扩充的媒体类型、部件下载以及扩展性等。

ASF格式的图像质量比VCD差一些，但比同是流媒体视频格式的RAM格式要好。ASF应用的主要部件是NetShow服务器和NetShow播放器。

4.8.7.8　WMV视频格式

WMV（Windows Media Video）是微软公司制定的视频格式。与ASF格式一样，WMV也采用了MPGE-4的编码技术，并在其规格上进一步地开发，使得其更适合在网络上传输，并且能够在标准的Windows媒体播放器上播放。

4.8.7.9　VCD视频格式

VCD（Video CD）大多是采用MPGE-1的压缩算法。但需要注意的是，VCD2并不是指VCD采用MPGE-2压缩的。其图像分辨率为352×288像素（PAL制式）/352×240像素（NTSC制式）。

MPGE-1的压缩算法可以将一部120min长的电影（原始视频文件）压缩到1.2GB左右大小。

4.8.7.10　DVD视频格式

DVD（Digital Versatile Disc）是近几年普遍使用的视频格式。DVD格式基于MPGE-2技术，MPGE-2的压缩算法可以把一部120min长的电影（原始视频文件）压缩到4~8GB的大小，图像分辨率720x576像素（PAL制式）/720x480像素（NTSC制式）。

拥有Primiere软件和DVD刻录机就可以制作带有互动菜单的DVD影片，并且可以在DVD-ROM以及家用DVD播放机上播放。

4.8.8　数字电视

尽管电视制作已经全面数字化很多年了，但是数字电视却是近几年才成为现实，而且其推广速度也还相对缓慢。数字电视有许多种格式，无论哪一种都提供了以往模拟电视制式（NTSC、SECAM或PAL）不能比拟的高质量图像。相比模拟广播，数字标清电视SDTV 已经将图像和声音质量提升了很多，但最完美的视听感受一定是来自于高清电视HDTV，将最高水平和垂直分辨率的图像呈现给观众。目前，高清电视有如下几种制式：

① 720p-横向1280像素，720行，逐行扫描。

② 1080i-横向1920像素，1080行，隔行扫描。

③ 1080p-横向1920像素，1080行，逐行扫描。

电视的宽高比是16:9，声音格式是数字立体声或者杜比AC3，高清电视的传输需要比模拟电视更多的带宽，往往使用MPEG-2等压缩编码方式将高清节目压缩到可以借助模拟电视信道来传输。

4.8.9　数字影像

诸如数字Beta之类的数字格式迅速取代了模拟磁带格式，这个变化带来的直接好处就是提高了信号质量，同时将传统的磁带工艺本身保留。另一个重要改进就是高清系统的提出，许多高清格式在提高图像质量的同时，还可以同时支持多路高质量数字声音信号。如松下公司的母版级DS录像机就支持8个48kHz/24bit数字声轨，可以录制多声道母版。

1999年松下公司和索尼公司联合推出了24p格式，这是一个模拟35mm电影格式的帧速率。与往常一样，24p格式的画面也以高清数据文件的方式记录在1/2in的录像磁带上，这些高清录像机还可以在24、25、30等帧率中自由切换，并且可以支持50Hz或者60Hz的格式。后期制作中，某些系统也支持24p格式，如Avid DS Nitris，它可以导入任意压缩比和清晰度的24p格式的素材。

目前，许多原来使用胶片拍摄，后期进行数字化加工的高端电视节目，如高端电视剧和纪录片等，都开始转向使用高清24p格式拍摄。某些商业电影导演也开始选择使用24p格式。24p格式使用的逐行扫描技术可以使数字影像更接近于胶片拍摄的影像，更具"胶片感"。而数字摄像机也和胶片机一样，具备升格或降格的能力，可以支持不同的拍摄速度。便携性也是其一大优势，如DVCPRO HD格式就将DV的便携和HD的高质量有效地结合起来了。

最近，电影现场录音中原有的数字磁带记录工艺，如DAT已经全面退出了。支持多轨同时记录的录音机开始崭露头角，它们能够直接将声音以文件的形式记录下来。这样，在后期制作中，直接将这些文件导入工作站就可以了，而不需要进行以往的1:1实时转录。这些录音机也支持极高的采样频率，甚至可以到192kHz/24bit。自1999年起，以Zaxcom公司的Deva面世为标志，这些基于文件的同期录音机也同样经历了小心翼翼的尝试到广泛认可的过程。今天，DAT设备已经全面停产。

4.8.10　数字影院

尽管大多数影院都已经播放数字声轨了，但是胶片作为画面主载体的局面还没有完全改观，虽然技术上将声画一体从数字介质中播放出来已经成为现实，但对于影院的拥有者而言，替换原来传统设备的费用太高昂。数字化的播放技术在影院实现以后，就可以使用卫星传送或硬盘数据播出声画。这样做的最大好处是无论放映多少场次，画质和音质都不会因为胶片本身的质量下降而损失。尽管如此，有些影院还是担心数字化放映的数据安全，他们认为相比起来还是胶片更保险。

环绕声系统仍在不断发展之中，杜比EX和DTS-ES系统都拥有第三个环绕声道，也就是后环绕，这种系统也称为6.1系统。类似10.1的多声道系统也存在，但都没有投入商业电影，而主要是在游戏动感电影中使用。

4.8.11　电影

电影摄像机记录连续的静止影像，这得益于一个特定的抓片机构通过齿孔和齿轮传动将胶片短时间的连续固定在镜头的正前方曝光。摄像机使用一个快门来控制曝光，当胶片固定在镜头前，快门打开一定的时间使胶片曝光，然后快门关闭，下一个未曝光的胶片被抓片机构移动到正确位置，然后快门打开，重复曝光过程。35mm摄影胶片的标准曝光面积大约能达到2k像素的分辨率，也就是说电子影像达到的分辨率是525或625线。

电影拍摄的图像可以在剪接机上回放，通常是用一台Steenbeck剪接机，也可以使用电视电影机或者放映机观看画面。胶片放映机一般配备有密闭式灯箱，以氙灯作为光源。国际上一共有四种主流格式的胶片：16mm、电视用35mm、标准35mm和70mm，分别配以相应的胶片放映机。70mm胶片实际上是使用65mm摄像机拍摄的负片。16mm更为广泛的应用是一种被称为超16的格式，其曝光面积大于传统的16mm胶片，广泛应用于欧洲和16:9的宽银幕电视节目。超35也是一种常见的格式，在这种格式下，原本预留给光学声迹的空间也用于记录画面，从而获得更大的曝光面积和影像尺寸。

间歇运动的胶片不适用于记录声音，记录声音需要连续稳定运行的记录介质，所以，声音无法和画面一起被"快门式"地记录下来。在实际的电影拍摄中，声音是单独记录在与胶片摄像机同步的录音机上的，这个工艺被称为"双系统"拍摄模式。在最终的胶片拷贝上，重新将声音印制在画面旁边的光学声迹上，此时画格和声迹的位置并不是横向一致的，35mm胶片拷贝的声音记录在相应画格之前，而16mm拷贝就在画格之后，因为要保证间歇抓片机构能够控制胶片的平衡运行，画格处的间歇动作是无法正常还音的。在北美，胶片都是以每秒24格的速度播放；在欧洲，除了每秒24格，还有每秒25格的情况出现。当今的胶片剪辑都是要将胶片转为视频画面进行的，这就会出现播放同步的问题——我们的电视节目往往是以50Hz或者60Hz的速度在运行。

图4-13是胶片摄像机中的抓片机构和旋转快门机构示意图。

影像曝光　　　　抓片器落下　　　　下一格胶片上移　　　　打开快门

图4-13　胶片摄像机中的抓片机构与旋转快门机构

4.8.12　数字电影

电影院放映电影的方式已逐渐数字化。为一部电影制作上千个放映正片，以便在众多电影院上演的做法，在未来的某一天一定会成为过去式。取而代之的是电影使用数字化方式放映，这也是影片制作数字化发展的必然过程。从1980年起，数字科技就被运用到剪辑上，非线性电脑剪辑就取代了影片剪断再接起来的动作。差不多在同时，使用铅笔和打字机的影片筹划阶段，也转换为使用电脑软件，而且大多数涉及电影制作纸上作业的人，也都带着电脑四处工作。数字摄像机，特别是24P高清晰度的数字摄像机，也已应用于电影摄制上。受数字科技影响最少的是发行和放映，不过数字电影（digital cinema）已是不可避免的趋势。

在2005年，由七大电影公司（Disney、Fox、MGM、Paramount、Sony、Universal和Warner）组成的数字电影组织（Digital Cinema Initiatives）联合宣布了转换数字电影的规范。这些规范使电影生产商所生产的电影能在全国以至全世界的电影院进行数字放映。这些标准涉及发行人、内容版权以及两个数字放映格式（分辨率为2000和4000条扫描线）。把胶片转到数字放映机上放映需要花费多少现在还不知道，一些其他组织正在讨论这些问题。

从技术层面来说，很多人认为数字化放映的影像质量会比胶片放映差，这主要是因为电子影像的分辨率不够，而且也太过僵硬。对该论点也有反对者，他们认为在电影院看影片并没有像电子影像般的高品质。虽然原始电影底片的品质会比电子影像好，但电影院中的观众看到的并不是底片。胶片经过中间正片和翻底片的处理后，放映正片的分辨率也差不多是700~800条扫描线，比数字电子影像少。况且数字信号并不会随时间而变差，也不像胶片会刮伤变脏，而且也不会褪色。随着数字制作技术的进步，数字放映的分辨率可以做到和拍摄时一样。数字电子影像确实和胶片看起来不同，但电子影像的拥护者就认为这是爱好的问题，而且观众们也不在乎是否要保留"电影感"。

随着这场辩论的热烈进行，数字电影最终还是上路了。乔治·卢卡斯（George Lucas）的《星球大战》（Star Wars）系列电影《星战前传1：魅影危机》（Phantom Menace）和《星战前传2：克隆人的进攻》（Attack of the Clones）是在1999年发行的，当时有8家电影院采用数字化放映，到了2002年，有52家电影院放映数字版的《星战前传2：克隆人的进攻》（Attack of the Clones），3161家仍是以胶片方式放映。从那之后，有越来越多的电影院，以及其他导演，开始转向数字化的制作和发行放映。

电影公司已经试验过发行和放映的技术过程。有些通过卫星或者电缆，如光纤，来发送数字信号；有些则把电影存储在大容量硬盘上，然后送去电影院放映。制片公司希望开发出大型号的服务器用来存储电影，这样电影院就可以播放了。还有一些公司发明了数字放映机，其核心的结构是上百万个小镜子，分别安装在每秒可以倾斜5万次的铰链上，有些小镜子接受数字信号后反射出红色，有些则是蓝色或绿色，图像被简化为0或者1的指令，让每个小镜子反射或者不反射相应的颜色，这些从小镜子上获得的颜色将被棱镜重新组合、放大、聚焦在电影银幕上呈现图像。

数字电影打开了令人激动的新纪元，而且仍将继续发展创新。它曾经备受争议，而且距离大范围普及还有不少距离。但是2005年数字电影组织所达成的协议起到了很大的促进作用。

4.8.13 电视电影机

电影胶片拍摄完成以后，要转换为数字影像进行非线性剪辑，这就意味着胶片需要转换为视频图像，进入剪辑系统。完成胶片到视频转换的设备称作电视电影机，该机器精确地控制胶片的运行，从而再现尽可能高的质量的电子画面。当然，如果单纯为了剪辑的需要，就无需产生最高质量的画面，只需要一般质量的画面即可。这个时候，单灯电视电影机在一定程度上节省了转换画面的时间和成本。当剪辑结束以后，再套剪原始底片，然后再进行严格的配光和调整以保证最终画面的色彩。

4.8.14 视频与胶片

视频和胶片是两种完全不同的技术。胶片基于化学技术和机械原理，理解起来相对简单，而视频则基于电子技术，但两者各自有自身的特点。

胶片的诞生已经超过100年，拥有国际认可的标准，还曾经一度是电视节目交换的唯一介质。而胶片的这一作用后来被录像机取代，进而进一步发展。胶片的库存、处理和洗印都是昂贵的工作，目前也只有商业电影和高投资电视节目使用胶片作为记录介质。在现场拍摄中，35mm胶片仍然具有电视图像难以企及的对比度和清晰度，并且在未来的一段时间内将继续使用。但是设备和库存的成本将使得胶片电影越来越少。

胶片介质的电影拥有极好的图像质量，目前的高清电视也逐渐开始拥有可以相媲美的图像清晰度，并且未来或许可以直接送往影剧院播出，这具有极大的优势。使用数字介质保存和分发拷贝相比以往的电影拷贝库存和运输更节省预算，因此更受欢迎。

视频图像也可以转印到胶片上，用于影院放映，但其画质则取决于原始的图像质量。高清格式的视频图像在转印到胶片后可以获得相当不错的质量表现，因此获得行业内的广泛欢迎。

部分胶片记录设备甚至使用激光作为记录工具，其他则使用较为传统的电子束方式。图像先被分解为3个颜色组成部分：红色、蓝色和绿色。电子束分三次将3种颜色的信号记录在图像的扫描行上，使每行都拥有红、绿、蓝三种颜色。一个2000线分辨率的电子图像记录在胶片上时，就需要记录2000次。这个过程是相当缓慢的，目前大约需要几秒钟才能记录一格图像。就好像是慢速曝光和电影技术试验（大约是正常速度的1/8）。利用记录仪得到的胶片和实际拍摄的胶片相比，两者很难区分，因此可以在后期制作中将人工制作的视频特技镜头转印到胶片上。

第5章　同期录音

同期录音中的"同期"含义是指在画面拍摄的同时，对演员表演的语言声音进行录音。用同期录音的方法，可以使演员的语言声音与画面内容保持同步状态，因此具有演员表演形象和语言情绪统一、真实、语气语调自然等优点。

5.1 同期录音的方式

5.1.1　单系统录音

单系统（Single System）录音指的是将声音和画面都录制在同一台设备上。本书4.5中介绍的新闻式拍摄使用的就是单系统录音工艺。

使用单系统录制声音的主要理由是；第一，假设你是在拍摄新闻式样作品的情形下，那时你没有录制组、设备或时间来创建外部的混音和录音条件；第二，为了减少在视频作品的后期制作中，对在外边录制的声迹进行匹配或同步的麻烦，同时也为了降低后期制作的成本。

其实利用当前的NLE（非线性编辑）软件，通过使用来自摄像机的同步声音作为在外部录制声音的导轨，使音轨与剪辑片同步就像"剪切和粘贴"一样地快和容易。

5.1.2　双系统录音

双系统（Double System）录音指的是把画面录制在一台设备上，而把声音录制在另外一台设备上。本书4.5中介绍的电影式拍摄使用的就是双系统录音工艺。

双系统录音可以使用MD（迷你光盘）、DAT（数码音频磁带）或硬盘录音机进行。后两种方法可以保证录音的高质量，而MD的价格最低。

双系统录音需要至少两个人合作——一个负责摄像，另一个负责录音。使用该方法录制的声音质量远远优于使用单系统录音录制的声音质量。而且，还可以提供两种音频存储手段——视频磁带和录音磁带，最终会获得两个同时录取的录音——一个主要的（在DAT上）和一个备份的（在Mini DV上）。除提供保护资料不丢失之外，从技术的原因考虑，拥有两个声迹版本也是非常好的主意。

就像精确的灯光一样，双系统录制音频是电影式样的技术，而且不做这件事的唯一原因是，它需要附加的时间和费用（对于新闻式样的拍摄，你可能不会如此奢侈）。

用于数字视频作品的电影式样录音，我们推荐使用吊杆式话筒来记录对话，使用调音台来控制音频电平和双重系统的音频，以便同时在外部的DAT和摄像机上录音，如图5-1所示。

5.2 同期录音录制组成员及职能

5.2.1 录音技师

如果录音完全是在摄影机（单一音响系统）内完成，那么录音可能是摄影师的职责。但是，当使用双重的音响系统拍摄时，现场的声音还送到一台外部的录音机，一位被指定为录音技师的技术人员将会操作这台录音机（有时候，这是声音混合员的附加职责）。

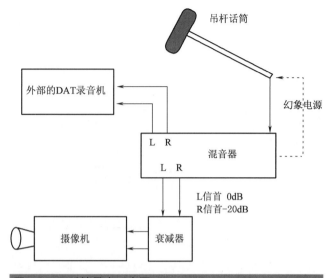

图5-1 双系统录音示意图

5.2.2 声音混合员

控制音频输入电平的人是声音混合员，而声音混合员还是被用于合并从多个音频源输入的音频信号设备的名称。在小型的录制组中，吊杆操作员可以把声音混合设备夹在他的腰带上，或附在肩章上，以便他自己能做声音混合的工作。

5.2.3 吊杆操作员

对于大部分拍摄，话筒是被附在一个送话器架（即吊杆）上，这是一种看上去像长钓鱼竿的装置。这种安装和把持话筒的方法是获得实况声音（户内或户外）的一种最好的全能方法。把持这种吊杆的人被称为吊杆操作员。这是一件需要相当多的实践和技能才能做好的工作，而且还是很乏味的工作（有关校正吊杆技术的更多信息，参见本章稍后的"安装和处理吊杆"）。

5.2.4 第二助理摄影师

在电影拍摄现场，摄制组的第二助理通常操作镜头号码板上的拍板，从而让每个镜头开始拍摄。虽然没有严格地指定一位声音录制组成员来做这件事，但是，无论谁操作这块拍板都为录制可靠的同步声音起着很重要的作用。在英国，这个人被叫做clapper/loader，因为她的另一个主要的职责是为主摄影师装电影胶卷盒（更多信息，参见本章稍后的"镜头号码牌的使用"）。

5.2.5 采访记者

在新闻式样的拍摄中，采访记者可能是镜头中的人物，或者是屏幕外的问者；但是，如果她拿话筒，那么她是声音录制组的成员。应确保她了解话筒的使用技术（更多信息，参见本章稍后的内容）。

5.3 同期录音的主要目的

声音轨迹包括对话、音乐和音响效果（声音编辑师用速记方法把它们表示为D、M和E）。音乐和大部分效果是在后期制作的时候添加进去的，这意味着在现场你的声音目标是记录干净、清楚的对话。数字影视作品的制作技术不提供任何特殊的工具来帮助你完成这项工作，它也不包括任何在后期制作中能使失真的言语恢复原状，或修复损坏的对话声迹。虽然声音编辑师利用数字的编辑系统（例如：ProTools、Nuendo）确实能做出一些惊人的事情，但是没有一项专门技术比在刚开始就有效地捕获好的声音有效。

如果你没有高质量的声迹，那么就没有高质量的放映效果。而且，如果观众摸不清对话的内容，那么你就不能称得上是讲好了故事。差的对话录音可能是电影制片新手（不论他们是制作电影还是制作video）最常犯的错误。

5.4 随机话筒的使用

把领夹式话筒夹在拍摄对象的身上，或者用一个手持话筒，总是要比使用摄像机内置话筒效果更好，因为内置的话筒会拾取马达的噪声，而且产生错误的声音空间感。

但是有时候，如果你只能顾上拍摄，则没有选择余地了。如果你不得不使用内置话筒的话，可以试试如下操作：

① 若要使用来自机载话筒的信号，那么检查摄像机上的音频输入开关，并且把它设定为使用内部输入而不是外部输入。在某些摄像机上，把开关设定到Audio 1。在其他摄像机上，包括许多消费型摄像机，只要把迷你型插头插入External Audio插孔，就会关掉机器上的话筒，默认时它是打开的，因此应确保插孔内没有插入任何东西。

② 通过把录音电平切换到Manual的方法关掉音频AGC（自动增益控制）。使用音频AGC的唯一情况是，当你认为音频电平的范围很宽，而且难以预料的时候——从低声的说话到大声的叫喊，突然的变化。当音频AGC打开时，每当环境很安静时，摄像机会自动把增益调大，如果这种情况反复地发生的话，会产生脉动现象。

③ 选择视频录制模式。

④ 录制某人在附近高声的谈话（如果没有别的办法，那么录制你自己的声音）。

⑤ 在不引起失真的情况下，尽可能增加手控的音量（或者音频增益）控制。对于大部分prosumer型摄像机和所有的专业机型，可使用摄像机的音频电平表来设定音频电平。记住大于0dB的信号都将会被扭曲或削去。在价格比较低廉的摄像机上没有音频表，对于音频的畸变失真，你必须通过耳机来监听。

5.5 外接话筒的类型与使用特性

大多数专业的电视和电影制作中，话筒和摄像机是分开的，这样就不用在摄像机所在的地方录音，可以把话筒放置在录音质量最佳的位置。为了覆盖整个场景和规模，可能会用好几种类型的话筒来给一个场景录音。每个话筒放置的位置和方式都是能否为后期编辑部门提供可用的声音的关键因素。电影电视录音中使用话筒的主要方式归纳如下。

5.5.1 吊杆话筒

这是一种在同期拍摄中很普通的录音工艺。它需要一个录音工作组，这样能录到高质量的声音，并且演员可以自由地移动而不必担心话筒线或话筒的牵绊。话筒会被固定在一根长杆（或者钓鱼竿）上，以保证话筒不会被镜头拍摄到。这种录音方式需要专门的人员，我们称之为话筒操作员，他会跟着演员移动确保他们在话筒的最佳拾音范围内。

如果录制语言，话筒最好在人的头顶上方，指向嘴的方向，这种方法能让我们录到最自然的对话。同时，一些周围的环境声也会被拾取，能真实地反映对话现场的声学特征。

声音的景别可以通过改变话筒的高度来改变，景别越大，话筒就举得越高，声音也就越弱，而清晰的声音可以通过近距离拾音来获得。

某些场景的拍摄需要话筒从正下方拾音，当然这样的话想要避免话筒不被镜头拍到比较难。这样的拾音方式会更接近说话人的胸腔，带有更多的低音共鸣。同时，还意味着动效声（如脚步声）会比你想象得更明显。

为了减小风的噪声和手持噪声，话筒应该加装减震架并配上防风罩。

5.5.2 固定话筒

在目标人物不怎么移动的情况下，就可以使用固定话筒。这种录音方式仅限于制作例如音乐剧、演出类的节目。如果话筒太近，话筒杆和话筒就会被拍到。

5.5.3 大型吊杆话筒

吊杆话筒由一个大的装置组成，它是为摄影棚设计的。它被吊在一个装置上但不会被摄像机拍到，操作时需要两个人，一个人靠身体去移动这个平台，另一个人控制移动过程中话筒的角度和位置。

这种拾音方式的优点是它可以到达场景的后方而不被镜头拍摄到，但是只适用于那种上方空间足够大可以设置平台的大型摄影棚。

5.5.4 点话筒

点话筒和领夹话筒可能藏在道具或场景中，例如，在饭店里的场景，话筒可以藏在台灯或者花瓶里。选择放置话筒的位置时，非常重要的一项准备工作要找到表演者运动的路线，以确保话筒是对准他们的。同时，还要确保不要把话筒藏在一个表演者很可能拿起或移动的物体上。

5.5.5 悬挂话筒

话筒可以悬挂在物体的上方，这种拾音方式经常用于录制人群的声音，比如演播室内的观众、管弦乐和合唱。它的缺点是没法在录制的过程中去调整话筒。

5.5.6 手持话筒

手持话筒仅限于新闻播报和其他允许拍摄到话筒的情况（部分访谈节目）。全指向话筒经常用到，因为它能跟着说话人移动，而不必非要轴向对准目标才能获得最好的录音效果。

5.5.7　领夹话筒

在一些节目制作中,领夹话筒是可以露出来的,一般会夹在翻领上或是别在胸前。一旦话筒是有线的,线就得藏在衣服里头,接线盒装置藏在脚踝处。当话筒必须藏起来时,可以藏在表演者的服装甚至头发里,这时问题就来了,服装必须做得能很好地掩藏话筒而不会摩擦话筒。

由于话筒对风声非常敏感,所以话筒经常被埋在很深的地方,这样就妨碍了高频的拾取。这样录制的对话听起来会很闷,声音都被包住了,经常要靠后期的时候提亮。

衣服摩擦的沙沙声和风声是领夹话筒录对话的主要问题,所以我们经常要做ADR录音。录音师会借助于一些技巧,如用回形针固定住话筒头,以避免被衣服剐蹭。

5.5.8　无线话筒

把话筒藏起来又保证不被衣服剐蹭仍然是主题。藏电池盒和发射天线时必须考虑到演员的表演和移动。它的缺点是,一旦开始拍摄,录音师就很难控制录音的质量。

5.6　话筒的指向性

话筒的指向性(directionality)和它的收音范围(pickup pattern)有关。在影片制作上,最常用的话筒是心形(cardioid)的,即主要从一侧,在一个心脏形状的范围内收音;还有就是全指向性的(omnidiretional),由话筒四面八方来收音。

如果只有一个或两个人在讲话,不需要背景声音的话,心形收音的话筒就很适用。这种话筒在胶片电影中被广为运用。因为收音方向就在正前方,也就是演员们所在的位置,而不是摄影(像)机或其他器材操作的地方。

全指向性的话筒,比较适合用来收录一大群人交谈,或是收录背景声。因为有着广大的收音范围,因此无法妥善收录较远的声音。通常全指向性的话筒,必须更接近演员们,才能得到和心形话筒同等音量的声音。

有的时候,为了不拍摄到话筒,就必须在一段距离外收录声音。在这种情形下,就会使用指向性更强的锐心形话筒(又叫超指向性话筒,这类话筒在英文中按指向性集中程度由低到高的顺序又分为super cardioid、hyper cardioid、ultra cardioid)。它们的收音范围,比起一般的心形话筒更长也更窄。

图5-2所示是常见三种指向话筒的拾音范围。

5.7　同期录音的话筒附件

5.7.1　话筒吊杆

话筒吊杆是由铝合金或碳素材料等重量很轻的材料制成的长杆,顶端安装话筒。较复杂的吊杆,其长度可

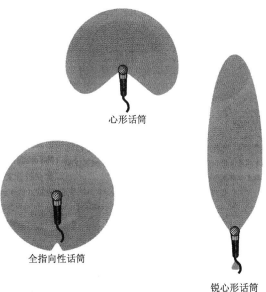

心形话筒

全指向性话筒

锐心形话筒

图5-2　心形、全指向性、锐心形话筒的拾音范围

以调节，顶端还有旋转装置。通过它，录音人员可以随意改换话筒的方向。有些吊杆还可以从杆内部穿话筒线。如图5-3所示。

5.7.2 防风罩

当空气中的气流吹向话筒时，振膜受振便会产生难听的干扰噪声，尤其是外景录音时，所录的风声与人耳听到的截然不同，一点儿也听不出是风吹树叶的沙沙声或吹过屋旁的潇潇声，而是一种砰砰声、隆隆声或爆裂声。在室内录音一般没有风的问题，但话筒追随声源而必须快速移动时也会引起气流对振膜的冲击，产生干扰噪声；而且，在近距离录音时，演员口气中气流冲击话筒，特别是说"破"、"拖"、"搏"等爆破音字时更易产生气流，其发声气流冲击话筒振膜时会产生讨厌的爆破声。

为解决上述问题，可以给话筒安装防风罩。小型防风罩由带微孔的泡沫塑料制成，不影响话筒的灵敏度，质地较轻，可以在室内使用，也可以在室外微风中使用。

图5-3 话筒吊杆

在风较大的情况下，要用一种更结实的网式防风罩，又称猪笼式防风罩。将话筒整个装进这个圆筒里，刮大风时再用一个毛皮套子套在防风罩外面，如图5-4所示。

此外，防风罩还可以起到保护话筒的作用，使其免受机械振动，并防止尘土、水或磁性微粒进入。

5.7.3 防喷罩

近距离拾音时，尤其在音乐录音棚里采用指向性话筒，如心形话筒录人声时，会在演唱者和话筒之间放一个丝质防喷罩，用来减小及消除爆破音的喷话筒现象。

图5-4 防风罩与毛皮套

再比如录演讲台上的讲话，有个好办法是用一只带小型泡沫防风罩的全指向性话筒靠近演讲者拾音，这样比用指向性话筒再加上一只防喷罩来拾音对演讲者的干扰要小。全指向性话筒对爆破音敏感度较低，并且不像指向性话筒那样有近讲效应。虽然很多时候无法说服公共场所那些所谓的专家们采用这种方法——他们往往坚持在近距离使用指向性话筒拾音以抑制声反馈，这种方法依然是可行的。用全指向性话筒比用指向性话筒可以以更近的距离拾音而没有问题。图5-5是防喷罩实物图。

5.7.4 减震架

为了避免机械振动通过话筒的固定装置传到话筒上产生噪声，给话筒装上减震架是很重要的，如图5-6所示。如果减震架质量不好，即使手指轻轻碰触话筒杆产生的振动也会导致很大噪声，振动的大小决定了话筒输出的噪声大小。

使用减震架的典型问题是，如果将话筒线拉得太紧，就会削弱减振效果。话筒应以完全弹性的方式放在震振架上，同时，采用橡胶或塑料部件制成的减震架弹簧，其韧性和弹性要按照所用话筒的重量进行调整。如果橡胶绷得过紧，减震效果就会削弱；如果过松，话筒在移动过程中会因弹跳太厉害而碰到其他悬挂部件从而产生噪声。

图5-5 防喷罩

图5-6 话筒减震架

5.8 同期录音的话筒技术

5.8.1 话筒员的工作位置

理想情况下，吊杆上的话筒应该放置在人物的头部上方，并对准嘴部。它应该随着演员的移动而转动，并且要时刻对向嘴巴。心形话筒的最佳位置是在嘴巴前方0.3~1.2m，上方0.3~0.9m的地方；全指向话筒要稍微再移近些。只不过要切记，吊杆和它的影子都不能出现在画面中。在拍摄过程中，话筒员要面向演员和摄影机，如图5-7所示。

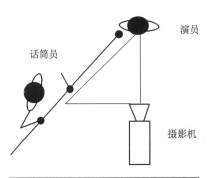

图5-7 话筒员的工作位置示意图

真正做到上述这些，通常需要妥协。有的导演喜欢同时使用两部摄影（像）机，一起拍摄长镜头和特写，但这样往往就会产生这样的难题。摄影（像）机操作者要在长镜头的高度上做一点点手脚，而摄影师则要略微调整灯光，将吊杆的影子去掉；或是拾音人员要把话筒略微移开最佳位置。如果一定要改变话筒位置，那拾音人员必须测试不同位置，然后再挑选出最佳的一处。这个位置有可能是非常规的，例如在极接近地板的高度，再朝上收音。有的吊杆操作员会在吊杆话筒防风罩的最前端，绕上一圈白胶带，这样万一吊杆不小心进到画面里来，摄影师就可很容易察觉到。

5.8.2 安装和处理吊杆

吊杆式话筒应该是猎枪形、超心形类型的话筒，诸如Sennheiser 416。Audio Technica也制造这类话筒，但是许多音频工程师认为Sennheiser的输出具有更丰富的音质。

在猎枪式话筒上装上防声罩，并把它安装在长度可调整的吊杆上。这种吊杆应该能伸展2.4~3.6m。专业的吊杆带有减震架，它把话筒吊在一个宽的橡皮圈网孔中，对操作员处理吊杆的动作起到缓冲的作用。

从调音台的输入端把XLR电缆引到杆上。用道具员的带子把电缆固定在杆的端部，为了消除张力，在开关的地方要把电缆盘绕一下。

一个轻便、可带在身上的同期调音台可以使吊杆操作员同时做两件工作，特别是当吊杆是现场上唯一的话筒的时候。同时操作吊杆和调音台的控制不是不可能的，只要操作员在拍摄期间努力练习。但一般这不是吊杆操作员分内的事。

给吊杆操作员一副连接到调音台输出端的耳机。通过耳机听对话，是使她能确保把话筒指向目标，并获得尽可能最大、最清楚的声音的最好方法（导演也应该戴耳机，但是他应该注意对话的细微差别，没有太多的精力来注意技术上的质量）。

某些调音台装配一种工作联络电话的电路——供混音员和吊杆操作员佩戴的耳机和话筒的插孔，使他们能够进行双向沟通。这种电路使得吊杆操作员可以在拍摄间隙及时报告演员和录制组超出听力范围的情况。

5.8.3 安装领夹话筒

领夹话筒（Lavaliere,简称Lav）应始终放置在离拍摄对象的嘴0.25m的距离之内。

把Lav固定在拍摄对象的身体上之后，对Lav最重要的核对事项是它是否有新电池——通常是一个手表类型的盘状电池，放在Lav软线中的小盒内。音响技术员应该携带电池检验器（便宜的数字式万用表即可）和备用电池。

把Lav隐藏在演员的衣服里需要有一些创造性的才能。你需要让话筒的正面小孔不受任何阻挡，不被埋在衣服或头发里。它可以探出口袋、伸出领口、出现在帽檐下或者装饰在头巾或围巾的边缘上。对于肉色Lav，它的理想位置是在发带上，用一条穿过头发的细线，引到后脑勺下，绑在颈部。

另外一个技术是，使用外科医生的带子把Lav直接固定在皮肤上，如图5-8所示。首先用蘸有清洁剂的棉花球擦干净皮肤上的油脂，然后用带子把Lav固定在皮肤上。对于要持续若干天的拍摄，演员应该使用一种安息香的染料涂在皮肤上，让它干燥，然后再用带子。这种涂层是一种澄清的化妆品底料，可以在药房买到。它能使黏性物干燥，并能最大限度地减小因反复地应用和除去带子造成的对皮肤的刺激。

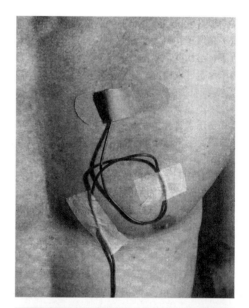

不要在现场安置和粘贴Lav，在化妆室或其他私人区域做这项工作。在理想的情况下，训练负责做这项工作的技术人员，教会他们如何正确地在个人的衣服和头发里放置Lav的技术。

如果Lav是专业的模式，那么Lav的细绳将卡在大XLR插孔中。为了解除张力，应盘绕到连接器的音频电缆，并利用道具员的带子把它固定在看不见的地方，也许就在衣服的下面。把连接器粘贴在腰带的后面常常能起作用。或者，把电缆引到腿的后面，并用带子把连接器固定在大腿中间或小腿上。固定连接器的位置和系结物必须确保当演员离开现场时，能够自己解开这些连接。

图5-8 安装领夹话筒

5.8.4 安装和调试无线话筒

除了非常必须之外，不要使用无线装备。它们租金昂贵、安装复杂而且操作的技巧性很强,特别是当你需要多个麦克风和信道时更是如此。在大多数的情形下，你应该更聪明地使用吊杆的装备。

在现场，无线音频装置最常见的应用是用它连接多个由各个演员佩带的Lav，在那种情形下音频电缆会很麻烦，而且很难看。因为Lav缺乏声音的空间感，但是，对于穿过街道的追逐场景或者摇摆舞影视作品的实况转播，无线的音频装置能给拍摄对象相对的行动自由，而且保证他们不会跑离话筒。

一些shortie话筒具有内置的发射机，而且Lav可以被插入一种手掌大小的由拍摄对象佩戴的发射机盒子，通常固定在腰带的背后，或者用带子绑在衣服下面的皮肤上。

无线电是直线传播的技术，如果人或物体挡住了发射机和接收器之间的通路，那么它就不能很好地工作。由于这个原因，音响技术员通常把无线电接收器放置在场景背后的某个高处，在那里接收器被阻挡的可能性较小。

5.8.5 单声道和立体声录音

5.8.5.1 单声道录音

在一个以对话为主的场景中，录音师应该尽可能拾取最清晰的声音以便后期使用。为了这一目标，使用一支单指向性的话筒进行单声道录音是行业标准。除非有群声的录音，电影和电视的对白都应该录成单声道。

偶尔会使用M/S立体声制式进行对白录音，但是立体声（两边信号S）的信号将会在后期制作时被舍弃，只留下单声道（中间信号M）的音轨在后期中使用，因为S信号经常会混有周围的环境噪声，这些通常是不希望听到的噪声。立体声录音的另一个重要问题是，立体声录音会造成声像随着每一次新的镜头以及话筒位置的改变而改变，因此在一场正反打方式拍摄的戏中，一旦正反两个角度的画面剪辑在一起，立体声声像会从屏幕的一边跳到另一边。

一些现场效果声也可以使用单声道录音录制为自由声轨（如门、电话铃声等），因为它们最终都会合并混合为单声道（立体声混响可以稍后再加）。

5.8.5.2 立体声录音

立体声（stereo）的录音，需要至少两支话筒，或是特别设计的有着许多不同收音范围的立体声话筒。有两种方式：

第一种立体声录音的方式，称为M-S拾音制式（M-S miking）。使用双指向性（bidirectional，由两侧收音）和超指向性话筒。双指向性话筒，会收录左侧和右侧的声音，超指向性话筒则收录前方的声音，如图5-9（a）所示。这两支话筒的声音信号，会被送到复杂的回路上去，利用相位上的差别，而产生出左、右两声道。这种方式会产生极强的可以与单音相容的中间声音。有些M-S立体声话筒上会有一个开关，这个开关可以脱离双指向性的组件，用来录制单声道。

第二种立体声录音的方式，称为X-Y拾音制式（X-Y miking）。将两支心形或全指向性的话筒放置在一起，两支各以45°角朝向左右方，如图5-9（b）所示。这种方式使得两支话筒都可以收录到中间的声音，两侧的声音主要交由其中一支来负责。当录好的声音在立体声扬声器上播放时，就会有清楚明确的左、右声道，但中间声音就不如M-S方式强。

当操作M-S和X-Y方式时，可使用两支话筒［如图5-10（a）所示］，或是一支内有立体声组件的话筒［如图5-10（b）所示］。

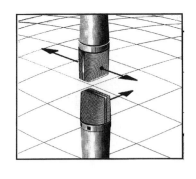

(a)M-S拾音制式

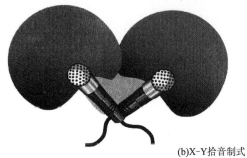
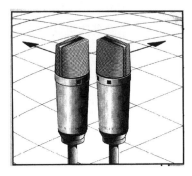

(b)X-Y拾音制式

图5-9　两种立体声拾音制式

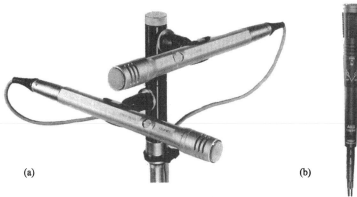

(a)　　　　　　　　　　　　　　　(b)

图5-10　立体声录音

5.8.5.3　环绕声录音

环绕声（surround sound），指的是其收音范围可达360°，通常是由许多支心形、锐心形话筒来分别负责对这360°中的不同区块来收音。不过，也还是有一些单一组件的环绕声话筒的。环绕声音经常是以立体声录制，然后在后期制作中被混合成至少六个声道，这个过程叫做混音。野外环绕声录音实况如图5-11所示。

大多数的话筒都已有设定好的收音范围，通常会印在话筒上或是包装盒上，从外观上是很难判断出话筒的收音范围的。有的话筒会有可更换的组件，可以由心形话筒切换成全指向性话筒。还有一些话筒身上有一种开关可以改变指向性，比如将心形切换为锐心形。较复杂的设计是指向性可调话筒，这类话筒可以由心形逐渐变成锐心形，因此不同距离的声音，也都可以清楚听到。

图5-11　野外环绕声录音实况

5.9 录制对白

对白是制作过程中要正常录制的最重要的声音元素。必要的话，在后期制作时可以创造出大部分的声音，但是事后再同步补录对白是一件极不易处理、且极为耗时的工作。

5.9.1 选择合适的话筒

收录声音的第一步骤，就是依据指向性、构造、位置等特性，来挑选合适的话筒。心形话筒是影片制作最常用的，但全指向性话筒可收录类似拥挤场景这样较广的声音，使用锐心形话筒要有些技巧，以避免收录到话筒后方的声音。锐心形话筒不能放置在噪声极大的物体后方，这类话筒会像望远镜头压缩空间一样地压缩声音，会使背景噪声被提高到不能接受的音量。

也可以使用电容式或动圈式的话筒。电容式话筒的保真效果好；动圈式话筒则在耐用性上略胜一筹。不过话筒的种类会依演员个人的声音而定。吊杆是最常用的一种架设话筒的器材，主要是因为这种器材可以妥善地处理声音的距离感。尽管如此，台式的话筒可以更为自然的融入场景中；而隐藏式或领夹话筒则可以解决吊杆会被拍到的问题；无线话筒对于演员需要有大幅度移动的场景非常合适；当要从极远处来收录声音时，枪式话筒就可派上用场。摄像机上的话筒通常无法将对白录好，但有时它也是唯一的选择。

要想取得人类声音频率上的最佳收录，可以选择带有语音衰减（speech bump）功能的话筒。要强调特定男性的声音，可以选择一种有近讲效果（proximity effect）的话筒。同时也要检查一下，不同厂牌的话筒在音质呈现上有何差异。

有时你或许需要使用两支不同的话筒去录制相同的声音。例如使用吊杆和领夹式两种，就可把吊杆话筒录到第1音轨中，把领夹式话筒录到第2音轨中，然后再决定要使用哪一轨的声音。虽然这种方式为后期制作带来了弹性，但通常会因为要花额外的时间去架设并操作两支话筒而拖延了摄制时间。

5.9.2 多人对白录制

收录两人或更多人的声音，除了要遵照所讨论过的大原则之外，还有一些其他做法。

如果只使用一支话筒，就要随时移动以收录说话者的声音（如图5－12所示）。吊杆话筒因方便移动，所以使用得最多。如果说话的几个人音量不同，那只用一支话筒就行不通了。假设一个人音量刚好，而另一个人的声音却太过细微，那就不容易求得正确的平衡点。你可以要求这两个人试着以较相同的音量说话，或者把话筒移近讲话小声的人。另一个解决的办法是分成两个镜头来拍，当然也还是要注意声音连续性的问题，以便这两个画面能完美剪辑在一起。

另外的方法，就是让每个人使用各自不同的话筒，这样每个人的音量就可以分开调整。如果把话筒连接到一个能够分别设定音量的调音台上的话，效果会更好。将一个人的声音录得比另一个人高一些，这样可以补偿一些音量上的差距。但是若这差距过大，有一支话筒就可能收录到更多的背景杂音，造成两段音频被剪辑

图5-12　多人对白录制

到一起后出现一些不必要的声音差别。某些种类的对白相对而言更依赖于多话筒的使用。当使用无线领夹话筒时，就必须一人一支。除非是靠得非常近，否则领夹话筒是无法收录许多人的声音的。

5.9.3　立体声和环绕声录制

　　录制立体声（stereo）和环绕声（surround sound）时也需要谨慎处理。通常对白会以单声道录下来，剪辑时再以特定方式使之成为立体声或环绕声。如果一定要录成立体声，最好就采用M-S拾音制式（M-S miking），因为可以收录到中间声音，即人们讲话的声音，这点比X-Y拾音方式（X-Y miking）要好些。

5.10　录制动效

　　影片制作者会在后期制作时加入许多音效（sound effects），但是也有相当一部分是在拍摄时就录好了的，特别是一些动作音效（hard effects）——那些要与画面同步的声音：牛铃的声音必须和铃铛的晃动同步，关门的声音则要听起来像门真的关起来一样，这些声音最好在制作时录制。实际上，在录制对白时，你几乎不可能不录到这些声音。

　　动作音响也是完整对白中的一部分，要尽可能写实地录制下来，因为这声音也是无法轻易地由音轨中移除的。换句话说，如果牛铃是在画面前方的特写中，那牛铃的声音听起来也要很近才行。如果话筒为了适应后方的演员，而离牛铃很远，那声音的距离感就会出现错误。这就表示，你需要不同的话筒来录制音效。

　　有时在拍摄过程中无须记录真实音响，只要有人口头上提示一下所需要的音响效果就可以了。举例来说，如果一场戏中的某一处需要电话铃声，剧组人员只要在需要的时刻口头模拟一下"丁零零，丁零零"的声音即可，这样，后期添加音响效果的技术人员就知道该在哪里插入电话铃声。

　　那些不需要与画面同步的音效可以和画面分开录制。在影片《飞行家》（The Aviator）中，录音人员去了四个不同的机场录制第二次世界大战时的飞机引擎在起飞、降落、盘旋等不同状态下的声音。而在后期剪辑中他们却偶然地发现，使用家用电风扇制造出的环绕声更真实，质量更高。

有些超现实的音效创造，需经过实验。电影《星球大战》（Star Wars：The Phantom Menace）中，就使用了电动刮胡刀放在碗中所产生的音效。《哈利·波特》（Harry Potter）系列电影中，魁地奇（Quidditch）发脾气的声音，是由风铃、加速挥动的手帕以及其他一些噪声结合而成的。

全指向性话筒和心形话筒，都适合用来收录音效，因为二者都有着较广的收音范围。如果音效要录成立体声，那最好是采用X-Y拾音制式，因为收录的声音会有明显的左右区别，这也是音效中重要的部分。也因为没有话筒会出现在画面中的问题，所以任何话筒架设装置皆可适用。

许多影片中所出现的音效，并不是专为这部影片录制下来的。有些音效会来自CD片，或是其他音效图书馆，是由音效剪辑师（sound effects editor）搜集而来的，至于其他声音，就是在拍摄时收录下来的了。

5.11 外接调音台的电平设置与调整

5.11.1 电平设置

数码摄像机上如果是可以外接话筒的话，那么也可以外接调音台。具体的信号线路配接就是先将话筒的输出接入调音台，再将调音台的输出接到数码摄像机上，实现拾音—调音—录音流程。这样一来，就可以同时使用多只话筒，给声音的设计大大提供了发挥空间。虽然这样做资金耗费上要大一些，但这是保证数字影像作品声音质量的有力途径。

在正式录音之前，要确保工作顺利进行就必须调试设备。这里存在一个电平匹配问题。简单地说，就是调音台的输出电平和数码摄像机的输入电平要在相匹配的情况下才能保证两者是以同样的方式来控制声音电平，才能保证节目质量。

如果便携式同期调音台和摄像机都是VU表，那么这个校准过程如下：

① 将调音台上每个分路上的电平控制钮和总输出电平控制钮都调到电平表上"0"的位置，然后打开调音台上的信号振荡器，发出一个1000Hz的振荡信号。

② 发出振荡信号之后，就调整总输出的电平控制器直至音量表指针指向0VU，将控制振荡信号的音量控制器推至音量表总输出读数为0VU。在这个过程中，振荡信号声音应该逐渐变响直至到达0VU位置稳定下来，这样就设置好了调音台的总输出电平。

③ 摄像机上音量的电平指示一般是从–∞到0dB，那么我们一般把它设置到–20dB。

5.11.2 调整

理论上讲，调音台是可以调整话筒及其他音频信号的音色成分、声音比例以及声音分配等设置的。但在实践工作中，最好不要用调音台过多地去调整话筒所拾取的语言音色。

这是因为：对某人的音色进行调整后，可能会使某人的声音比原始好，也有可能更不好；但相对其他演员来讲，就不一定好了。所以，为了一个人的音色而牺牲其他人的音色，显然是一件得不偿失的事情。另外，现场嘈杂的环境很可能破坏录音师的监听标准。因此最好在调音台上什么均衡措施都不做，只进行声音比例以及声音分配等方面的调整。当然，在调音台上，某些过滤干扰声的调整还是需要的。这样需要在整个同期录音的过程中在调音台上全部进行过滤。而关于语言的音色问题，则可以留到后期制作时，再根据需要统一进行调整。

有时你可以把声音直接录到录音机、录像机、硬盘中的一个或多个音轨上去，你也可以通过调音台（混音器）把多种声音混音后再送到录音机中去。两种方式没有对错，决定因素在于实际的拍摄情况。只用一支话筒录一个人的声音，就不一定需要调音台；但是要以不同话筒去录一个乐团或许多人谈话的话，那你就需要一台便携式调音台了（如图3-4所示）。携带调音台到拍摄现场去，也就意味着你又多了一件设备，又要花费一些架设时间。

5.12 噪声的控制

一般来讲，封闭空间的干扰声音主要分为两类：

一类是拍摄环境的干扰声音，如拍摄环境下的各种家庭生活音响声音以及周边的噪声。解决的方法是控制环境干扰声源不让它们发出声音，尽可能地不让和拍摄有关的家庭生活音响声音出声，而留待在后期制作时，通过补录或补配素材音响的方法去解决。

另外一类是摄制组自身出现的噪声，如摄影机的马达声、摄影机轨道的移动声、录音助理在转动话筒时不小心蹭了话筒杆或是话筒电缆接地不好出现的电子杂音等。解决的方法是拍摄前仔细检查录音部门的装备，避免在使用中出现各种故障，录音助理平时对举杆动作多做有益的练习，摄影机的外壳加装隔音罩，在摄影机的运行轨道上撒一些滑石粉，轨道下铺地毯等。

总之，要尽可能地减少拍摄现场的干扰声音。否则，在进行现场同期语言的录制时，当干扰的声音和语言声音一起被收录到记录载体后，再从中剔除干扰声音就十分困难。

5.13 录音机的电平控制

在录音时，一定要谨慎地监听声音，确保有最佳的品质。如果可能的话，监听将包括检视音量表，并通过耳机来听。耳机有着音量控制，所以不是那么地可信赖。随着音量被调大，会误以为音量正常，但其实音量始终在较低一端徘徊；相反地，如果耳机音量太低，就会出现过度调制（over modulation）的问题。音量表会告诉你进到录音机的音量，而不是播放出来的音量。耳机可告诉你录音结果，并且确定你到底录到了什么。

大多数的录音机都会有自动增益控制（Automatic Gain Control，AGC），其作用是避免所录到的声音太大或太小。如果声音太小，AGC就会自动加大；如果太大声，就会自动减低。但无论如何，AGC不一定是对的，至少它无法妥善处理安静的情形。假如在对白台词中有着暂停，那AGC就会加大音量，也就是加大了环境音，如果这安静是绝对必要的，那反而造成错误。AGC也会试图去补偿距离感上的改变，远方的声音应当要比较近的声音音量小，但AGC会试着放大远方的声音。你应该改为手动控制，这样才可以在相关音量上做出决定，这种方法就像手动去控制摄像机上的光圈和对焦一样。

假如你使用DAT或硬盘录音机来做双系统录音，但是要把画面录在录像带上的话，那么将声音录制到摄录一体机或独立的录音设备中是绝对没有任何坏处的。你可以增加工作弹性，而且万一有什么录音设备出问题时，也可作备份之用。

当你在录任何声音时，在现场就一定要先监听部分录好的声音，以确定录到的声音将来可用。在拍摄时再录一遍虽然简单，但在事后再来修正，有时是极为困难，甚至是做不到的。

5.14 实况拍摄多台摄像机的录音方法

如果你可以支付得起即兴拍摄的费用，那么报道实况事件的最好方法是利用多台摄影机的设置。使用两台或者多台固定的摄像机来覆盖舞台上预先安排的角度（或者进行"排演"活动的演播区），然后，在观众中、后台或者观众的位置上配置一台或者多台流动的摄像机，以便找出惊奇的镜头——快速突变和异常反应的镜头。

尽可能努力简化声音装备。假如多台摄影机拍摄的装备诱使你也打算同样采用多个话筒，甚至用无线话筒的话，那么这可能成为一个大麻烦。多个话筒意味着需要许多额外的电缆，以及一种多音轨的DAT和调音台。无线电装备常会发生问题，而且多信道的无线电设置可能成为一场可怕的噩梦。

不要打算使用来自摄影机内置话筒的声音，把用这种方法录制的音轨考虑为备用品，如果你主要录制的声音有缺陷的话，那么可以在以后回来使用它们。使用一个吊杆式话筒，并把它连接到调音台和DAT录音机。如果绝对必须添加附加的话筒，例如一个领夹式话筒的话，那么把它的输出引入调音台，并混合为供应给DAT的单声道音轨。除非该DAT是一个多音轨的单元，你会用立体声录音，但是我们建议你把这两个声源混合为单声道，并把该信号以不同的电平录制在L和R音轨上。

5.15 镜头号码牌的使用

大家熟悉的电影制作人的镜头号码牌（即拍板），是确定音频与视频之间同步的、有价值的工具（如图5-13所示）。如果没有镜头号码牌，那么你可能有一

图5-13 镜头号码牌

位工作人员站在镜头的前面，在每次拍摄之前拍手。不论是拍手，还是拍镜头号码牌，其作用都是为了获得声迹与拍手（或拍板）时的图像同步的效果，并能在编辑时把它们组合在一起。

现代的拍板是电子的，带有内部的时钟电路和用于时间代码的发光二极管显示器。当你敲拍它们时，运行的时间代码显示冻结，以便摄影机获取它。

镜头号码牌还具有一个用于它们产生时间代码信号的输出插孔。把该输出连接到摄像机和外部录音机的外部同步插孔，是实现jam同步的一种方法——这样，利用相同的时间代码，多个摄像机、录音机和镜头号码牌都能保持在理想的同步状态。当然，除非所有的摄像机和外部的录音机都具有用于外部产生时间代码的输入插孔，否则你是不能使用该jam同步功能的。

5.16 信号监听

在拍摄期间，每个人都需要听到声音。吊杆操作员、声音混音员、录音技师和导演都应该戴连接到调音台（混音器）总输出端的耳机。在专业的装备中，耳机一般连接到小型号的无线电接收器上，这个接收器就放在口袋里，或夹在腰带上。

如果导演不戴耳机，那么当出现声音问题的时候，及时通知导演是混音员的工作。演员可能离开话筒，吊杆可能没有正确地对准目标，在线路中可能存在干扰或者一辆大声的、不合时宜的公共汽车可能正巧从外面经过。

导演应该确定一些场地规则，规定什么时候和如何把有关情况通知他。大部分导演不希望在他们喊"Cut！（停）"以前中断拍摄。毕竟，一些问题可以在后期制作中解决，而且还有另外一些理由要让拍摄到完成为止。一种好的折衷办法可能是，当一个混音员在音轨上听到噪声时，混音员发出无声的信号（比如说：举手），那时，导演可以决定是否保持摄影机继续运转。

只有富有经验的混音员才可以在拍摄期间尝试调整电平（或改变增益）。一般说来，最好是在排演期间小心地设定电平，然后保持不变。

5.17 新闻、纪录片同期录音

5.17.1 没有声音的工作组

大多新闻摄制组是不配备录音师的。声音的工作交给了摄像师，他把声音通过一个小型的便携调音台录到拍摄带上。纪录片也是类似工作方式，因为通常没有足够的经费配备录音的成员。

通常的工作方式是给主持人或者采访记者一个领夹话筒，以确保他们的声音一直能被录制到，而不受镜头指向的影响。摄像机的随机话筒可以留着录制镜头对准的地方的声音。当然这样做也许音质并不很好，但是比起给每个被采访者戴一个经不起折腾的无线话筒来说要容易得多。比起领夹话筒而言，摄像机的随机话筒一般可以拾取好几个说话人的声音。

声音和画面是一起录制的，所以也不需要打板，虽然仍然会报板，但那是为了标识每一个镜头。所有有需要同步的声音可以用没有时间码的、便携的录音机来单独录制，比如MD录音机。

5.17.2　带有声音的工作组

当有声音组成员参与的时候，他将会同时负责操作录音机和举杆的工作，这将明显提升音质，因为话筒离目标物体更近了。同时，运用枪式话筒和领夹话筒的组合，就能更多地运用有效的拾音技术。

所有的信号都可以通过调音台（一般有4路话筒输入）分配到录音机，同时输出备份信号给带有无线接收装置的摄像机的音频输入。

录音师还可以随时去录一些对声音编辑有用的自由声带，特别是在难得一见的场景或很难到达的场地（比如在北极、一条破冰船等）。

5.18　电影、戏剧同期录音

5.18.1　单机拍摄

大多数用单机拍摄的戏剧和人物电影的外景拍摄是间断的，情节是编排过的，摄像机都是不断停机和反复移动的。场景在小河边，就会不停地在这里拍摄直到所有在小河边的镜头都拍完为止。

"场"指的是剧本上的在同一个地点发生的段落。"镜"指的是在一场里某特定的画幅的影像，同时还会有一个板号。拍摄同一个镜头的每一个版本就是"条"（如267镜–第3条）。一个镜头可以简单地描述成全景WS（或主场景）、中景MS和近景特写CU。不同的景别要对应不同的声音和透视关系。虽然，每一镜都将最终编辑到一起形成一个大段落，但通常并不会按照剪辑中出现的先后顺序去拍摄，因为要以减少摄像机的移动为前提。

5.18.2　成员

一旦同期录音师受雇于剧组，他会和其他声音工作人员一起去察看所选的地点，确定录制每一场的最佳话筒方案。还有，导演会指导画幅大小以及镜头怎么运动，摄影指导会指出一个场景的光该如何打，这将影响话筒的使用（因为这会带来话筒的影子会不会入画的问题）。场景设计师和服装设计师对于如何掩藏话筒和领夹话筒非常有用。

一个或几个话筒员和一个录音助理会协助同期录音师，录音助理会在需要的时候加一支枪式话筒作为第二支话筒，除此之外，他还负责检查设备的工作和文书工作（在美国，声音工作组的成员有不同的称呼如话筒员、理线员、拉线员）。

5.18.3　开始拍摄

开始拍摄之前有一道程序，在用胶片拍摄的时候尤其是这样。原始胶片是非常昂贵的，必须让它的消耗最小化。

导演命令录音师仔细地考虑好，因为录音机的工作要设置速度，录音师必须确认声音的速度。然后导演喊"挂胶片"，摄像师再次口头确认一遍，在这一刻，摄像机和录音机之间同步运转，导演接着喊"准备"，摄像助理或者报板员报出第几场第几次，并且拍板；与此同时，导演喊"开始"；直到导演喊"停"；这一条才结束。

一旦有两台摄像机在使用，每台摄像机应该分别对着一个板，然后打板。板上应该标明摄像机A和摄像机B，以便在后期的时候分辨是哪一台机器拍摄的。

5.18.4 自由声轨

任何同期录音机都可以脱离摄像机单独使用录制一些自由声轨。如果录音师觉得拍摄时对白有问题，录音师通常就会要求现场补录，比如特别吵的车门声、嘈杂的环境或者过载失真了。许多录音师都会录制一条干净的空气声或者现场环境声，这在后期的时候会很有用，它能让声音素材之间平滑过渡。

随意录制的效果资料对声音编辑来说可是无价之宝，特别是特殊制造的道具、人群或地点的环境声，而这些在一般的效果素材库里是无法找到的。例如一个特殊制造的摩托车模型，应该分别录制发动机空转、启动、接近目标、驶离目标、停止时候的声音，以及以不同的速度经过的声音。用这样的自由声轨编辑就有可能为摩托车贴适当的音效了，就好像是它在镜头里发出的一样。

每一个自由声轨都应该由录音师在开头做口头的描述并在声音场记单上标出来。在实际工作中，同期拍摄的时间表非常紧张，实在没有时间让录音师脱离镜头去录制一些自由声轨。

5.19 同期录音的质量标准

在许多方面，为数字视频录音很像为电影录音，在拍摄的时候需要小心谨慎地计划和集中注意力。同期录音有四个主要的标准：

① 获得清晰的对话。
② 确保声音的空间感与画面透视相匹配。
③ 避免无关的背景噪声。
④ 声音的平衡性与连续性。

声音的空间感（Audio Perspective）：对应于屏幕上的动作，有关声源的方向、音量和距离的表现。它还包括在特定房间或空间内声音的空间品质。

空间品质（Spatial Quality）：一个房间或空间的回声量、深度，以及其他噪声特性。

5.19.1 清晰的对白

把说话录制为无失真的单声道轨迹。在后期制作中添加音响效果、音乐和立体声效果。

ADR（自动重配台词）：这是在后期制作中重新录音和配制演员声音的做法。它是一种通常使用的技术，但是要做得好是困难的，而且可能非常昂贵和费时间。不要打算这样做，也不要认为它是一种获得现场清晰录音可行的替换办法。

你必须获得一次好的、清楚的、干净的对话录音。为了项目的成功，这是非常重要的。

当你在现场的时候，应想尽一切办法，努力获得对表演动作独特的音响效果。但是，如果没有做到，并不是毁灭性的。非常奇怪的是，实况效果经常听起来像是不够"真实的"。在后期制作中，人工设计创建的声音倒更能使观众信服。如果你在特定区域录制效果，应确保除对话以外，获得它们本身的"干净的"效果，这被称为是"自然的声音"（Wild Sound或Wild Track）。

5.19.2 声音的空间感匹配画面的透视感

应该这样放置你的话筒，使得声音的空间感与镜头的视觉透视效果相匹配。例如，如果你拍摄一个特写镜头，那么话筒应该非常接近演员（这被称为close-mic）；如果拍摄一个远景，那么话筒应该远离演员。演员和话筒之间的距离被称作空间。对于一个远景，你需要更多的空间。

在实践中，话筒的放置经常考虑它本身的问题。如果拍摄一个长镜头，那么为了把话筒放在镜头之外，必须把它远离演员。但是，如果你只用一个领夹式话筒放在演员的身上，那么在拍摄长镜头时就会出现问题，因为获得的是错误的声音空间感。配备第二支话筒录音是明智的做法，为了给它更多的空间，它可以与出自领夹话筒的声音相混合。

5.19.3 避免无关的噪声

对话决不应该受无关的声音干扰。如果在你拍摄的同时，有一辆公共汽车吼叫着通过或者一架飞机在头顶上飞过，那么需要安排另一次拍摄。另外，当演员正在讲一句词的时候，应提防其他声音的出现。例如，如果在说话的时候，一个演员砰然关上汽车门，那种砰然关门的声音可能掩盖一些对话，这就需要重拍，要求演员说刚才受关车门声音影响的台词，然后把门关上。

声音录制组的最重要的作用之一是在拍摄期间监听录音，并且通知导演那些在后期制作中可能难以消除的噪声情况。从根本上说，决定是否重新拍摄，还是到以后再进行修复，那是导演的职责。

5.19.4 声音的平衡性与连续性

5.19.4.1 平衡性

平衡(balance)指的是声音的相对音量，重要的声音比不重要的声音大声些。人类的耳朵可以有选择地去听要听的声音，但话筒不行。你可以在极嘈杂的环境中和朋友聊天，也能听到朋友的谈话，这主要是人可以集中注意力的缘故。如果你使用话筒来收录你朋友的谈话，就无法像人类般地完美收录到谈话的声音。当许多人在桌子四周对话时，试着在桌子中间放置话筒收音，这种情况下录下的声音很可能就是混淆不清的。其实若你也坐在桌旁，你也只能听到一段特定的对话而已。

对平衡性的需求是话筒被设计成具有方向性的一个原因。相对于全指向话筒，心形话筒的功能更像具有选择性倾听功能的人耳。要有正确平衡的最佳做法，是将每一种重要的声音元素都以平线（flat）方式记录下来，也就是说，尽量让每个场景、每个演员、每个音效的音量都差不多相同，然后在后期制作时再来调整相对音量的大小。不过假如你需要其中一位演员的声音特别明显，或是场景瀑布的声音略微盖过对话的音量，这时你就不能把所有的声音都以一样的音量来录制了。

5.19.4.2 连续性

声音的连续性（continuity）指的是在连续镜头中要有一致性。声音的连续性和画面的连续性一样重要。在场记（script supervisor）时，除了要注意画面元素的连续性外，还要去注意听觉上的要素。在准备连接一起的一男一女两个特写画面中，如果男人的特写画面有水龙头的滴水声，那么女人的特写画面也应该有滴水声。

会影响表现力和距离感的元素，也应保持连续性。如果长镜头中出现了挂在窗户上的窗帘，即使特写时不会出现在画面中，也不应除去，因为如果把窗帘移除，就会使空间声音变得较活泼，从而造成长镜头与特写在音质上的差异。

如果同一场景不是连续拍摄下来的，那么场记还要注意话筒离演员的距离。记住这些数据对在以不同角度来拍摄时，是很有用的。还是以刚才提到的那个一男一女的特写为例，如果在男人的特写中话筒和男人的距离是0.9m，在女人的特写镜头中这个距离是1.5m，那么这两个画面连接在一起时就可能有问题。如果可能的话，每个演员的对白都应该录在不同的音轨上，如果要有所改变的话，在后期制作时就可分别予以处理。

在整个制作过程中，如果使用同一支话筒来从头到尾的收录同一个人的声音，那么由于声音的相似性，也能保持连续性。尽管如此，大多数情况下你还是必须使用不同的话筒的。举例来说，你可以先使用无线领夹话筒，去收录长镜头中站在天桥上的演员的声音，但之后为这位演员拍摄特写镜头时就要用吊杆话筒了。在使用不同话筒的情形下，录制声音的人就要仔细聆听不同话筒的差异，并尽量挑选频率范围、动态范围等音质特性最为相近的话筒。讲求声音上的连续性，是专业影片和业余影片之间最大的差别，其实并不难做到，只是经常被忽略而已。

5.20 解决同期录音的声音问题

5.20.1 增加录音话筒的表现力

5.20.1.1 空间感

声音的表现力（presence）和真实性有关，也就是说必须听上去是来自于画面。这也就意味着银幕上播放出的声音必须具有实际生活中那种环境下的声音特质。举例来说，在体育馆中的声音和铺厚地毯、挂有大窗帘的客厅中的声音，一定大不相同。在体育馆中的声音，就要符合观众对这种特殊环境的印象，而要有回音的质感。

声音表现力的主要元素之一，就是这个空间听起来是活泼的还是沉闷的。体育馆会是相当活泼的（被反弹的），有地毯和窗帘的客厅则会是沉闷的（被吸收的）。其中一个主因就是空间大小：在所有条件都相同时，大空间的声音就比小空间的声音活泼。但是另一个可能更重要的因素，就是房间表面的差别。木头、水泥等坚硬表面，会制造出活泼的声音，地毯、窗帘等柔软表面，则会使声音沉闷。坚硬的表面会使声音在四周反弹，柔软表面却会吸收声音。换句话说，活泼的声音会有大量的回音（echo）和混响（reverberation），沉闷的声音则不会有这些特征。

回声和混响在技术上的定义有些微的不同，但它们有着相同的效果。回声是声音反弹一次，混响则是反弹好几次。没有经过反弹的声音称为直达声（direct sound），通常也是较沉闷的。其实活泼还是沉闷都无所谓对错，因为活泼和沉闷程度的指数，取决于你所想要创造的表现力。但是有着太多回声和混响的声音，听起来通常是较混乱的，特别是高频率会因互相混杂在一起而变得难以辨别。

也由于上述原因，录音师们通常会刻意使空间变得沉闷，好使声音容易被理解。沉闷的声音可以通过在剪辑过程中加上回声和混响而变得活泼，但是要在后期制作当中移除回声和混响却是很难的。要使空间声音沉闷的方法很简单，在墙上挂上毛毯、在地板上铺上地毯、在窗户上挂上窗帘，或在桌子上加盖桌布；把话筒移近主体，也能制造沉闷的声音，将话筒挪远则会有相反效果。移除地毯、窗帘、布料物品，则会使声音变得活泼。

当然，采取什么样的方式必须与画面连接起来。窗户上拉合的窗帘不会给画面带来什么问题，因为窗帘也可以令声音的表现力与画面相匹配。但是如果换作一条毛毯凭空挂在墙上，那画面看起来就会很奇怪。有时为了使声音得到准确的理解，录音师们必须在活泼性和沉闷性中求得一个折衷处理。尽管如此，观众大体上还是可以了解到，坚硬表面的布景可以创造出活泼的表现力，而柔软表面的布景表现力则沉闷。

5.20.1.2　距离感

声音的距离感（perspective）和距离有关。一般来说，远处一个人的声音，要和出现在特写镜头中的人物的声音相区分。通过这种方式，观看者就可产生与人物较近的感觉，同时强化从银幕上所看到的画面。同样地，远处的铃声，也应和前景的铃声不同。

求得正确距离感的最简单的方法，就是在拍长镜头时，让吊杆麦克风离人物和被摄物体远一些，拍特写镜头时就移得近一些。这做法也是必须去完成的，因为话筒如果离演员太近，就会在长镜头中被看到。无论如何要记住，当话筒移开时音量会降低。实际上，音量是随着话筒与被摄主体间的距离的递增而成倍递减的，遵从影响灯光的平方反比定律。

使用领夹式或台式话筒，要求得正确距离感就会更困难。领夹式话筒就夹在演员身上，并且随之移动。使用无线领夹式话筒，声音也绝不会忽远忽近。台式话筒似乎就必须在人物的前方，所以基本上也是不能移动的。

藏在场景中的话筒也能产生距离感，特别是演员动作和话筒位置有关时。在这种情况下，要让演员远离话筒，而不是让话筒远离演员。但如果摄像机是以特写跟拍这位演员从而使之逐渐远离隐藏的话筒时，声音的距离感就会是错误的。摄像机应该以中景或远景来拍摄演员离开话筒，才是正确的做法。

有时画面的需要会阻碍到以正确的距离感来录制声音。在这种情形下，声音也还是要尽可能以最好的品质录下来，以确保在录音室进行重录时，作为参考音轨（scratch track）使用。

5.20.2　录制现场声或房间背景声

如果你想要使编辑师高兴，那么记住，每台摄影机装备至少应该录制1min的房间内的背景声。影片摄制组的标准做法是在移动下一个装置之前，录下房间内的背景声音作为最后一个镜头。

房间内的背景声（room tone）：一种"无声的"现场或演播室的录音，在编辑的时候用于暂停或掩盖声音的漏洞，也称为"临场感"。

房间里的背景声的用途是帮助你在后期制作中匹配音频编辑的音质，特别是当你添加不是在真实的现场录制的音响效果或对话时，非常有用。每个房间或位置都有它自己特别的声音——在声迹上插入没有房间里的背景声的、死一样的寂静会使观众非常烦扰。因此，你需要有足够多的房间内的背景声，使你在编辑过程中可以剪切、粘贴和把它混合到你的核心内容中去。

当你录制房间内的背景声时，停留于该区域的任何人必须保持绝对安静。在后期制作中，如果你需要比较长久的一段临场感，那么你可以粘贴若干个room tone的拷贝在一起。但是，当你这样做的时候，即使有最少的噪声也会显现出来——通常表现为滴答声。虽然你可以使用数字式的音频工具减去这种噪声，但是，这是可以容易地避免的额外步骤。

5.20.3　几个窍门

5.20.3.1　制作更长的房间背景声

如果你没有足够长的房间背景声，那么你可以把已有的房间背景声复制好几次，并把它们制作成一个比较长的剪辑片。如果你根本忘记了录制房间背景声，那么你就不得不寻找在不同镜头中的无声段，把它们一起剪切掉。如果你想回到原来场所再录制房间背景声，那么很可能情况完全不同了，不过有人把它作为一种没有办法的办法。

5.20.3.2　发现和修理失真的声音

如果因为录制时电平太高而造成了音轨的失真，寻么需要替换掉它。所以在−20dB条件下录制备份的音轨常是有用的。如果在摄像机上按我们推荐的程序获得了它，那么它将是在立体声的右音轨上，而且早已是同步的。如果制作的声音轨迹在DAT上，那么要按先前介绍过的方法使它同步。调整声音电平，使它与前面的和后面的剪辑片匹配。

5.20.3.3　提高太弱的声音

修复录制的电平太弱的声音轨迹是件技巧性很强的工作，因为简单地增加电平可能引起声音的失真。为了解决这个问题，可以把该声音段的多个拷贝，一个放在另一个下面的方法插入时间线中，但要确保它们是在理想同步的条件下。所获得的效果会是一个更大声一点的声音轨迹。

5.20.3.4　巧用不必要的声音

如果出现一种不必要的音响效果，例如，维持治安的报警声影响了你的场景，并且叠加在对话上（或其他另外的问题），使得不能用简单的方法去掉它，那么试试把它混合入环境的背景声中去。取一些其他的街道噪声，甚至另一种报警声，放入该场景的前面部分。随着观众逐渐把背景声作为环境的一部分来接受时，当出现讨厌的噪声时，他们可能会忽略它。

5.20.4　声音的同步问题

当你拍摄双系统的声音时，你将会使用记录和拍摄程序加载你的DAT剪辑片，正如你处理任何其他剪辑片一样。它们将随同所有其他的剪辑片出现在浏览器中，你可以像处理任何其他剪辑片那样对待它们。

如果你使用jam同步，那么DAT磁带将拥有与摄像机记录相同的时间代码，并且NLE（非线性编辑）程序会自动地匹配这些时间代码。只要时间代码是完整的，你就不必担心同步问题。

如果在没有jam同步的情况下拍摄双系统的声音，那么必须用手工方法使声画同步，在NLE中，那是个很容易的事。对于初学者来说，当预演（试听）和获取剪辑片时，应标记大约相同的入点和出点；然后把DAT剪辑片放在该剪辑片视频轨迹下面属于它的时间线上；为了大致的同步，使末尾对齐。

确保在时间线上音频轨迹显示为波形。单击DAT轨迹，并在时间线上来回地滑动它，改变它的位置。当它的脉冲尖峰和形状垂直地与摄像机轨迹上对应的那些东西匹配和对齐时，DAT轨迹将与视频同步。

若要确保两个音频轨迹同步，那么在时间线上选择它们，并且同时播放它们。如果你听到像回声或者反射混响那样的声音，那么它们的同步是不理想的。一旦DAT轨迹同步之后，你就可以删除摄像机的引导轨迹。

第6章　工作站软件Nuendo功能详解

6.1　概述

　　Nuendo软件是德国Steinberg公司出品的一款集MIDI、录音、混音、视频等功能于一体的工作站软件，是专业圈中使用最广泛的工作站软件之一。它的功能非常强大，尤其在视频配乐、网络协作、环绕立体声制作及录音棚监听功能方面。Nuendo完全能适合最专业的影视制作工作。可以说，Nuendo是一个全能的多媒体制作平台。Nuendo软件与Steinberg公司出品的另一款最初主要用于MIDI制作的著名软件Cubase SX从3.0版本起，两个软件的功能与操作大同小异，都有PC及Mac两个平台的版本。本书主要针对Nuendo 3.0软件的各项功能与操作进行讲解。

6.2　系统设置

6.2.1　音频设置

6.2.1.1　音频设备的连接

　　在进行音频设置连接之前，确认所有设备的电源都要关闭。注意，音频系统设备的连接是因人因地而异的，以下所述只能作为一种常规的实例，并且也不区分数字还是模拟方式的连接。

　　（1）Stereo Input/Output（立体声输入/输出）连接方式　这是最普通简单的连接方式。如果Nuendo只用到一组Stereo Input和Output端口的话，你可以将音频卡的Input端直接与调音台进行连接，同时把Output端连接到监听系统的放大器即可。如图6-1所示：

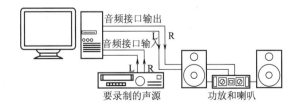

图6-1　立体声连接方式

　　（2）多声道Input/Output连接方式　实际在大多情况下，都会结合多个音频设备而随Nuendo一起工作的，比如通过Mixer（调音台）窗口的Group（编组）或Bus（总线）系统来配合具有多声道端口音频硬件的各种连接方式。

图6-2显示的Mixer窗口中4组Bus与音频卡Input端的信号连接方式，同时将音频卡的4组Output端连接到Mixer作为监听信号的输出。这里，Mixer的Input端还可以连接其他音频信号源如话筒或乐器等。此外，当把Mixer窗口中某个Input端连接到音频卡时，这可以用到输出总线、发送或类似总输出那种能够在播放时不被录音的独立总线。

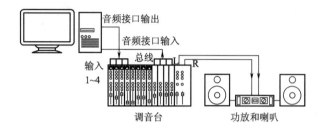

图6-2　多声道连接方式

（3）Surround Sound（环绕声）连接方式　当工作于Surround Sound环境下时，需要将Output端连接到具备Surround声道组的多声道放大器系统，Nuendo3.0支持最多含有12个喇叭声道的Surround格式系统。如图6-3所示。

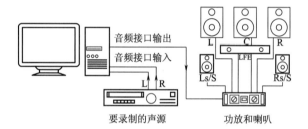

图6-3　环绕声连接方式

（4）Word Clock（字时钟）连接　当通过数字音频连接方式时，通常需要在音频卡与外部数字设备之间提供Word Clock同步连接。对于Word Clock同步连接非常重要的一点就是，必须保证有可靠的同步连接，否则在播放或录音过程中不可避免会出现麻烦的暴音或在同步方面的丢码现象。

6.2.1.2　音频卡的设置

大多数音频卡都带有相关的控制面板程序来对音频硬件输入端进行配置，其中可能包括：选择和激活Input/Output端、有关Word Clock同步的设置、设置音频硬件监听的On/Off、设置各Input端的电平量，所有这些对于正确的录音都是非常重要的。

对Output端电平量的设置，可使其匹配于监听系统的放大器。此外，选择Digital Input/Output（数字输入/输出）的制式、音频缓存的设置也都是必不可少的操作。大多数情况下，通过音频卡的控制面板可以完成所有相关的设置，而且也可以直接从Nuendo中打开相关的控制面板进行操作。

6.2.1.3　驱动设置

在初次运行Nuendo时，必须要做的第一件事就是为Nuendo选择恰当的驱动以保证程序与音频硬件之间的正确沟通。

首先启动Nuendo3.0，由Devices 菜单/Device Setup对话框/VST Audiobay标签页中，从Master ASIO Driver 下拉菜单中选择系统所在的音频卡，在此可能含有对同一音频硬件的多个选择。对于Windows系统下，若可能的话，强烈建议优先选择由所在音频硬件厂商所提供的特定ASIO驱动来访问音频卡。如图6-4所示。

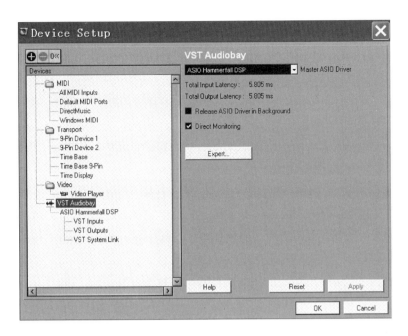

图6-4 驱动设置

　　然后，可以通过音频硬件的控制面板来对其进行恰当的设置。该控制面板窗口中的参数内容是由相关音频硬件厂商而非Nuendo所提供的（除非使用DirectX或MME驱动），因此，该控制面板窗口内容是因卡而异的。而ASIO Multimedia以及ASIO DirectX驱动的控制面板则是例外，它们是由Steinberg所提供。

　　若需要同时用到多种音频程序，则可选定Device Setup对话框/VST Audiobay标签页中的"Release ASIO Driver in Background"（在背景中释放ASIO驱动）项，这样即使在Nuendo运行期间也能让任何其他音频程序通过同一音频卡来播放。

6.2.1.4　输入输出端口设置

　　由菜单栏Devices/VST Connections指令或使用快捷键［F4］均可打开VST连接窗口，此窗口用于对输入/输出总线的配置操作，即Nuendo与音频硬件之间输入/输出端口的音频连接。如图6－5所示。

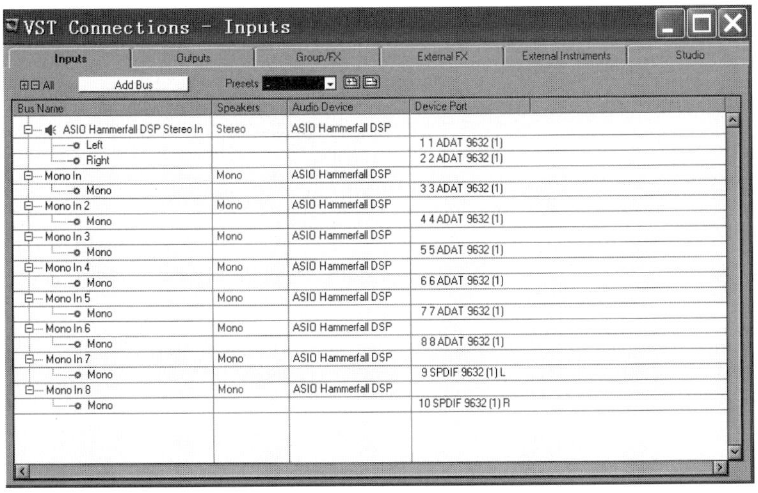

图6-5 选择音频通道

　　鼠标单击Device Port（设备端口）区将弹出你的声卡当前所支持的所有音频端口，这里输入与输出是需要分别设置的，可以在这里随意设置由哪个端口输入而由哪个端口输出。如果要进行多轨录音，就要设置多个输入端口来分别录制来自不同音频通道的声音。例如在录音时使用了8支话筒，这8支话筒分别接入到音频卡的不同输入端口上，这时就需要建立8个单声道的输入端口，然后给8条音频轨指定使用各自不同的输入通道，这样就可以同时录下来自8个端口的不同声音。

6.2.1.5 监听设置

在Nuendo中监听指的是在预备录音或录音过程中对输入信号声音的监听，可分为三种监听方式：

（1）External Monitoring（外部监听） 指的是能够听到在进入Nuendo之前的Input端信号源声音，这需要由外部硬件调音台设备来播放进入Nuendo之前的信号源，这可以是一种物理调音台也可以是音频硬件相应的调音台程序，或者是通过Nuendo将所输入信号再向外返送来实现（这就是通常所说的"Thru"、或"Direct Thru"等之类的路由方式）。

（2）通过Nuendo软件监听 在这种情况下，音频信号由Input端进入Nuendo还可能再经过Nuendo中的Effect或EQ处理，然后由其Output端输出，这样将由Nuendo的操作来控制其监听。也就是由Nuendo来控制监听音量，并能够对所监听信号加入Effect处理。但为避免监听信号出现的明显延迟现象，就特别需要能够用到具有低Latency性能的音频硬件。

（3）ASIO Direct Monitoring（ASIO直接监听） 如果所使用音频硬件具备ASIO2.0兼容性能的话，通常它也将支持ASIO Direct Monitoring功能。在该监听方式下，实际的监听是通过音频硬件来实现的，即把Input端信号直接再返送回来，所不同的只是监听将由Nuendo来得到控制。也就是说，音频硬件的直接监听功能是通过Nuendo的控制而自动开启或关闭的。

Nuendo3.0默认的状态是通过Nuendo软件来监听，要激活ASIO直接监听功能需要在Device菜单中的Device Setup选项中选中VST Audiobay，然后将右侧的Direct Monitoring勾选即可。

6.2.2 MIDI设置

6.2.2.1 MIDI设备的连接

首先，确认连接之前将所有相应MIDI设备电源都关闭。图6-6所示实例为同MIDI键盘以及外部MIDI音源设备的连接操作。MIDI键盘用于为计算机输送MIDI信号以实现MIDI 轨的播放和录制，而MIDI音源则用于MIDI乐器音色的播放。通过Nuendo的"MIDI Thru"功能将能够在录音或MIDI键盘演奏同时听到MIDI音源的相应音色。如图6-6所示。

可以使用更多的MIDI音源来播放，为此，只要从前MIDI音源的"MIDI Thru"端与后MIDI音源的"MIDI In"端依次顺序进行连接即可。由这样的链接环路，将总是能够通过首位MIDI键盘来进行演奏，而由MIDI环路中的所有其他MIDI音源来一起提供所有需要的音色。此外，在这样使用多MIDI设备的情况下，建议最好能够使用具备多MIDI Output端的MIDI接口设备，或那种带有单独MIDI Thru端的MIDI接口盒而不是只带一个"Thru"插口。

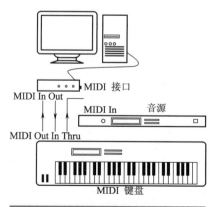

图6-6 MIDI设备的连接

6.2.2.2 MIDI端口设置

由Device Setup对话框可对有关MIDI系统进行设置。

（1）显示和隐藏MIDI端口 在Device Setup对话框的DirectMusic以及Windows MIDI标签页中，列出了系统所在的有效MIDI端口。在此点击任何MIDI Input/Output的相应Show栏，可设定主窗口MIDI下拉菜单是否显示该端口项。

（2）设置All MIDI Inputs（所有MIDI输入）项 在录制MIDI时，需要对所录制的每个MIDI轨道设定相应的MIDI输入。或者，也可以设置Device Setup对话框/All MIDI Inputs标签页，从而可录制从任何MIDI输入端进入的所有MIDI数据。在此可设定当为任何MIDI轨选择"All MIDI Inputs"项时，由此所包括的输入端。如果你的系统物理MIDI输入具有多端口的话，该设置就非常有必要，你只要确定那些实际并不需要对其录制MIDI数据的输入端并对其设为禁止即可。

（3）设置默认MIDI Input/Output 由Device Setup对话框Default MIDI Ports（默认MIDI端口）标签页，可设定当新建MIDI轨时所自动选择的默认MIDI Port，也就是说，任何新建MIDI轨将总是按照在此所设定的MIDI Input/Output端。当然，由工程窗口也可以随时对任何MIDI轨来进行更改。

6.2.2.3 同步设置

当需要使Nuendo与外部磁带音频设备同步运行的话，需要让计算机系统使用同步设备来进行工作。

Word Clock（字时钟）同步连接：在使用数字音频设备时，将需要使音频卡与外部设备之间进行Word Clock同步的连接。通常，音频卡都带有数个输入端口，如话筒输入、线路输入等，还会带有数字输入以及用于连接计算机内部的CD-ROM设备，通过音频卡的设置面板可以选择不同的输入端口以接收音频信号，此外还包括对Word Clock同步信号的配置。

6.2.3 视频设置

Nuendo3.0能够以AVI、Quicktime以及MPEG格式三种播放引擎来播放视频文件。在Windows下，这种视频播放是以Video for Windows、DirectShow以及Quicktime这三种播放引擎来实现的，这保证了对各种不同视频文件格式的兼容性，而在Mac OS下则总是使用Quicktime作为其播放引擎。

通常都是使用两种方式来播放视频：一种是完全不使用任何特定的视频硬件而只依赖于计算机CPU的工作，这将由软件Codec来作为解码处理，这时，根据原有图像质素的不同而在视频播放窗口的尺寸上有一定限制；还有一种就是使用连接到外部监视器的视频硬件，这种视频硬件应当带有适当的Codec以及相关的Windows驱动程序。

6.3 **Nuendo3.0的操作界面**

Nuendo3.0含有众多的窗口及按钮，根据功能的不同，Nuendo3.0的主界面大致可分为菜单栏、工具栏、音轨属性区、音轨区、事件区、信息栏、标尺栏、走带控制面板、调音台窗口、视频监视器窗口等，如图6-7所示。各部分在本章6.6里有详细介绍，在此仅需整体认识一下。

图6-7　Nuendo3.0界面

6.4　操作窗口简介

6.4.1　Project（工程）窗口

Project窗口是Nuendo的主窗口，这里提供了Project总的图形化的全貌，在此可以进行定位操作以及大范围的编辑处理，如图6-8所示。在Project窗口中分为几个区域：

图6-8　Project（工程）窗口

（1）音轨属性区域　这里提供了有关对音轨的参数设置。

（2）音轨区域　这里列有不同类型的轨道。

（3）事件区域　这是Project窗口中的事件显示区域，在此可以对Project中所有音频事件和MIDI事件、自动混音曲线等对象进行查看和编辑操作。

（4）播放光标　定位、指示当前的录音、播放位置。

6.4.2　Transport（走带控制）面板

Transport面板提供了全面的走带控制操作，如同标准硬件录音机那样的操纵

台，可以快捷定位、设置速度和音乐拍子等各种参数，如图6-9所示。按快捷键
［F2］可显示或隐藏此面板。

图6-9　Transport（走带控制）面板

6.4.3　Pool（素材）库窗口

由菜单栏Pool /open pool window指令打开素材库窗口，这里列出了当前
Project所属的所有文件，包括音频或视频文件等，并显示以音频文件夹、垃圾
文件夹、视频文件夹等结构方式，且提供有音频片断以及波形显示等区域。每个
Project（工程）具有单独的Pool窗口，在此可以对Project中任何文件对象进行管
理、转换和监听等操作。如图6-10所示。

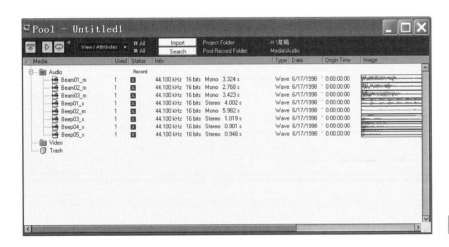

图6-10　Pool（素材库）窗口

6.4.4　Sample Editor（样本编辑）窗口

在工程窗口中鼠标双击音频波形即可打开样本编辑窗口。在Sample Editor 窗
口中，可以对音频对象进行查看和编辑操作，如对音频数据的剪切、粘贴、删除或
描画等。如图6-11所示。

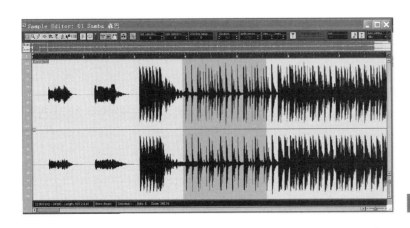

图6-11　Sample Editor（样本编辑）窗口

6.4.5 Key Editor（钢琴卷帘）窗口

由菜单栏MIDI /Open Key Editor指令打开钢琴卷帘窗口（又称MIDI编辑器）。在钢琴卷帘窗口中是通过各种MIDI编辑手法来对MIDI数据进行相关的编辑操作的。在此显示了所指定MIDI对象中的MIDI内容，可以对一个或多个MIDI 对象中的MIDI数据进行图形化的编辑操作。这里，MIDI音符以条块状表示，其垂直位置相当于其音高，由平行长度表示所在时间位置和时值长短。窗口下半部分是控制器显示区域，以竖条状表示连续数据类的MIDI事件，如控制器以及MIDI音符的力度参数等内容。如图6-12所示。

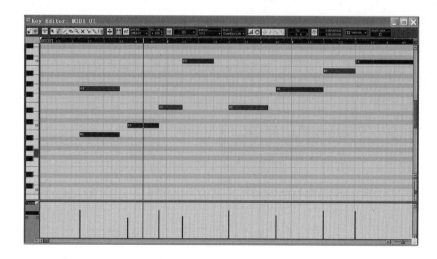

图6-12 Key Editor（钢琴卷帘）窗口

6.4.6 Score Editor（乐谱）窗口

由菜单栏MIDI /Open Score Editor指令打开乐谱编辑窗口。在Score Editor窗口中以音乐乐谱方式显示了MIDI音符内容，提供了对乐谱编辑操作、排版和打印等方面的相关工具。如图6-13所示。

图6-13 Score Editor（乐谱）窗口

6.4.7 Tempo Track Editor（速度轨）窗口

由菜单栏Project /Tempo Track指令打开速度轨编辑窗口。对于每个音频轨和MIDI轨来讲，可以设定以音乐节拍或线性时间作为坐标，所有轨道都将依据总的Project 或速度轨的速度控制。在该速度轨编辑窗口中，可以任意描画速度变化曲

线，这将控制着Project的动态速度变化。此外，还可以实时记录速度变化。如图
6-14所示。

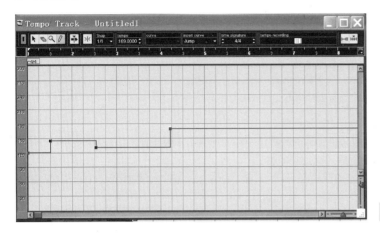

图6-14　Tempo Track Editor（速度轨）编辑窗口

6.4.8　Mixer（调音台）窗口

由菜单栏Devices/Mixer指令或使用快捷键【F3】或点击工具栏调音台按钮
均可打开调音台窗口。在Mixer窗口中，可以对音频通道和MIDI 通道进行混音操
作，调节每个声道的Volume（电平）、Pan（声像）、Effect Send（效果发送）
以及EQ等参数。在左部的Common（公共）区域设置将作用于所有的通道。此
外，还有Output Bus（输出总线）以及Input Bus （输入总线）的通道。如图6-15
所示。

图6-15　Mixer(调音台)窗口

6.4.9　Channel Settings（通道设置）窗口

鼠标点击任一音轨面板上的"e"按钮即可打开该音轨的通道设置窗口，由通
道设置窗口可对每个通道加入效果以及均衡等处理，每个音轨通道具有各自的通道
设置窗口。如图6-16所示。

图6-16 Channel Settings(通道设置)窗口

6.5 常用轨道简介

在Project窗口中，鼠标右击音轨区空白地方，弹出添加轨道类型菜单。用于工作的轨道类型有以下几种，如图6-17所示。

(1) 音频轨 用于音频事件的录制和播放，每个音频轨对应调音台窗口中的相应音频通道。在音频轨中，可以带有多种类型的Automation（自动混音）子轨，作为调音台窗口中通道各种参数、插入或发送效果设置等参数的自动控制。

(2) 视频轨 用于视频事件的播放，每个工程文件只能含有一个视频轨。

(3) MIDI轨 用于MIDI的录制和播放，每个MIDI轨对应调音台窗口中相应的MIDI通道。MIDI轨可以带有多种类型的Automation（自动混音）子轨，作为调音台窗口中通道各种参数、插入或发送效果设置等参数的自动控制。

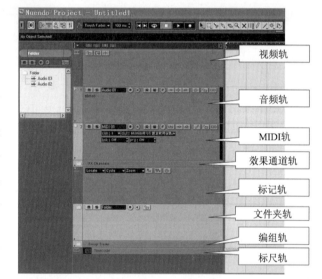

视频轨
音频轨
MIDI轨
效果通道轨
标记轨
文件夹轨
编组轨
标尺轨

图6-17 常用轨道

(4) 效果通道轨 作为发送效果的应用，每个效果通道可含有8个效果器，通过将音频通道的效果发送端路由到效果通道轨，就可以实现把音频通道的音频信号发送到效果通道上的效果器。每个效果通道具有调音台窗口中的对应通道，实质上这就是效果返送声道。效果通道轨也同样带有多种类型的Automation（自动混音）子轨，以作为调音台窗口中通道各种参数、插入或发送效果设置等参数的自动控制。

(5) 标记轨 由标记轨显示的是标记，在此可以对标记进行移动或重命名等管理。在工程窗口中只能有一个标记轨。

(6) 文件夹轨 文件夹轨作为其他轨道的一种"容器"，能够同时对多个轨道进行编辑操作。

(7) 编组轨 编组轨相当于通道编组功能，通过把多个音频通道路由到编组通道，就能以同样的信号控制设置（如对它们应用相同的效果处理）来进行混音处理。每个编组通道轨都有在调音台窗口中对应的通道。

(8) 标尺轨 标尺轨提供有更多的附加标尺栏，在Nuendo3.0中，可以使用任何数目的标尺轨,可根据需要使它们分别显示不同的时间格式。

(9)播放指令轨 是用来自定义播放顺序的轨道,相当于音乐中的"跳房子"。比如乐曲的曲式结构为回旋曲式(A、B、A、C、A、D、A),只要用画笔工具在播放指令轨音频波形的下方画出各乐段的区域,然后在右侧轨道属性控制栏的下半部分段落列表中,按播放顺序(即曲式结构)双击各乐段的标记即可在上半部分显示当前的播放顺序。如图6-18所示。

图6-18 播放指令轨

6.6 Nuendo3.0界面详解

6.6.1 菜单栏

Nuendo3.0的菜单包含12项,分别是File(文件)、Edit(编辑)、Project(工程)、Audio(音频)、MIDI、Score(乐谱)、Pool(素材库)、Transport(走带)、Network(网络协作)、Devices(设备)、Window(窗口)、Help(帮助)。

6.6.2 走带控制面板

图6-19所示是走带控制面板,其他所有控制件都设为显示状态且处于默认位置。用户可以对控制条的外观进行自定义配置,比如隐藏某些不常用的控制件或重新布局这些控制件的位置等。

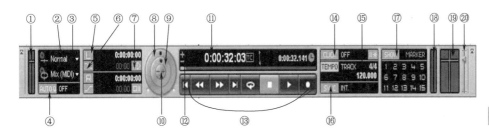

图6-19 走带控制面板

图6-19中:

① 显示当前CPU和磁盘的使用资源等状况。

② 线性录音模式 由该模式决定着录音时音频事件是否为覆盖方式。

③ 循环录音模式 设定循环录音模式。

④ 自动量化按钮 就是自动量化功能。当按下该按钮,在录音的同时就将对

MIDI音符自动进行量化处理。

⑤ 定位　显示着左定位与右定位的位置，在此能以数值方式进行输入编辑。点击"L"／"R"按钮可将播放光标定位到相应位置，而按住［Alt］键点击"L"／"R"按钮则为设置相应定位位置。

⑥ 插入／穿出按钮　按下该按钮，录音将分别按照左定位与右定位的位置而自动开始和结束。

⑦ 设定播放的提前和滞后。

⑧ 速度轮　使用该外圈轮能够以任意速度来进行播放，包括进行前后快进倒进等操作。

⑨ 搜索轮　使用该中圈轮能够带声音来移动播放光标位置，以便于搜寻编辑操作。

⑩ 帧表、微调按钮　这些按钮能够以"帧"单位精确地前后移动播放光标位置。

⑪ 位置显示框　以两种不同格式显示当前播放光标所在位置，由所在行右侧下拉菜单可选择不同的显示格式，点击两行之间的双箭头可以互换显示格式。

⑫ 播放光标滑杆和微调按钮　由位置显示框下面的滑杆可拖移播放光标位置，而使用滑杆左侧的"+"／"-"按钮则可以微调播放光标位置。

⑬ 走带控制按钮　从左至右分别是：定位到前位标记点或光标起始位置、倒进、快进、定位到后位标记点或光标尾端位置、循环切换、停止、播放以及录音。以下是对应数字小键盘的快捷键操作，如图6-20所示。

［Enter］：播放

［+］：快进

［-］：快倒

［*］：录音

［/］：循环

［,］：复零

［0］：停止

［1］：定位到左定位点

［2］：定位到右定位点

［3~9］：分别定位到标记点3~9

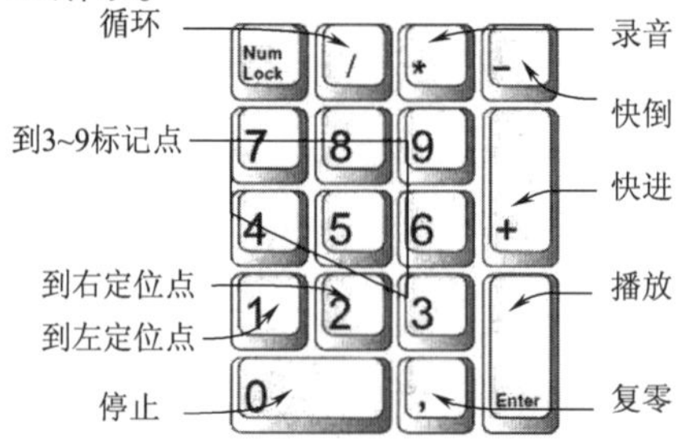

图6-20　走带控制数字小键盘快捷键

⑭ 节拍器和预备拍按钮　分别切换节拍器和预备拍。

⑮ 速度与节拍部分　由速度按钮决定着工程的播放是根据速度轨还是以固定的速度。在固定速度模式下，可以直接设定速度值，同样，在此还可以设定拍号。

⑯ 同步按钮　使Nuendo同步于外部设备的同步信号并指示当前的同步状态。

⑰ 标记部分　点击这些数字按钮可将播放光标定位到相应的标记点位置，按住［Alt］键点击按钮则将所在标记点设为当前播放光标位置，按下"Show"按钮可打开标记列表窗口。

⑱ MIDI 输入／输出状态表　指示MIDI信号的进出状态。

⑲ 音频输入／输出状态表　实际上就是音频输入通道和输出通道的缩略电平表。

⑳ 输出总音量控制。

6.6.3　工具栏

工具栏提供了Nuendo中的相关编辑操作工具以及可打开其他窗口的按钮，还包括有关工程的参数设置功能。这里从左至右的工具图标有：工程激活指示、显示属性栏按钮、显示事件信息栏按钮、显示预览按钮、打开素材库按钮以及调音台按钮等；再向右侧的是用于选择自动混音录制模式的下拉菜单框；再向右，是走带控制部分，还有工程窗口的工具栏；接着是自动搜索按钮、吸附按钮、吸附模式下拉菜单，栅格下拉菜单、量化下拉菜单以及颜色下拉菜单等。此外，在工具栏还可以含有许多其他工具以及快捷图标，但默认是非可视的。如图6-21所示。

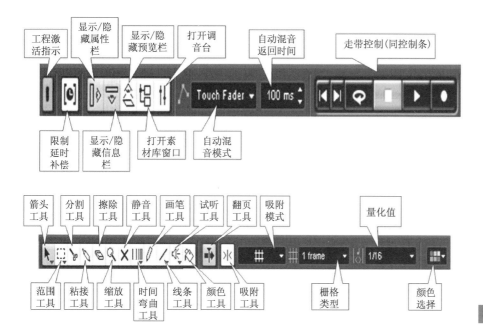

图6-21　工具栏图解

6.6.4　信息栏

由信息栏显示Project窗口当前选定事件的相关参数信息，在此能以数值输入方式对大多数参数进行编辑，长度和位置数值框将根据标尺栏当前设定的时间格式而显示相应的数值。由工具栏"Info"按钮可显示或隐藏信息栏。

6.6.5　标尺栏

由窗口顶部的标尺栏显示的是时间线。作为默认，标尺栏时间显示格式将按照Project Setup对话框所设定的格式显示时间。但也可以在此选择不同的时间格式，这可从标尺栏右端箭头按钮的下拉菜单进行选择。若要设定Project的全局时间格式（对于所有窗口），可从走带控制面板的显示格式框进行选择。以下对各种显示格式进行说明：

（1）Bars+Beats　显示以"小节，节拍，16分音符，嘀哒"的音乐格式。默认是每16分音符含120个滴答单位。

（2）Seconds　显示以"小时：分：秒：毫秒"的时间格式。

（3）Timecode　显示以"小时：分：秒：帧"的时间码格式。其中每秒的"帧"数（fps）可由Project Setup对话框设置。

（4）Samples、Samples User　显示以"小时：分：秒：帧"的时间码格

式。其中每秒的"帧"数（f/s）为用户自定义帧数，用户可以从Preferences对话框/Transport标签页来设置所需要的帧数。

6.6.6 音轨栏

在工程窗口左侧是轨道列表栏，这里显示了轨道的名称以及所有参数设置框，不同类型的轨道具有不同的相关参数。可以调整轨道区域的尺寸以显示更多参数框。对于自动混音子轨（点击轨道左下角的"+"标记），可显示所在轨道相关的效果发送、均衡或插入效果等自动混音子轨。如图6-22所示。

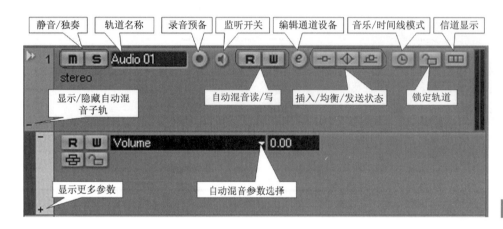

图6-22 音轨面板图解

6.6.7 音轨属性区

由音轨属性区所显示的内容将根据所选定的轨道类型而定。通常来讲，音轨属性区含有与音轨列表区相同的内容，另外还提供有相关的其他控制件和参数。如图6-23所示。

（1）顶页

①"Auto Fades Setting（自动淡入淡出设置）"按钮 为所在轨道打开Auto Fade Setting对话框，在此可为所在轨道进行自动淡入淡出设置。

②"Edit"按钮 为所在的轨道打开通道设置窗口，在此可查看调整效果和EQ参数设置。

③Volume 调节所在轨道的音量。这里的设置状态也将同样作用于调音台窗口对应的通道推子，反之亦然。

④Pan 调节所在轨道的声像位置。如同Volume设置，这也同样作用于调音台窗口对应的声像控制，反之亦然。

⑤Delay 调节音频轨道的播放位置偏移量。设为正数值可延迟播放、而设为负数值则提前播放，其数值单位为ms（毫秒）。

⑥In 设定轨道所使用的输入总线。

⑦Out 设定轨道所路由的输出总线。对于音频轨，还可以被路由到Group Channel（编组通道）。

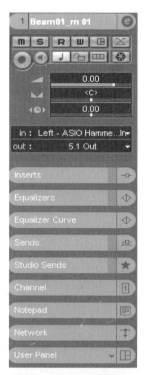

图6-23 音轨属性区

（2）Inserts（插入）页 为轨道加入插入效果。点击顶侧的"e"按钮可打开所在轨道的通道设置窗口。

（3）Equalizers（均衡）页 为轨道调节EQ，每个轨道可以使用4段EQ。点击顶侧的"e"按钮可打开所在轨道的通道设置窗口。

（4）Equalizer Curve（均衡曲线）页　以图形化方式来为轨道调节EQ，在此可拖动曲线显示图上的控制点进行操作。

（5）Sends（发送）页　将音频轨路由到一个或多个FX Channel（效果通道），最多可用到8个效果通道。对于MIDI 轨来讲，在此可分配MIDI 发送效果。由顶侧"e"按钮可打开每个效果通道首位效果器的控制面板。

（6）Studio Sends页　演播室监听发送通道，调节发送到演播室中歌手或配音员的音量。

（7）Channel（通道）页　这里显示的是所在轨道的通道，也就是调音台窗口对应的通道。由左侧通道总览部分可对插入效果、均衡及发送进行激活或禁止操作。

（8）Notepad页　这是个标准文本记事本，用于所在轨道的文字信息摘写。

（9）Network页　用于网络协作的设置。

（10）User Panel页　用户自定义面板。

6.6.8　调音台窗口

6.6.8.1　调音台的显示模式

对于调音台窗口中的任何通道，都可以选择常规或扩展的显示方式，以及选择通道顶端是否显示输入/输出设置部分。如图6-24所示。

输入、输出设置显示/隐藏
扩展通道显示/隐藏
推子显示

图6-24　调音台显示模式

6.6.8.2　音频通道

在常规显示模式下（即推子和输入/输出设置部分为可视状态），调音台窗口的布局从左至右为公共区域、VST乐器通道、音频通道、效果通道以及编组通道。这里，所有基于音频类的通道（指音频输入/输出、编组、效果、VST乐器以及ReWire等通道），具有大致相同的通道样式布局，当然其中各有差别。如图6-25所示。

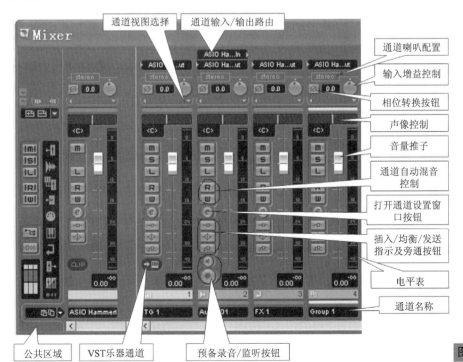

通道视图选择　通道输入/输出路由

通道喇叭配置
输入增益控制
相位转换按钮
声像控制
音量推子
通道自动混音控制
打开通道设置窗口按钮
插入/均衡/发送指示及旁通按钮
电平表
通道名称

公共区域　VST乐器通道　预备录音/监听按钮

图6-25　调音台音频通道图解

99

只有音频通道才具有输入路由下拉菜单、"录音预备"和"监听"按钮。效果通道和输入/输出通道没有发送。VST 乐器通道含有可打开所在乐器控制面板的按钮。输入/输出通道带有Clip（削波）指示。

6.6.8.3　MIDI通道

通过MIDI 通道可以控制MIDI音源的音量和声像（即控制所接收到的相应MIDI信息），这些控制同样也可以在MIDI 轨的音轨属性栏进行操作。

6.6.8.4　公共区域

调音台窗口左面的公共区域含有为窗口视图布局的相关设置项，是对所有通道的全局设置。

6.6.8.5　输入、输出通道

由VST 连接窗口所设置的总线将对应调音台窗口中的输入通道和输出通道，它们分别置于普通通道左右侧单独的窗格内，具有各自独立的分隔栏和平行滚动条。输入通道和输出通道与其他音频通道也非常相像，只是在输入通道上没有"Solo"按钮。

由VST连接窗口所设置的输入总线可以通过输入路由下拉菜单来选择，但在调音台窗口中不能看到输入总线或对其进行设置。

6.6.9　通道设置窗口

在调音台窗口中的每个音频通道以及在音轨属性区域和音轨区域的每个音频轨都具有"e"按钮，点击该按钮可打开通道设置窗口。在该窗口中，含有Common（公共）区域、通道部分、8个插入效果栏部分、4个EQ模块和相应的EQ曲线显示区域、8个发送效果栏部分。每个通道具有各自独立的通道设置窗口，当然可以由同一个窗口来显示每个通道。如图6-26所示。

图6-26　通道设置窗口

通过该通道设置窗口可以实现如下操作：应用EQ处理，发送效果处理，插入效果处理，对通道参数设置进行拷贝并用于其他通道。而且，所有通道参数设置都可以用于立体声通道中的任何声道。

6.7　MIDI录制技巧

6.7.1　实时录制MIDI

实时录制MIDI是最常用的手法，一般主要是使用MIDI键盘进行实时弹奏。它的优点是人性化，这需要你至少有一定的键盘基础。当然，还有一些其他的MIDI输入工具，如MIDI吉他、MIDI吹管等，它们的录制也是实时的，就像录真实钢琴、真实吉他和真实萨克斯一样，这样录制出的音乐是很人性化的。不过，这些输入工具的演奏方式和输入性能都有很大的局限性，因此，最理想的输入工具依然是MIDI键盘。

以下阐述实时录制MIDI的步骤：

① 新建一个MIDI轨，点亮它的录音预备键，检查它的MIDI输入端口是否正确。此时，可以弹一下MIDI键盘，看看音轨和控制条上有没有信号显示。

② 将MIDI输出端口选择为指定的音源（或软音源插件）。

③ 在音源的音色表里选择一个需要的音色。在录音预备键已经点亮的前提下，弹下MIDI键盘就可以听到音源的声音了。可以一边试听，一边找合适的音色。

④ 给这个MIDI轨选择好MIDI通道。

⑤ 在控制条上设置好速度。如需要节拍器，则要点亮CLICK键。

确认播放光标在需要的录音处，按下控制条上的录音键，或者按小键盘上的快捷键［＊］，此时录音就开始了，可以跟着节拍器用MIDI键盘演奏录进MIDI。如图6-27所示。

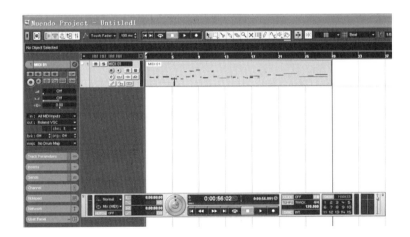

图6-27　实时录制MIDI

有时，经常会遇到这样的问题，正在弹奏音源时，突然发现音源的某个声音一直响下去不停了，这是经常会遇到的。这是因为音源由于某些原因（如系统、软件、线材等）只收到了MIDI音符发音的信号，而没有收到停止发音的信号。遇到这样的情况，只要执行菜单中的MIDI/Reset(复位)命令，复位一下就可以了。

6.7.2　分步录制MIDI

在钢琴卷帘窗口中，通过分步输入（或称分步录制）方式，能够每次输入一个音符或和弦且绝对不必担心输入时产生错音，这对于难以实时演奏段落的MIDI

录制是很有帮助的。如图6-28所示。

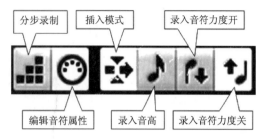

图6-28　分步录制MIDI工具栏

以下阐述分步录制MIDI的步骤，如图6-29所示。

① 首先，按下窗口工具栏"Step Input"按钮以启用分步录制模式。

② 右侧音符按钮选择在输入音符时同时记录的属性。比如，可以选择在弹奏键盘时记录音符开力度值或音符关力度值参数，或取消音高属性按钮，这样无论弹哪个音键都将记录为"C3"音。

③ 点击音符显示区域以确定所要输入音符或和弦的位置，其位置指示以蓝色光标线，在工具栏可显示相应的坐标位置。由工具栏Quantize框和Length Quantize（长度量化）框设置决定所输入音符的间隔位置和时值长度。例如，当Quantize框设为"1/8"、Length Quantize框设为"1/16"时，将输入16分时值音符且音符之间为8分时值位置。

图6-29　分步录制MIDI

④ 现在，从MIDI键盘弹奏音符或和弦即可开始录制，每输入一个音符即按照Quantize值自动进位。如果按下"Insert Mode"插入模式按钮，在当前输入位置以右的所有音符将随着音符或和弦的输入而自动右移相应位置。

⑤ 在输入操作时，可以随时改变Quantize框或Length Quantize框的设置，点击音符显示区域可以随时改变输入位置。

⑥ 使用键盘右方向键可插入相应时值的休止符，即输入位置向右进位。

⑦ 当最后完成输入操作，按下"Step Input"按钮以退出分步录制。

6.8 MIDI编辑技巧

6.8.1 编辑MIDI音符

6.8.1.1 使用画笔输入音符

在钢琴卷帘窗口中使用画笔工具或线条工具可以输入MIDI音符，只要点击相应时间和音高位置即可写入所需要的MIDI音符。当在音符显示区域移动鼠标时，将由工具栏以坐标方式指示相应的小节和音高位置，由左侧键盘区域也同样对应其音高键位，这样在输入MIDI音符时便于识别正确的位置。如图6-30所示。

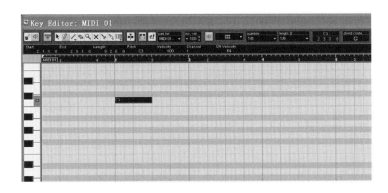

图6-30　使用画笔输入音符

如果已启用Snap（吸附）功能，由此将决定着所写入音符的精确起始位置。

如果是单点操作，将按照工具栏Length Quantize框所设定长度而输入相应时值长度的音符。但如果点击后继续向右拖动就能够延长音符的长度，其长度将是Length Quantize框设定值的倍数。同时，所输入音符Velocity（力度）值也将根据工具栏Insert Velocity（插入力度）框所设定的值。

使用线条工具进行拖动则可以连续写入多个音符。该线条工具还具有多种操作模式，可从其按钮下拉菜单中来选择，同时按钮图标也会显示相应样式。

6.8.1.2　设置音符的力度值

在写入音符时，音符的力度将以工具栏Insert Velocity框所设定的力度值而定。有三种方法来决定所输入音符的力度值，如图6-31所示。

① 先在Insert Velocity框设定所需要的力度值，然后所输入音符即按照所设定的力度值。

② 也可以从Insert Velocity框下拉菜单选择预置的力度值项，在该下拉菜单中将列有5个预置力度项。

③ 若选择Setup项将打开对话框，在此提供有5个可供自定义的力度项，可以根据需要进行预定义，然后它们就会被列在下拉菜单中。

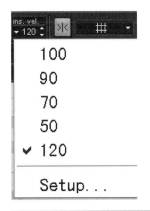

图6-31　设置音符力度值

此外，还可以通过"菜单File/Key Commands对话框/MIDI类项中的Insert Velocity 1-5"为这5个预置力度项分配快捷键。由此可以在输入音符时通过快捷键操作来切换不同的力度值。

6.8.1.3　选择音符

选择音符可以有多种方法。使用箭头工具是最常用的选择方式。

使用Edit 菜单或右键菜单中的Select子菜单指令将有更多的选择操作：

（1）All选定所编辑MIDI 对象内所有音符。

（2）None取消选定所有事件。

（3）In Loop选定Left Locator/Right Locator范围内的所有音符。

（4）From Start to Cursor选定从起始端至播放光标范围内的所有音符。

（5）From Cursor to End选定从播放光标至尾端范围内的所有音符。

（6）Equal Pitch-all Octaves使用该指令应先选定一个音符，这将从当前选定音符之后选定相同音高位置的所有随后音符（以及任何八度）。

（7）Equal Pitch-same Octave该指令基本同上，但只是针对所在八度范围内的同音高音符。

此外，使用键盘左右键可以选定前后相邻的音符，同时配合［Shift］键可继续选定更多音符。

按住［Ctrl］键点击键盘区域的音键，可以选定所在音键同音高位置的所有音符。

按住［Shift］键双击音符，将选定同音高位置所有随后音符。

6.8.1.4　移动音符位置

使用鼠标可直接拖动音符位置，如果是选定多个音符，将同时移动这些音符并保持其原有的相对位置。如果已启动Snap功能，将决定着所移动音符的精确位置。

在移动操作时，若同时按住［Ctrl］键，将被固定以平行或垂直方向移动。

使用键盘上下方向键，可垂直移动选定音符的音高位置而不改变其时间位置，配合［Shift］键则以八度单位来移动音高。

使用Edit菜单/Move to Cursor指令，将把选定音符移到播放光标位置。

6.8.1.5　复制音符

按住［Alt］键拖动音符将对音符进行复制。

使用Edit菜单/Duplicate指令,快捷键［Ctrl+D］，可对选定音符进行复制并被放置在原有音符之后。如果是选定多个音符进行复制，则以这些音符作为单元且保持它们之间原有的相对位置。

在Edit 菜单/Repeat对话框中，可设定对选定音符所需要的复制数，这类似于Duplicate功能，但可以设定复制数。也同样可以通过拖放操作来进行Repeat操作，在选定所要重复复制的音符时，按住［Alt］键并向右移动，拖动距离越长所得复制数也越多。

使用Edit 菜单/Cut、Copy和Paste指令，可在不同MIDI对象或在同一MIDI对象内移动或复制事件。

如果是要粘贴所复制的音符，可以使用普通的粘贴功能或Edit 菜单/Range/Paste Time指令进行操作。在使用粘贴指令操作时，复制音符将被插在播放光标位置下且不会影响到已有的音符位置。而使用Paste Time指令操作时，复制音符也被插在播放光标位置，但会把已有音符后移相应位置（有必要时还将把已有音符切断）。

6.8.1.6　改变音符的时值长度

使用箭头工具，当鼠标位于音符条首尾端时会变成双向箭头状，然后左右拖动即可改变音符的时值长度。

使用画笔工具左右拖动音符条也可改变音符时值长度。

注意：在操作时，将由窗口工具栏Length Quantize框设定值决定所改变音符长度的倍数。

此外，也可以选定音符再从信息栏调整音符的时值长度。

6.8.1.7 音符的切割

使用剪刀工具点击音符，可在点击位置切断音符。如果是选定多个音符，则在所点击位置切断所有音符。

使用Edit菜单/Split at Cursor指令，将切断当前光标位置下所有音符。

6.8.1.8 音符的黏合

使用胶水工具点击音符，将与同音高的下个音符**黏**合，结果实际长度就是从前音符的起始端至后音符的尾端，而音符属性（如力度）则按照前音符。

6.8.1.9 音符的静音

每个音符都可以被单独静音，这与Project窗口对整个MIDI 轨的静音性质有所不同。这样可以禁止指定音符的播放，但仍然随时可以使其播放。

使用静音工具点击音符或拖框选定多个音符，可以将相应音符设为静音状态。

使用同样操作就可以解除音符的静音状态。

6.8.1.10 删除音符

使用擦除工具点击音符，或选定音符再按下 [Delete] 键，将删除音符。

6.8.2 编辑音符属性

可以通过MIDI 输入方式来编辑音符属性，这时，能从MIDI键盘以真实的力度手感来设定音符的力度值。

首先，选定所要编辑的音符。按下工具栏"MIDI Input"按钮使其显亮，由右侧音符按钮来选择MIDI 输入方式所要录制的属性，比如录制音符的音高、音符开力度或音符关力度等属性，所编辑音符将随着键盘弹奏而改变音高和力度值。

然后，从MIDI键盘弹奏音键，所选定音符就会获得弹奏时的相应音高、音符开力度和音符关力度等属性。再后，就会自动定位到下个所要编辑的音符，从而可以对多个音符连续进行这样的编辑。

如果要进行多次弹奏试验，可再选定该音符而重新弹奏音键来输入。

使用计算机键盘左右方向键可以前后选定所被编辑的音符。

6.8.3 编辑MIDI控制信息

关于128种MIDI控制器信息请参阅本书附录Ⅳ"MIDI控制器一览表"。在钢琴卷帘窗中，音符下面的部分是控制器信息的位置，这里默认显示的控制器信息是力度（Velocity）。

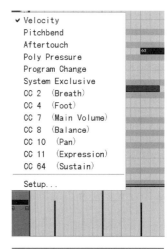

在这里可以看到,每个MIDI音符都对应着下面的力度线。线越高，力度也就越大。同样，颜色也会和MIDI音符一样改变。另外，可以用鼠标拖动音符窗和控制器窗之间的隔段来改变控制器窗的视图大小。

单击控制器的下拉菜单，就可以查看多种控制器。已经使用了的控制器，相应的控制信息上就会有一个对勾，如图6-32所示。

在这些控制信息中，有不少信息是很常用的，比如Velocity(力度)、Pitchbend(滑音轮)、Aftertouch(触后)、Program Change(音色改变)、Breath(呼吸)、Foot(踏板)等，而这些控制器都可以在这里用"画笔"来画。更多的控制器信息，可以单击Setup自己设置。

对于控制器窗口，我们不仅可以用"画笔"来画，而且线条工具中的各

图6-32 选择控制器

种线条也可以在这里使用。线条工具一共有6种，分别为Line(直线)、Parabola(抛物线)、Sine(正弦曲线)、Trangle(三角波曲线)、Square(方波曲线)和Paint(笔刷)。

控制器的曲线平滑程度也受到"吸附"键以及量化数值的影响。关闭吸附功能可以画出更平滑的曲线，但同时也要使用更多的MIDI数据量。

在每个控制器信息下拉列表下面都有一个"+"按钮，单击这个"+"，即可增加一个显示区域，这样就可以在同一个钢琴卷帘窗中同时查看和编辑多种控制器的信息。如图6-33所示。

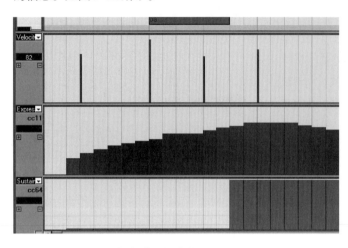

图6-33　同时显示多种控制器信息

6.8.4　Snap精确定位功能

使用Snap功能大大方便了在Project窗口的精确编辑操作，由此能够使任何平行或垂直动作限制在所设定的精确单位。由Snap功能所涉及的操作包括移动、拷贝、画框、调整长度、切断、选定Range等。

点击工具栏"Snap"按钮可切换Snap状态。Snap定位的精确度将根据Snap模式下拉菜单设置而定，如图6-34所示。

Grid：在该模式下，Snap位置将按照右侧Grid下拉菜单的选择而定，而其选项则依据当前标尺栏时间显示格式而定。例如，当标尺栏显示的是"Bar：Beat"格式的话，则Grid下拉菜单也将提供"Bar、Beat或Quantize"等单位；而如果标尺栏显示的是时间帧格式的话，则Grid下拉菜单就会含有相关基于时间帧单位的选项。

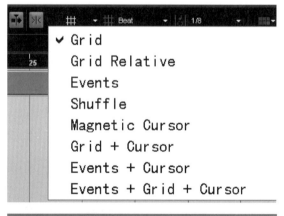

图6-34　Snap模式选择

Events：在该模式下，由其他事件/对象的边侧作为"吸附点"。当把事件拖移到靠近其他事件的相邻侧时，将自动使其对齐而互相衔接。

Shuffle：该模式特别适用于改变相邻事件之间排列顺序的操作。在两个相邻的事件中，当把第一个事件拖到第二个事件右面去时，它们将会互换位置。同样规则也适用于涉及多个事件的操作，比如把事件2拖过事件4的右面，这样就会互换事件2、事件3以及事件4之间的位置。

Magnetic Cursor：在该模式下，将以播放光标作为"吸附点"。当把事件拖移到靠近播放光标时，可使事件自动对齐播放光标位置。

Grid+Cursor：该模式结合了Grid和Magnetic Cursor两种模式。

Events+Cursor：该模式结合了Events和Magnetic Cursor两种模式。

Events+Grid+Cursor：该模式结合了Events、Grid和Magnetic Cursor三种模式。

6.8.5　MIDI量化处理功能

Quantize（量化）的基本原理是能够调整音符的时值位置，使其移到所设定时值单位的精确位置。当然，Quantize并不仅只是用作纠正音符的错误位置，还能以各种方式获得特定效果。比如可以将Quantize单位设为并非精确的时值位置（使其有一定的偏移量），以使某些音符不被处理而获得所需要的节拍特性等。

Quantize指令只针对音符位置而不会是其他类型的事件。此外，还可以对音频事件进行类似的Quantize处理，尤其在对切片后的Loop进行相关的处理操作时是非常重要的手段之一。

有关Quantize操作最基本的要点就是，从Project窗口或MIDI编辑器窗口工具栏Quantize下拉菜单选择适当的音符时值单位。作为默认，其Quantize下拉菜单中已提供了大多数标准音符时值项。选择下拉菜单中的Setup项或使用MIDI菜单/Quantize Setup（量化设置）指令，将打开Quantize Setup对话框，在此可作更多的自定义设置。

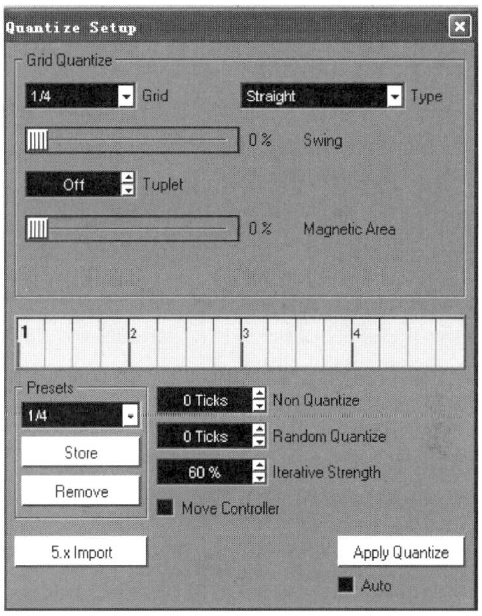

以下对Quantize Setup对话框进行阐述，如图6-35所示。

（1）Grid（栅格）显示区域　这里显示的是带有4拍的一小节区域，其中蓝线表示量化栅格，即音符将被调整的定位位置。

图6-35　量化设置对话框

（2）Grid、Type（栅格、类型）下拉菜单　设定Quantize Grid（量化栅格）的基本音符时值单位，这也相当于窗口工具栏Quantize下拉菜单项内容。

（3）Swing（摇摆）滑杆　只有在当Grid类型选择的是Straight（规整节拍）音符时值，而Tuplet（位置细分）框设为"Off"时才可以调节该Swing滑杆。由此能以设定Grid单位来偏移每个次节拍音符的位置，从而获得一种Swing或Shuffle类的节奏感。在调节该Swing滑杆时，有Grid显示区域可显示相应的状态。

（4）Tuplet（位置细分）　将Grid分为更小单位从而获得更复杂的Grid位置。

（5）Magnetic Area（磁性区域）　Magnetic指的是一种"磁性吸附"的含义，即在Quantize处理时Grid线与音符之间的作用距离。当把滑杆设为"0%"时相当于Magnetic Area功能无效，这时，量化将作用于所有音符；如果把滑杆逐渐向右移动，可看到在栅格显示区域的蓝色线周围将出现有这种磁性区域，只有在磁性区域内的音符才会得到量化处理。如图6-36所示。

（6）Presets（预置）部分　由该部分可将对话框当前设置储存为Preset，这

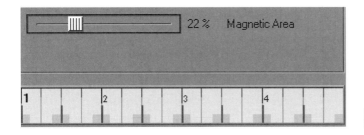

图6-36　量化磁性区域

样可使窗口工具栏Quantize下拉菜单能够用到相应的设置。点击"Store"按钮，可将对话框当前参数设置储存为Preset。以后只要从这里的下拉菜单选定该Preset项即可载入，特别适用于对已有Preset的修改操作。

（7）"Auto"（自动）和"Apply"（应用）按钮 点击"Apply"按钮，可直接在当前对话框状态下应用量化处理，但如果在对话框中只是进行参数设置而并不需要对MIDI进行处理，就退出对话框。

（8）Non Quantize［tick］（不做量化处理的滴答数） 这是影响到量化处理结果的附加设置，用以设定不量化作用的距离。这时，凡是相对于量化栅格位置且设定距离以内的音符将不会得到量化处理，其目的在于，能够使得在进行量化处理时带有些微的变化性，但对于那些设定距离之外的音符会进行准确的处理。

（9）Random Quantize［tick］（随机量化的滴答数） 这也是影响到量化处理结果的附加设置，用以设定量化作用的距离。这时，凡是相对于量化栅格位置且设定距离以内的音符将得到量化的随机处理，从而产生些微不太精确的量化处理。这与Non Quantize设置相似，也是为了在进行量化处理时带有些微的变化性，但对于那些设定距离之外的音符就不会进行准确的处理。

（10）Iterative Strength（量化精度） 该参数是影响到Iterative Quantize指令操作结果的设置。

6.9 音频录制技巧

6.9.1 创建音频轨

6.9.1.1 通道配置

音频轨可以被配置为Mono（单声道）、Stereo（立体声）或Surround（环绕声）轨，也就是说，所录制或导入的含有多声道文件可被作为整体，不必将其拆成多个独立的单声道文件。所在音频轨的信号路径将保持原有输入总线的通道配置，经过EQ、电平以及相关混音处理而输出到输出总线。

在创建音频轨时即可对其进行通道配置的设置。首先，从轨道列表区域的右键菜单或从Project 菜单选中Add Audio Track（添加音频轨）项。（提示，如果先选定音频轨，双击轨道列表区域可新建相同属性的音频轨。同样，当选定MIDI轨，双击轨道列表区域则为新建相同属性的MIDI轨。）

然后将出现对话框，从中设定所需要的音频格式。下拉菜单已提供最常用的一些通用格式，More（更多）子菜单还将列有更多的Surround格式。完成后点击"OK"按钮。

再后，轨道即会出现在Project窗口，同时在调音台窗口也将出现对应的该音频通道。这里要特别强调的是，一旦音频轨建立后，就不能再更改其通道配置了。

6.9.1.2 选择输入总线

在为音频轨录音之前，还必须对其设定从哪个输入总线来进行录音。在音轨属性区域，可以通过顶部"in"下拉菜单来为音轨选择所需要的输入总线。而在调音台窗口，可以从所在音频通道顶部的Input Routing（输入路由）下拉菜单来选择输入总线。

6.9.2 预备录音

在Nuendo中，无论是音频还是MIDI录音，都可以对单个或同时对多个轨道录音。要确定将被录音的轨道，可在音轨列表、音轨属性区域或在调音台窗口中按下相应轨道的"Record Enable"（允许录音）按钮以使之点亮，这样该轨道即处于预备录音状态。

6.9.3 手动录音

按下走带控制面板或窗口工具栏中"Record"按钮、或使用相应快捷键［*］即可开始录音，这时，录音将从当前播放光标或Left Locator（左定位）位置下由停止状态或播放进程中开始。如果是在播放过程中按下"Record"按钮，将即刻切换录音状态并从当前播放光标位置开始录音，这就是所谓的手动Punch-In（插入）录音方式。此外，Preroll（预播）设置或Metronome（节拍器）预备拍也同样适用于录音操作。

6.9.4 同步录音

当Nuendo的走带控制设为同步于外部设备（由走带控制面板启用Sync同步模式）并开始录音时，程序将处于"录音准备"状态。此刻走带控制面板上的"Record"按钮点亮，一旦从外部设备接收到有效的同步时基码（或手动按下"Play"按钮）即开始录音。

6.9.5 自动录音

Nuendo能够在指定位置从播放状态自动切换到录音状态，这就是所谓的自动Punch-In（插入）录音方式。常用于需要对已录制内容中的某些部分进行替换，而且这样可以在整个运行过程中监听到原有的声音内容。

首先将Left Locator（左定位）定位到所要开始录音的位置，按下走带面板上的"Punch In"按钮以启用Punch In录音模式；然后从Left Locator位置略前地方开始播放，当播放光标到达Left Locator位置时即自动切换到录音状态。如图6-37所示。

图6-37 自动录音设置

6.9.6 停止录音

对于录音进程的停止操作有自动和手工两种方式：

按下走带面板上的"Stop"按钮或使用快捷键［0］即可从录音状态切换到停止状态，也可以按走带控制面板上的"Record"按钮来停止录音。如果使用快捷键［*］的话，将退出录音状态而仍然继续播放。这就是手动Punch-Out（穿出）录音方式。

如果已启用走带控制面板上的"Punch Out"按钮，则当播放光标到达Right Locator（右定位）位置将自动退出录音状态，这就是自动Punch-Out（穿出）录音方式，如图6-38所示。由此结合自动Punch-In录音方式，你可以对指定部分进行自动录音，这尤其适用于需要对已录制内容中某些部分进行替换的录制工作。

图6-38 自动停止录音设置

6.9.7 取消录音

如果对当前所录制内容不满意的话，使用Edit 菜单/Undo（撤销）指令可以取消之。这样，所建立的事件将从Project窗口中被删除，在Pool（素材库）窗口中的音频片断将被转移到Trash（回收站）文件夹。但已录制的音频文件现在还不会从硬盘被真正删除，由于相应的音频片断已被移到Trash文件夹，因此可以在Pool窗口中使用Pool 菜单/Empty Trash指令来真正删除音频文件。

6.10 音频编辑技巧

6.10.1 选择音频事件条

音频事件条又称波形显示条，使用箭头工具可选定任意事件。Edit菜单/Select子菜单提供有更多的相关操作指令，要注意的是，在使用Range Selection Tool（范围选择工具）时，这些指令作用将有所区别。

6.10.2 移动音频事件条

在Project窗口移动事件的位置，可直接将事件拖到任何地方，这时选定事件都将被移动且保持它们之间的相应位置。

如果已启用Snap功能，将决定着事件所移动位置的精确定位。此外，当按住［Ctrl］键拖动事件时，将使其固定于垂直或平行方向的移动。

另外，还可以在选定事件后，通过信息栏编辑开始数值框来精确设置其位置。

由Edit菜单/Move to（移动到）子菜单指令，可提供更多的操作。

6.10.3 复制音频事件条

按住［Alt］键拖动事件可对其进行复制并拖动到其他地方。若启用Snap功能，将决定所复制事件的精确位置。

使用Edit 菜单/Duplicate指令将对选定事件进行复制并被放在源事件之后。若选定多个事件，则它们将作为整体单位而被复制，并保持它们之间原有的相对位置。

由Edit 菜单/Repeat指令将打开对话框，在此可对选定事件进行重复复制。该指令作用与Duplicate指令相同，只是它可以设定复制数。

同样，拖放操作可以达到与Repeat相同的效果。首先选定所要复制的事件，按住［Alt］键点击所选定最后一个事件右下角控制点并向右拖动即可。向右拖得越长，复制份也就越多（会显示有提示框）。

使用Cut、Copy和Paste指令操作：当使用Edit菜单/Cut、Copy等指令对选定事件操作后，就可以使用Edit菜单/Paste指令而粘贴到其他地方。在把事件插在原音轨时，将被放置在对齐播放光标位置。如果是使用Edit菜单/Paste at Origin指令操作的话，事件将被粘贴在原有位置（即原先被复制或剪切的位置）。

6.10.4 音频事件条的命名

作为默认，音频事件沿用的是所在源音频波形的名称。当然，你也可以为每个事件单独命名，这可在选定事件后，从信息栏的Description（描述）框输入其名称。在输入轨道名称时，完成后按下［Shift+Enter］键，可使所在轨道中所有事件都具有与轨道相同的名称。

6.10.5 音频事件条的切割

使用剪刀工具点击事件即可对其切割。如果已启用Snap功能的话，这将决定分割点的精确定位。或在使用箭头工具时，按住［Alt］键来进行切割操作。

使用Edit 菜单/Split at Cursor（在光标处分割）指令，可对选定事件在光标位置进行切割；若未选定任何事件，则对所有轨道光标所在位置下的所有事件进行切割。

6.10.6 音频事件条的黏合

使用胶水工具点击事件，可使其与所在轨道下个事件进行黏合。

6.10.7 改变音频事件条的长度

对事件的长度改变可通过对其首尾端的伸缩来达到，只要前后拖动事件左右下角的控制点即可任意伸缩首尾端的长度尺寸。如果已启用Snap功能的话，由所设定的Snap单位决定操作时的精确定位。当事件在选定状态下，将会显示左右下角的红色控制点；也同样可以对任何未选定事件进行操作，只要直接拖动事件块的左右下角即可。如果已选定多个事件的话，同样操作将作用于所有选定事件。

按住［Ctrl+Alt］键时来拖动事件可以移动事件中的内容但不改变事件在Project窗口中的位置。注意，当在对音频事件作这样的移动时，不能使移动位置超出实际播放源音频波形的首尾段。

Nuendo提供有三种不同的操作方法，从窗口工具栏Arrow Tool按钮的箭头下拉菜单可选择不同的操作方式，并且按钮图标也会显示相应状态，如图6-39所示。

图6-39 箭头工具下拉菜单

（1）Normal Sizing（正常尺寸） 在改变事件的尺寸时，其内容位置总是固定不变，即Event内容的多少将随着首尾段的伸缩而不同。这是默认操作方式，也是最常用的操作。

（2）Sizing Moves Contents（移动内容） 在改变事件的尺寸时，其内容将随着首尾端的伸缩而移动。

（3）Sizing Applies Time Stretch（时间伸缩） 在改变事件的尺寸时，其内容将适配事件的长度（即对首尾端伸缩的改变）而作时间上的伸缩调整。当在调整事件控制点时，将出现提示信息表明当前鼠标位置以及事件长度，一旦放开鼠标，所在事件将适配新的长度尺寸而在时间上进行伸缩调整。

注意，这对于音频来讲是需要一定处理时间的，将由提示框进度条来显示当前的处理进程。此外，由Preferences对话框/Audio-Time Stretch Tool标签页中，可以选择不同品质的Time Stretch算法。

6.10.8 音频事件条的编组

有时会需要将多个事件作为独立单位来进行编辑操作，对其进行编组可达到此目的。首先选定事件（可以是同一轨也可以是在不同轨），然后使用Edit菜单/

111

Group指令即可。被编组事件的右上角将带有"g"标记。如图6-40所示。

这样，当在Project窗口为任何一个编组事件进行编辑的话，所作的编辑将同样作用于编组内的所有其他事件。

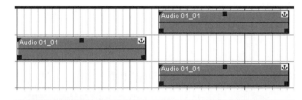

图6-40　音频事件块的编组

由这种编组方式可被编辑的操作包括有：选择事件、移动和复制事件、改变事件长度、调整Fade-In/Fade-Out（针对音频事件）、切割事件（在切割一个事件时也将同时对编组内其他事件以相对位置进行切割）、锁定事件、事件静音、删除事件等。

6.10.9　音频事件条的静音

使用工具栏静音工具点击任何事件，即可切换其静音状态。若要对多个事件进行静音设置，可画框来选定多个事件、或使用Edit 菜单/Select子菜单各项指令，然后使用Edit 菜单/Mute、Unmute指令来进行设定。

在Mute状态下的事件将显示为灰底色且不能被播放，这时，事件仍然可以被正常编辑，但不能改变其淡入、淡出设置。

使用音轨列表区域、音轨属性区域或调音台窗口中的"M"按钮，可设定对整个轨道的静音状态。如果点击某个轨道的"S"按钮，则相当于对所有其他轨道设为静音。

6.10.10　音频事件条的删除

使用工具栏擦除工具点击任何事件即可删除之。

按住［Alt］键进行操作，将删除所在轨道中随后所有的其他事件，无论之前是否有任何事件为选定状态。

还可以选定一个或多个事件，然后按下［Delete］键或使用Edit 菜单/Delete指令来进行删除。

6.10.11　音频事件条的区域选择

在Project窗口中的编辑操作并非只限于完整的事件对象，也可以针对任何指定范围进行操作，这种通过选择操作而建立的区域就称为"Range"。

使用范围选择工具拖划可选定范围，双击事件可使其整个被定为Range，如图6-41所示。

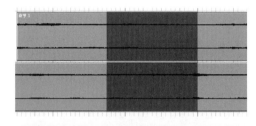

图6-41　范围选择

6.10.12　音频事件条的音量控制

音频事件条的音量控制包括淡入淡出、音量增益及包络控制三种方式。

（1）淡入/淡出、音量增益　当点选任何一个音频事件条的时候，在事件条的上方就会有一条蓝色的线条，这蓝色的线条就是专门用来进行淡入淡出、音量增益的操控线。在操控线上有三个点，分别位于两端和中间，两端的两个操控点分别用来进行淡入淡出的操作，中间的点用来调节音频块的音量。当鼠标移动到操控点上时，鼠标就会变成一个移动箭头，上下拖动中间的控制点就可以调节音频块的音量增益。左右拖动两端的控制点，淡入淡出就做出来了，如图6-42所示。

（2）交叉淡入淡出　当有两个音频条叠加在一块的时候，可以通过Audio/Crossfade指令做出两个事件条的交叉淡入淡出，如图6-43所示。

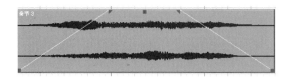
图6-42　淡入淡出调整

（3）包络控制　Nuendo提供了一个模仿音频淡入淡出设置的音量包络，可以实时控制音频的音量。在工具栏中选取画笔工具，在音频事件条上点击，就可以得到一个包络控制点，移动包络控制点就可以调节音频事件条的音量。将控制点移到波形显示区域以外就可删除该控制点，通过菜单Audio/Remove Volume Curve可清除选中波形中的所有包络控制点。如图6-44所示。

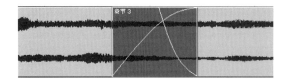
图6-43　交叉淡入淡出

6.10.13　音频事件条的音高调节

音高调节很简单，选中需要改变音高的音频事件条，在事件信息栏中，改变Transpose（移调）和Finetune（微调）的参数，就可以随意改变音高，而长度不变。

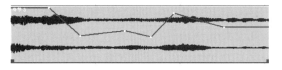
图6-44　音量的包络控制

Transpose（移调）参数可取正数或负数，以半音为单位改变音高。Finetune（微调）同样可取正负值，以半音的1/100为单位改变音高。

Nuendo默认的移调算法并不是最佳的，可以选择菜单中的File/Preferences(文件/参数)命令，选择Editing中的Audio选项，将右侧的Time Stretch Tool (时间伸缩工具)改成MPEX 2，这个移调算法是比较精细的。

6.10.14　参数自动控制（自动缩混）

Nuendo为用户提供了非常全面的Automation（自动缩混）功能，几乎调音台窗口中的任何参数以及效果器参数都能得到自动控制。使用这种自动缩混的参数控制主要有两种方式：一种是在工程窗口的自动缩混轨道中手工来描画自动控制曲线，另一种就是使用调音台窗口中的"Write"/"Read"按钮功能来录制各种自动控制参数。

6.10.14.1　录制自动控制曲线

在调音台窗口、轨道列表区域或通道设置窗口，所有轨道类型（除文件夹轨、标记轨、视频轨等）都具备"W"和"R"按钮，此外，所有效果器插件和VST乐器的控制面板也同样提供有"W"和"R"按钮。

当为通道按下"W"按钮后，在播放过程中对该通道所做的任何参数调节动作都将被记录成自动控制事件。然后再按下"R"按钮并进行播放，之前对通道所做的任何动作都将原样重现。轨道列表区域轨道上的"W"和"R"按钮与调音台窗口中对应通道上的"W"和"R"按钮是互为镜像也即同一控制件。在调音台的公共区域或在轨道列表区域顶侧，还提供有全局式的"Read All"和"Write All"按钮。当按下"Write All"按钮，在播放时对所有通道上所做的任何调节动作都将被记录成自动控制事件。

图6-45　自动缩混模式

在记录自动缩混动作时，从工程窗口工具栏可以选择五种不同的自动缩混模式，如图6-45所示。

（1）Touch Fader（接触推子）模式　当鼠标接触并移动任何控制件时

即开始记录数据，并抹去原来记录；松开鼠标时停止记录。

（2）Autolatch（自动封闭）模式　当鼠标接触并移动任何控制件时即开始记录数据，并抹去原来记录；松开鼠标时按最后的数值继续记录，也抹去原来记录，直到播放停止或退出Write状态。对于大多数的插件参数的自动控制记录方式来讲，程序使用的都是这种Autolatch模式。

（3）X-Over模式　类似于Autolatch模式，所不同的是在记录过程中，一旦涉及原有的自动控制曲线部分，都将自动停止记录。

（4）Overwrite（覆盖）模式　该模式只应用于对音量参数的记录，它类似于Autolatch模式。所不同的是，只要一开始播放就会持续进行记录直到退出Write状态，即使期间并未触及任何控制件。该模式对于要清除已有的自动控制数据时很有用。

（5）Trim（修正）模式　移动鼠标时开始记录，并抹去原有记录；按住鼠标不动或松开鼠标时停止记录。该模式特别适合对音量参数的记录，它只是对已有音量参数的自动控制曲线进行修改而并不覆盖，因此可以对已有的自动控制曲线进行修改调整而不必每次重写。

6.10.14.2　手工描画自动控制曲线

自动控制曲线分两种类型：Ramp和Jump。Jump曲线是由ON/OFF数值方式的参数所得到的，如"Mute"或"Solo"按钮的切换状态；Ramp曲线是由连续变化数值类参数所得到的，如推子或旋钮等的连贯变化动作。

以下讲解在工程窗口的自动缩混子轨中以手工描画方式来写入自动控制曲线的方法。

首先，对音频轨点击"＋"按钮以展开自动控制参数的子轨，在这里所显示的将是已分配的默认参数。要为所打开的子轨选择显示其他的参数，可点击其参数显示框，下拉菜单将列有部分自动控制参数项，在此可以直接选中所需要的参数，新选择的参数会替换所在子轨原有的参数。如果所需要的参数未被列在该下拉菜单中，可选择More项以打开添加参数对话框，从对话框中选择所需要的参数项并点击"OK"按钮，这样所选定的参数就会替换所在子轨原有的参数。本例选择音量参数，如图6-46所示。

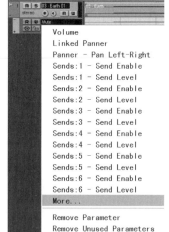

图6-46　自动控制参数选择

然后，使用画笔工具或者使用Line Tool（线形工具）的不同模式来描画控制曲线，点击表示当前的参数值状态的静态数值线即可写入一个自动控制事件（红色控制点）。这时，音轨将自动切换到Read模式，该静态数值线也将变成蓝色。按住鼠标进行拖画也可连续写入控制点。如图6-47所示。

再后，开始播放，所在轨道的音量将随着该自动控制曲线而相应变化，在调音台窗口中对应通道的电平推子也会随其移动。

使用箭头鼠标工具点击或拖框可选中事件控制点，被选中的控制点将显示为红色。按下［Delete］键或使用擦除工具点击可删除选中的控制点。在子轨参数显示框下拉菜单中选择Remove Parameter项，将删除所在子轨中的所有自动控制事件内容，同时关闭子轨。

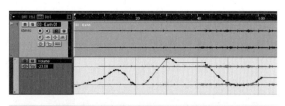

图6-47　使用画笔描画自动控制曲线

在调音台窗口进行"Write"方式录制自动控制参数时，并不需要像在自动缩混子轨中预先从添加参数列表框选择任何参数项，就像在真正的硬件调音台上操作那样，在调音台窗口中所做的任何动作都将被自动记录在各参数项的子轨中，然后打开相应子轨即可对此进行进一步的编辑处理。

事实上，有关自动控制处理的两种方法有其各自的优越性。通常来讲，使用录制方式和使用画笔描画方式具有互补性，可根据个人习惯和爱好有所侧重。

6.11 音频文件的操作

6.11.1 导入音频文件

由File菜单/Import/Audio File指令打开导入音频对话框，在此可将Nuendo支持的音频文件导入到Project中，如图6-48所示。

图6-48 导入音频文件对话框

在导入音频文件时，有些相关选项是需要了解的。在File/Preferences对话框/Editing、Audio标签页中，On Import Audio Files部分提供有下拉菜单项以及相关的选项。

（1）Open Options Dialog（打开选项对话框） 当从下拉菜单设定该项，在导入文件时将出现Options对话框，在此可选择是否将由Project所引用的音频文件拷贝到Project所在的Audio文件夹，或使其转换成当前Project的设置，这是因Project管理的需要并保证Project自身的完整独立性。注意：当导入单个文件的格式不符合当前Project设置的话，需要对其设定转换适当属性（如采样率和精度值等）；当同时导入多个文件时，可以选择是否对所导入文件自动进行必要的转换处理（如果存在采样率与Project设置不匹配或精度低于Project的设置等）。

（2）Use Settings（用户设置） 当从下拉菜单设定该项，在导入文件时将不再出现Options对话框，但将按照下面的设置情况作为默认而自动处理。

（3）Copy Files to Working Directory（复制文件到工作目录） 如果所导入文件不是位于Project所在Audio文件夹中，它们在导入之前将被拷贝到此。

（4）Convert and Copy to Project If Needed（转换和复制到工程） 如果所导入文件不是位于Project所在Audio文件夹中，它们在导入之前将被拷贝到此。同时，当文件格式不符合或低于Project所设置的精度，则也将对此自动进行格式转换。

（5）Split multi channel files（分离多通道文件） 当导入的是多声道音频文件时（包括双声道的立体声格式），将对其拆分为多个单声道文件，每个文件对应每个声道，并将每个文件分别放置在自动建立的单声道轨上。

6.11.2 导入音频CD轨

可以将音频CD中的音频数据导入到Project中。使用File 菜单/Import/Audio CD（导入CD音频）指令，或Pool 菜单/Import Audio CD指令，将打开Import from Audio CD（从CD中导入音频）对话框，在此可导入CD中的音轨。所导入CD的音轨将被插在指定音频轨的播放光标所在位置。或者也可以在Pool窗口中导入CD 音轨，这样可以一次导入多个CD音轨。如图6-49所示。

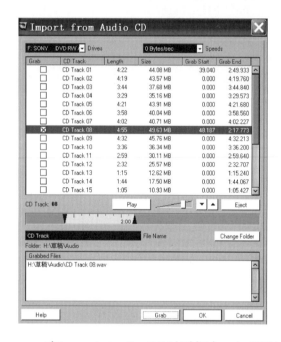

图6-49　从CD中导入音频对话框

在Import Audio CD对话框中，如果系统安装有多个CD驱动器的话，可从Drives下拉菜单选择所放置音频CD的CD驱动器项。

在Speeds下拉菜单列有对选定CD驱动器所可能的数据传输率选择项，通常选择较快的速度即可，只是在声音出现问题时可考虑选择较慢的速度。

在对话框的显示区域将列有所在音频CD中的所有音频轨项。

Grab：由所要导入音轨所在栏选中该项，若要导入多个音轨则可选定相应的多项。

Track：在导入音频CD 轨时，其文件名将按照该栏的名称。也可以在此对其重命名，或者也可以对所有CD 轨沿用同样的名称（如按照Album名）。

Length：显示CD 轨的总长度（min：sec）。

Size：显示CD 轨的文件尺寸（MB）。

Grab Start：需要的话，可以只对音轨的片段进行导入，这里指示的是对所在音轨的指定起始位置。作为默认，初始设为音轨的起始端"0.000"，可以通过Grab选择标尺进行调整。

Grab End：这里指示的是对所在音轨的指定尾端位置。作为默认，初始设为音轨的尾端，可以通过Grab选择标尺进行调整。

"Play"按钮：点击该按钮可播放所选定的CD音轨，这时，音轨将从指定位置起播放直到尾端或再次点击该按钮。由"Play"按钮旁的箭头按钮可设定播放的起始位置，由左侧按钮可播放指定位置的片段部分，而由右侧按钮播放指定位置后的片段部分。

File Name：作为默认，所导入音频文件将按照列表中的音轨编号，如"Track 01"、"Track 02"等。有必要的话，也可以在File Name框设定对音频文件的命名，则所导出音频文件就将按照所设定的文件名。

"Change Folder"按钮：作为默认，所导入音频CD音轨将被储存为Wave文件并放置在当前Project目录下的Audio文件夹中，而使用该"Change Folder"按钮则可以选择其他文件夹位置。

"Grab"按钮：点击该按钮即开始将选定的CD音轨转换成音频文件。被转换后的音频文件将被列在对话框底部，然后点击"OK"按钮即把所转换文件导入Project并退出对话框。点击"Cancel"按钮则取消所转换的文件。

6.11.3　导入视频文件中的音频

在导入视频文件时，能够自动从中提取相应的音频；同样，也可以只从视频文件中导入音频而并不导入视频文件本身。

首先，使用File菜单/Import/Audio from Videofile指令可以打开对话框，在此找到所需要的视频文件并点击"OK"按钮。这样，该视频文件中的音频即被提取出来并转换成当前Project目录下Audio文件夹中的Wave文件，同时在Pool窗口将建立相应指向该音频文件的索引，并对Project窗口指定轨道以播放光标位置插入相应的音频事件。实际上这和普通的导入音频文件的方式是一样的。

6.11.4　混音导出音频文件

混音导出音频文件对话框，如图6-50所示。

图6-50　混音导出音频文件对话框

117

混音导出音频文件对话框的功能及混音导出的步骤为：

① 首先，将标尺栏上的Left Locator/Right Locator蓝色滑标设定在所要混音输出范围的首尾侧。

② 选择由混音输出指定的音轨。

③ 使用File 菜单/Export/Audio Mixdown指令打开Export Audio Mixdown对话框。这里，上半部分为标准的文件对话框；下半部分是有关文件格式选项以及混音导出的设置，所有设置项内容将根据选择的文件格式不同而有区别。

④ 由Outputs下拉菜单选择所要导出的总线或通道项。在Outputs下拉菜单中列出了当前Project中所有的输出总线和通道。

⑤ 从Channels下拉菜单选择对导出文件的声道配置方式。通常可以选择和所混音输出的总线或通道相同的声道配置，但也可以将立体声总线输出为单声道文件，这时会出现提示是否确认这样做。此外，这里还提供有N.Chan.Split和N.Chan.Interleaved两个选项，可以允许建立Surround（环绕声）混音文件，这可以是对应每个Surround声道的Mono（单声道）文件（Split）、也可以是单独的一个多声道文件（Interleaved）。［注意：Channels下拉菜单和N.Chan选项只在所选择导出文件为非压缩格式情况下才有效，如AIFF、Uncompressed Wave、Wave64或Broadcast Wave等格式。对于其他文件格式，可以对其选择Stereo（立体声）或Mono格式。在对5.1 Surround进行混音输出时，也可选择导出为Windows Media Audio Pro格式。］

⑥ 从File类型下拉菜单选择所需要的文件格式。对于所建立文件还提供有其他一些相关的设置，这些包括为音频文件选择Sample Rate（采样率）、Resolution（采样精度）以及Quality（品质）等，这些选项内容将根据所选择文件格式而有区别。当选中Import to项，在混音输出完成后，将把所得音频文件自动重新导入Nuendo中。当选中Pool项，所指向音频文件的音频索引将被列在Pool窗口；而选中Audio Track项，则将自动建立播放该索引的音频事件且被放在新建音频轨的Left Locator（左定位）位置。

⑦ 选中Real-Time Export项，其导出处理将以实时方式，其处理过程完全按照普通播放相同的时间，这是由于某些VST Plug-In（VST插件）在混音输出过程中需要一定的时间才能得到恰当的显示与刷新。当选中Update Display项，在导出过程中，电平表将即时有相应的指示，由此能够对输出电平进行实时监测。

⑧ 为所要建立的文件选择存放路径目录以及输入文件名。对于某些文件格式可以建立Split Stereo文件，这将得到相应声道的两个同名文件，指示对左声道文件名标以"L"，对右声道文件名标以"R"；同样，对于分离式多声道文件选择Surround菜单也是对每个同名文件分别标以相应Surround声道的标识。

⑨ 最后，点击"Save"按钮即开始进行处理。根据所选择的导出文件格式，还可能出现对话框，比如在导出为MP3文件格式时，由出现的对话框还可以对此输入相关的文件信息如Title（标题）和Artist（艺术家）等内容；完成后确认设置，点击"OK"按钮即开始进行处理；这时将出现处理进程对话框，显示其处理进程，此时，点击"Abort"按钮将中止当前的操作进程。如果之前已选定Import to项，当音频文件生成后将自动被重新导入当前Project。

6.12　音频效果器的使用

在Nuendo3.0中，音频效果器的使用有三种方式，分别是插入法、发送法及处理法。

6.12.1　插入法

在音轨属性区域的插入页或通道设置窗口的插入效果栏以及调音台窗口扩展模式下的插入效果栏均可使用插入效果。

Insert Effect（插入效果）是被插入在音频通道的信号路径中的，也就是说通道整个信号都将经过效果器的处理。因此，适用于插入方式的效果应该是那种不需要对Dry/Wet（干/湿）声音作混合处理的效果处理类，比如像Distortion（失真）、Filter（滤波器）以及应用于影响到声音音色或动态特性之类的效果器。如图6-51所示。

图6-51　应用插入效果

对于每个通道，共可以用到8个不同的Insert Effect。同样，对于Input/Output Bus来讲，由此就能够实现录制带效果处理后或"Master Effect"后的音频。

对于每个音频通道（包括Audio Track、Group Channel Track、FX Channel Track、VST Instrument Channel或ReWire Channel）以及Bus来讲，都可以各自加入共8个不同的插入效果，通道所在的音频信号将从上至下依次经过所有的效果器。

此外，其中最后两位插入栏属于Post-Fader（推子后）方式的，最适合用于在信号电平上不受其他效果影响的那类Insert Effect，比如像Dithering（抖晃）以及Maximizer（激励器）等，最常见的用法就是用在Output Bus（输出总线）的插入效果。

注意，对过多通道应用插入效果将耗费更多的CPU资源。因此，可考虑多利用Send Effect（发送效果）方式，尤其是在需要使用同一种类型的效果用在多个通道的情况下。

6.12.2　发送法

在音轨属性区域的发送页或通道设置窗口的发送效果栏以及调音台窗口扩展模式下的发送效果栏均可使用发送效果。

Send Effect（发送效果）的实际用途出于两种主要原因，通过对每个通道上发送的发送量操作，可以控制Dry（直接声）与Wet（处理声）声音之间的比例；另外，可以使许多不同音频通道能够用到同一种发送效果。

Send Effect是通过FX Channel Track（效果通道轨）得以实现的，这是一种特定的轨道，其中共包含有8个Insert Effect。它的信号流程是这样的：通过把音频轨的音频信号发送到该FX Channel且经过其中的Insert Effect而进行处理。

每个音频通道各具有8个发送，因此可以分别被路由到不同的FX Channel（效果通道）中去，调节效果发送电平就可以控制发送到FX Channel的信号量。

当对FX Channel使用了多个效果器的话，其信号将以从上至下的顺序而经过路径中所有的效果器。你可以根据需要任意对发送效果的顺序进行配置，比如从EQ、Chorus（合唱）再经过Reverb（混响）等。

在调音台窗口中，FX Channel Track以效果器返送声道方式而具有自己独立的通道，因此，你可以对其调节效果返送量和效果均衡，增加EQ，可以将FX Channel Track路由到任何输出总线。此外，每个FX Channel Track都具备Automatic Subtrack（自动混音子轨），以提供对各种效果相关参数的自动控制。

6.12.3　处理法

之前介绍的效果器通常都是以实时方式来运用的，比如插入和发送方式。但有时也会需要以"永久"处理方式来对选定事件进行效果处理。

首先，在Project窗口、Pool窗口或编辑器窗口选定所要被处理的事件，然后从Audio 菜单/Plug-Ins子菜单选择所要使用的效果项，这将打开Process Plug-In（效果处理插件）对话框。如果是对单声道音频材料使用立体声效果器进行处理的话，这将只会用到效果器的单个Output端。如图6-52所示。

图6-52　效果处理对话框

在Process Plug-In对话框上半部分是所在效果器的有关参数，具体参数内容因效果器不同而异；而对话框下半部分是有关处理方面的设置，适用于所有效果器插件的操作。

Wet mix/Dry mix：这两个滑杆可调节Wet（已处理）/Dry（未处理）信号之间的混合比例。通常该两个滑杆是互为反向逆动的，即在提高Wet mix滑杆的同时也将以相同量降低Dry mix滑杆位置。但如果按住［Alt］键调节滑杆时，就可以分别独立移动。比如可以将Wet和Dry信号量分别都设为"80%"，但这要注意避免产生声音的过载。

Tail：当所应用的一种效果处理是对音频材料尾部影响很大的情况下（比如像Reverb或Delay类的效果器），该参数就很关键了。当选定该项，就可以通过滑杆来设定尾部长度。而且在使用"Preview"功能进行预听的话，也能包括所设定的Tail长度结果。

Pre/Post Crossfade：由这些设置能够使效果的处理具有渐进和渐出的过渡。当选定Pre-Crossfade项并使其设为"1000ms"左右的话，将从事件的起始端经过所设定长度才真正达到完全的效果处理。同样，当选定Post-Crossfade项的话，将从事件尾端前的设定长度起就开始逐渐减少效果处理。当然，对Pre-Crossfade和Post-Crossfade时间的设定总长度不能超过所选定事件本身长度。

"Preview"按钮：使用该按钮可以对当前处理参数设置结果进行预听，直到再次点击按钮前将总是循环播放，在预听过程中可以随时调整参数设置。

"Process"按钮：执行效果器的指令处理并退出对话框。

"Cancel"按钮：关闭对话框且不作任何处理。

6.13 Nuendo3.0自带的音频效果器简介

Nuendo自带有许多音频效果器，它们都是以插件的形式存在的。所谓插件效果器，就是不能单独运行，只能在主工作站软件的平台里才能运行的效果器。点击菜单栏 Audio/Plug-ins ，所有的效果器插件全部都集中在这个目录里面，包括已经安装的第三方DirectX、VST效果器插件。

6.13.1 延迟类效果器

Nuendo自带的延迟(Delay)效果器插件一共有两个，分别是DoubleDelay和ModDelay。

6.13.1.1 DoubleDelay

如图6-53所示，这是一个双倍延迟效果器，由DoubleDelay可产生两种独立的延迟效果，可被Tempo（速度）或自由延迟时间的设置所同步，它能够自动随当前速度而同步。

DubleDelay双倍延迟效果器设置窗一共由四部分组成，分别是图形设置窗、空间方位设置框、速度时间设置框及效果声与干声音的混合比例滑杆。

（1）滑杆［Mix］ 设定Wet（效果声）与Dry（干声）的混合比例。如果DoubleDelay是用作发送式效果处理时，在此应设为最大值，这样由效果发送通道的音量发送来进行比例调整。

（2）图形设置窗 在这个窗里，可以用图形化的显示方式来调节延迟参数。

121

图6-53 延时效果器——DoubleDelay

上下两种色调的线条分别表示两个延迟效果器1和2，上下移动线条可以调节延迟效果的方位，左右移动线条可以调节延迟时间，线条的密度是由"Feedback"（反馈）来调节的。

（3）空间方位设置框 "Feedback"设置延迟反馈，也就是延迟的重复数；"Pan1/2"分别来调节两个延迟效果的方位。

（4）速度时间设置框 分别用来设置延迟效果1/2的延迟时间。时间显示有两种方式，一种是Time（时间）显示模式，一种是乐曲Tempo Sync（同步的速度）显示模式。系统默认显示的是时间模式，点击时间设置旋钮上面的按钮可以切换为同步速度显示模式。

6.13.1.2 ModDelay

图6-54是个延迟效果器，可被Tempo或自由延迟时间的设置所同步，而延迟的重复可被得到调制。相对于前一个双倍延迟效果器，这个则仅仅是单一的延迟效果器。

图6-54 调制延时效果器——ModDelay

［Mix］：设定Dry/Wet干湿声音信号之间的比例。

［Tempo Syne］：该按钮在"Delay Time"旋钮上面，具有切换Tempo Syne的作用。当切换到"off"状态下，可由"Delay Time"旋钮来自由设置延迟时间。

［Feedback］：设定Delay的重复数。

［Delay Time］：当启用Tempo Sync速度同步时，在此可设定Delay同步Tempo速度的时值。当Tempo Sync禁止时，在此可自由设定延迟时间。

［Tempo Sync］：设定Delay单位的时值倍率。

［DelayMod］：控制Delay效果器的音高调制。

6.13.2　失真类效果器

失真（Distortion）类效果器一共包括三个效果器，分别是DaTube、Overdrive、QuadraFuzz。

6.13.2.1　DaTube

图6-55所示是失真效果器——DaTube，该效果器可模拟传统电子管放大器那种温暖生动的声音特性，它能以插入效果和发送效果方式来运用。

图6-55　失真效果器——DaTube

［Drive］：调节"放大器"的Pre-Gain（前置音量增益）。如果需要得到更多的声音失真，可对此设为较高值。

［Balance］：控制由Drive参数处理后的信号与输入信号直接声之间的比例。

［Output］：调节"放大器"的Post-Gain（后置音量增益量），即输出量。

6.13.2.2　Overdrive

图6-56所示是失真效果器——Overdrive，模拟"Guitar"（吉他）音响的声音效果，用户可选择不同预制风格类型来使用。点击"Warm"旁的下拉按钮，就可以弹出预制类型选单。

图6-56　失真效果器——Overdrive

但要注意，在风格类型中并未储存有任何参数设置而只是各种基本Overdrive（过载）算法，由其风格名表示相应的效果基本特征。如果要调用系统的预设效果器的设置，可以点击上面"Default"选框。

该效果器设置窗口由三部分组成，分别是图形显示窗、效果参数、输入输出控制。

（1）图形显示窗　图形显示失真效果参数，点击黄色显示线杆可以调节失真的"Drive"值。

（2）效果参数

［Speak simulation］：模拟扬声器箱声音的切换开关。

［Bass］：对低频的调节控制。

［Mid］：对中频的调节控制。

［Hi］：对高频的调节控制。

［Drive］：控制Overdrive效果量。

（3）输入输出控制　可以提升所处理声音的电平量；此外，还能对声音电平量进行适当的补偿。

6.13.2.3　QuadraFuzz

图6-57所示是失真效果器——QuadraFuzz，这是个高品质的失真效果器，可将音频信号分为4个频段来进行控制处理。较高的控制量可得到非常宽阔的Distortion失真效果，其处理效果能够从非常细腻到极端夸张。

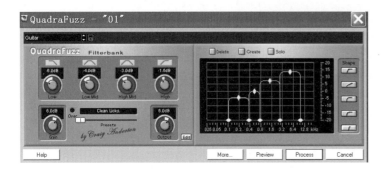

图6-57　失真效果器——QuadraFuzz

QuadraFuzz窗口分为两个区域，左边为操作的主区域，上面含有4个频段的Filterbank(波段)控制旋钮，下面是Gain（增益）、 Output（输出）控制以及Presets（预设）效果处理设置选择。

点击主区域右下角的"Edit"按钮可打开右边的Editor编辑区域，这里以图形线条区域来进行频段的划分，并可以对相关频段的参数进行调节操作，设置每个频段Distortion处理前的宽度范围以及量。每个区域的因素都将影响到QuadraFuzz处理声音的表现。

6.13.3　动态类效果器

Nuendo自带动态（Dynamics）类效果器共包括六个效果器，分别是DeEsser、Dynamics、Magneto、MIDI Gate、Multibandcompressor、VST Dynamics。以下只对典型效果器进行介绍，其他忽略。

6.13.3.1　DeEsser

DeEsser效果器就是专门用于降低所录制音频人声部分的多余"咝"齿音成分，它基本属于一种特殊类型的压缩器，通过对"咝"齿声频率的感知而进行适量的压缩处理。如图6-58所示。

图6-58　消"咝"音效果器——DeEsser

［S-Reduction］：控制效果处理的作用量。

［Level显示栏］：指示将被降低的"咝"齿声频率量，这里以"dB"（分贝）值显示。

［Auto Threshold］：自动阀值启动按钮。当按下该"Auto Threshold"自动阀值按钮后，能自动对Threshold值进行恰当的调整从而获得更佳的处理结果。但如果你需要自己手工来确定DeEsser对信号处理的启动值的话，只要解除该"Auto Threshold"按钮即可，这样将对固定的Threshold值进行处理。

［Male/Female］：根据所感知男女人声频段的特征来设定对其"咝"频率和齿声成分的恰当处理，DeEsser工作频段将分别按照"7kHz"和"6kHz"范围来确定对女声和男声频段的区别。

6.13.3.2　Dynamics

图6-59是个高级的Dynamics动态处理器，它结合了三种独立的处理器：Auto Gate（自动门）、Compressor（压缩器）以及Limiter（限制器），涵盖了所有的Dynamic处理方面的功能。在该效果器窗口中，共分三个部分并含有每个处理器相关的参数控制和指示表。

点击各效果器标签按钮，使其变亮成黄色，表示所在效果器为激活状态。

图6-59　Dynamics动态效果器

（1）Auto Gate自动门　由Auto Gate提供有标准Noise Gate（噪声门）的所有处理功能，同时还具备许多非常有用的功能，比如Threshold设置的自动校正以及频率触发式选择等。该效果器的参数设置内容有：

①［Trigger Frequency Range］：效果处理触发频段设置。Auto Gate可允许由指定频段的音频信号来触发其Gate，这样对滤除指定的信号部分非常有用，否则Gate可能会被不必要的地方而触发，由此将具有更完备的Gate功能。移动滑条可以设置触发频率段。

②［Listen］：该按钮可以直接听到未处理的声音。"On/Off"按钮，可以启动或者关闭以设定频率范围来作为Trigger触发的输入方式。当频率范围触发方式关闭后，效果器则以下面的音频音量来作为Gate的触发阀值。

③［Threshold］：阀值设定，设定Auto Gate启动激活的电平值。

④［Attack］：设定Auto Gate触发后Gate被打开的启动时间。若按下"Predict"按钮，这将确保当高于Threshold阀值的信号成分进入之前预先打开Gate。

⑤［Hold］：设定当信号低于Threshold阀值之后Gate门保持打开状态的持续时间。

⑥［Release］：设定Gate关闭（Hold设定时间之后）释放所需要的时间。若按下"Auto"按钮，Auto Gate将根据音频材料而得到最佳Release释放时间。

⑦［Calibrate］：自动阀值设置按钮，按下该按钮之后，能够自动设定Threshold阀值。这对于含有固定静态噪声成分（如磁带中所含的本底噪声）的音频材料处理是特别有效的。

（2）Compressor压缩器　压缩器的设置由面板图形显示和参数旋钮两部分组成。上面的图形显示窗横向坐标显示音频信号输入音量值，纵向坐标显示的是输出音频信号值；中间显示声音信号压缩与拓展的曲线。

① ［RMS、Peak］RMS方式按照音频信号的平均值来进行压缩处理，而Peak（峰值）方式则按照Peak电平来进行压缩处理。通常来讲，RMS方式适用于对含有间隙性内容（如语音类）音频材料的处理，而Peak方式则适用于对含有打击乐类内容音频材料的处理。

② ［Threshold］设定压缩启动的触发电平阀值。

③ ［Ratio］压缩比例。

④ ［Attack］设置压缩器启动压缩的时间。

⑤ ［Release］设置压缩器关闭压缩的时间。"Auto"可以由压缩器根据音频材料内容而自动应用最佳Release释放设置。

⑥ ［MakeUp Gain］声音增益调节。由该参数旋钮可补偿由于压缩处理所造成输出电平的降低。

（3）Limiter限制器　Limiter限制器能保证输出电平不被超出所设定的输出音量值。

① ［Threshold］设定最大输出电平值。

② ［Release］设置释放时间。

最后，我们来看看三个效果器的处理顺序安排，这里可设定三个效果处理器之间的信号流程顺序，改变这些处理器的处理顺序将产生不同的结果。其中压缩器的编号为"1"，自动门编号为"2"，限制器编号为"3"。一共有三种处理顺序可以进行选择，系统默认为第二种处理顺序。

6.13.3.3　MultibandCompressor

图6-60所示是MultibandCompressor多段动态压缩器，相对于前面的动态压缩器，它的最大特点就是能够将音频划分几个不同的频率段（最多可分为五个频率段），然后可以对不同的频率段进行不同的压缩处理。

多段动态压缩器的设置窗口分为上下两个分窗口，上面是频率段的设置窗口，点击移动边框底线上的点可以添加一个划分波段，再将该点往边框移动，又可以取消一个频率分段。移动频率分段上面的点，可以对该频段进行音量增益调节。

当然，我们点击频率段的中间点时，也就选择了当前频率段，下面的压缩设置窗自然就显示该频段的压缩参数设置。

多段动态压缩器的设置全部都用动态曲线来进行设置。

在动态变化曲线上，用鼠标点击就可以增加一个点，按住"Shift"键再次点击该点就可以将该点删除。移动这个点，就会实时显示当前点输入输出音量与增益信息。

当我们将一个点移动到对角线上面创建一个上弧线时，这时处理器就成了一个扩展器；当我们将点移动到对角线之下创建一个下弧线时，这时处理器就成了一个压缩器。这时候的点，实际上就是启动压缩或扩展的阀值。

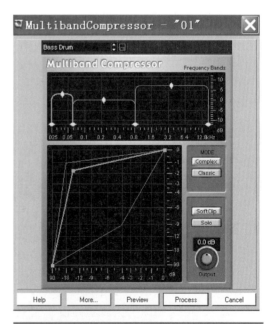

图6-60　MultibandCompressor多段压缩器

　　［Mode］：选择压缩模式。"Classic"是一个标准的压缩器处理模式，"Complex"是更高级更复杂的压缩模式，能够自动地使参数处理达到最优化。

　　［SoftClip］：是处理的最后一个环节，直接在输出音量控制旋钮的后面。它不但能够确保音频信号输出时不会过载，并且还能够为声音添加一些温暖、类似电子管似的声音特性。

　　［Output］：该旋钮调节输出音量。当"SoftClip"按钮被激活之后，"Output"就调节"SoftClip"的效果处理量。

　　［Solo］：用于独奏当前所选频段的声音。

　　通常，多段动态压缩器可以用作鼓组等乐器的压缩，也可以作为后期整首乐曲的动态处理。在窗口顶部厂商预置效果框下拉菜单中有几个非常实用的效果可供选择。

6.13.4　滤波类效果器

　　滤波类效果器一共有四个效果器NuendoEQ2、Q、StepFilter、Tonic。以下只对典型效果器进行介绍，其他忽略。

6.13.4.1　Q

　　图6-61所示的是一个高质量的立体声的四段参数频率均衡器。设置窗口由上下两部分组成：

　　（1）上面窗口　上面窗口显示频率调节曲线，横坐标显示频率值，纵坐标显示音量的增益调节。中间线条就是频率调节曲线，当没有启动任何频率调节时，曲线置于中间的"0"dB的水平位置。

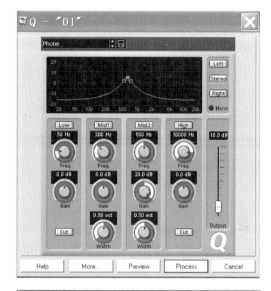

图6-61　参数均衡器——Q

　　当输入的音频信号是一个立体声时，那么，就可以通过右上角的"Left"、"Stereo"、"Right"来切换不同的处理通道。当选择"Stereo"时，频率均衡调节对两通道同时起作用，这时频率曲线呈黄色；当选择"Left"时，频率均衡器调节只对左通道的音频信号起作用，这时频率调节曲线呈绿色线条；当选择"Right"时，频率均衡器调节只对右通道的音频信号起作用，这时频率调节曲线呈红色。

　　当输入的信号是一个单声道时，那么，"Mono"进行单声道音频状态显示。

　　（2）下面窗口　下面窗口的旋钮全部用来进行频率均衡的参数调节。四个频率段分别是Low、Mid1、Mid2、High。点击各频段的名称按钮，就可以激活该频段的调节点。要注意的是，在中间的两个中频调节点旁还另外有两个控制点，用来显示频段宽度的调节控制。

　　接下来的"Freq."旋钮，分别用来设定每一个频段的分隔点。系统为我们作的默认四个频率分割点分别是"50Hz、200Hz、2000Hz、10000Hz"。

　　"Freq."旋钮下面是"Gain"旋钮，用来进行各个频段音量的增益调节。

　　最下面的是进行截频和频段宽度的设置。当按下"Cut"按钮时，分别可以对低频和高频作剪截处理；"width"用来调节中频宽度。

　　最右边的"Output"推子调节效果处理后的音频输出音量。

　　（3）另外，在窗口顶部厂商预置效果框下拉菜单中有多个非常实用的效果可供选择。

6.13.4.2　Tonic

图6-62所示是一个功能强大而又多样的模拟滤波器，它有两个调制器模块来对过滤进行调制，使得滤波的处理不但卓越而且还富有创造性。

图6-62　滤波器——Tonic

Tonic设置界面由左中右三部分组成，左边是对ENV MOD包络调制的设置，中间部分是对滤波器的设置，右边是对LFO MOD低频振荡器调制设置。

（1）滤波器设置部分

[Mode]：用来进行滤波模式的选择。Tonic一共预制了六种不同的滤波模式，点击弹出下拉菜单就可以进行选择。

[Res]：设置滤波共鸣。

[Cutoff]：设置频率截止。

[Drive]：设置音量增益。

[Mix]：设置效果声与原声的混合比例。

[CH]：设置立体声或是单声道。

（2）包络调制部分

[Mode]：选择包络调制的模式。Tonic一共提供了三种包络调制模式；"Follow"是用音频信号的音量大小来控制包络调制，"Trigger"是以音频信号来触发包络调制，"MIDI"是以MIDI音符来触发包络调制。

[Attack/Release]：分别设置包络的启动时间和关闭释放时间。

[Depth]：设置滤波截频的总量。

[LFO Mod]：设置音量包络对低频振荡器速度的影响值。

下面的显示框，实时显示所调节控制旋钮的调整值。

在包络调制的下面是X-Y轴设置框：

[X PAR]：选择X轴的控制参数，点击可以弹出所有能够被控制的目标参数。

[Y PAR]：选择Y轴的控制参数，点击可以弹出所有能够被控制的目标参数。

移动坐标窗的点就可以对X、Y轴所连接的目标进行设置与控制。当然，我们也可以通过音轨的自动混音控制子轨来实时控制参数点的移动。

（3）低频振荡器调制部分右边的LFO调制，它的振荡波形是以分步来进行显示的，最多可以设置16个分步，设置参数有：

［Mode］：选择一个步进器运动的方向，有Forward（向前）、Reverse（反向）、Alternation（交互）、Random（随机）四种模式。

［Depth］：设置低频振荡调制的总量。

［Rate］：设置低频振荡的速度。

［Smooth］：设置每个分步间的平滑程度。

［Morph］：设置低频振荡回放时的变化值。

下面是分步设置框：

［Steps］：选择分步。

［Presets］：选择一个预置的波形。

右边的矩阵显示窗显示波形。

6.13.5　调制类效果器

Nuendo自带调制类效果器一共包括八个效果器，这八个效果器分别是Chorus、Flanger、Metalizer、Phaser、Ringmodulator、Rotary、Symphonic、Tranceformer。以下只对典型效果器进行介绍，其他忽略。

6.13.5.1　Chorus

Chorus合唱效果器可以对音频信号增加短延迟以及延迟信号的音高调制，从而获得"重叠"的声音效果。在设置窗上面的波形显示区域，可以同时调节Frequency（频率）和Delay（延迟）参数，如图6-63所示。

［Shapes］：波形选择按钮可以设定调制波形。选择"Triangle"（三角）波形可产生平滑的调制效果，选择"Saw"（锯齿）波形可产生陡峭状的调制效果且由脉冲波可得到阶进式的调制效果，最后一个是方波。

［Mix］：设定Dry/Wet信号之间的比例。

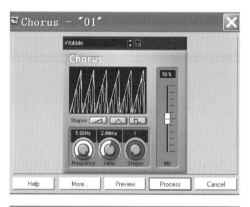

图6-63　合唱效果器

［Frequency］：设定调制频率。

［Delay］：控制合唱效果声的深度。

［Stages］：增加一个或多个延迟层，可产生浓厚多层次的合唱声音效果。

6.13.5.2　Flanger

图6-64是一个镶边效果器。我们可以在图形显示窗里来设置参数，上下移动波形为设定Depth参数，你可以任意同时调节Rate和Depth参数；拖动左右侧的绿蓝线可改变Stereo Basis（立体声宽度）参数。

旋钮的参数设置内容有：

［Mix/Output］：分别设定Dry/Wet信号之间的均衡和效果处理后的音量输出。

［Rate］：速率设置。当启用Tempo Sync时，在此可设定Flanger效果运动同步Tempo的时值；当Tempo Sync禁止时，则由"Rate"旋钮可任意设定Flanger效果的运动

图6-64　镶边效果器

速率。

［Tempo Sync］：由"Rate"旋钮上面的该按钮可切换Tempo Sync的作用。当启用Tempo Sync时，在此可设定Flanger效果运动的时值倍率。

［Shape Sync］：设定调制波形的样式，可获得不同的Flanger效果声音特性。

［Feedback］：可改变Flanger效果声音的特性，设为较高值可产生更带有"金属性"的Flanger运动。

［Depth］：设定调制运动的深度。

［Delay］：延迟时间的调整，这将影响到调制运动的频率范围。

［Stereo Basis］：设定Flanger效果声音的Stereo宽度。

6.13.5.3　Metalizer

图6-65所示的效果器Metalizer可对音频信号经过可变频率过滤，并带有Tempo Sync（速度同步）、时间调制和反馈控制。用鼠标在图形显示框里点击拖动可以调节效果处理的参数。

图6-65　效果器Metalizer

［Output］：设定输出电平量。

［Mix］：设定Dry/Wet信号之间的比例。

［Speed］：速度设置，"Speed"旋钮上面的按钮可起切换Tempo Sync（速度同步）的作用。当启用Tempo Sync时，在此可设定效果声同步Tempo的时值；当Tempo Sync禁止时，则由"Speed"旋钮来自由设定调制速度。

［On］：此按钮可以启用或禁止Filter Modulation（滤波调制）。当设为禁止状态下时，Metalizer将作为静态Filter。

［Mono］：此按钮可以设定Metalizer输出的立体声或单声道方式。

［Sharpness］：控制Filter效果的声音特性。当设为较高值将使频段更窄，从而产生更锐利更明显的效果声音。

［Tone］：设定反馈频率。设为较高值将使效果声音更为夸张。

［Feedback］：设定Feedback（反馈）量。设为较高值可得到更"金属"化的声音。

6.13.6　混响类效果器

Nuendo自带的混响效果器一共有三种：Reverb A、B和RoomWorks。

6.13.6.1　Reverb A

图6-66所示混响效果器——Reverb A 能够为我们提供平滑浓厚的混响效果声音。以下作参数说明：

图6-66　混响效果器——Reverb A

[Mix]：设置Dry/Wet干湿信号之间的比例。

[Predelay]：设置预延迟时间。

[Room Size]：设置模拟空间环境的大小尺寸。

[Reverb Time]：设置混响时间长度。

[Filter High Cut]：调节混响声的高频成分。

[Filter Low Cut]：调节混响声的低频成分。

6.13.6.2　RoomWorks

如图6-67所示，RoomWorks是一个高级的混响效果器，可以设置出非常细腻而又复杂的混响效果。其效果设置界面一共分为五个设置部分，我们来分别介绍。

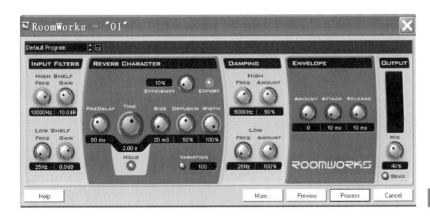

图6-67　混响效果器——RoomWorks

（1）INPUT FILITERS输入滤波部分　可以在音频输入效果器之前对音频进行修饰。

[HIGH SHELF]：高频限制。

[LOW SHELF]：低频限制。

[FREQ]：设置高限/低限的频率点。

[GAIN]：设置对所设频率点的增益调节。

（2）REVERB CHARACTER混响特性设置部分

［EFFICIENCY］：设置输出效果声的质量。

［EXPORT］：此按钮可以总是按最高质量的效果声输出。

［PREDELAY］：设置预延迟。

［TIME］：设置混响时间。

［SIZE］：设置混响空间大小。

［DIFFUSION］：设置混响反射密度。

［WITDTH］：设置混响立体声的宽度。

［HOLD］：将混响效果声延长保留。

［VARIATION］：可以合成一个新的变种模拟混响。

（3）DAMPING衰减设置部分　这部分用来修饰效果声的衰减程度。

［HIGH］：进行高频修饰。

［LOW］：进行低频修饰。

［FREQ］：设置要进行修饰的频率点。

［AMOUNT］：调节对所设频率点的衰减总量。

（4）ENVELOPE包络设置部分　这部分用来设置混响效果的包络控制。

［AMOUNT］：调节包络控制的总量。

［ATTACK］：设置包络启动时间。

［RELEASE］：设置包络释放时间。

（5）OUTPUT输出部分　电平表显示音频输出。

［MIX］：调节效果声与原声的混合比例。

［SENG］：激活此按钮，当RoomWorks用作发送效果处理时，为100%的效果混合量。

6.13.7　环绕声类效果器

环绕声类效果器包括Mix6to2、Mix8to2。

Mix6to2和Mix8to2这两个效果器可以归为一个类别。"Mix6to2"可以控制最多达6个环绕声通道的电平，并且可以将所有的通道输出混合为一个立体声文件，如图6-68所示。

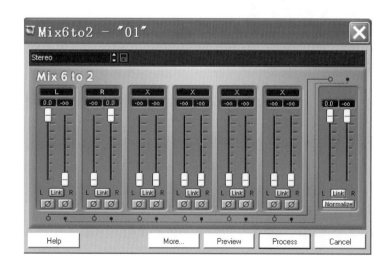

图6-68　环绕声效果器——Mix6to2

［Link］：此按钮可以使左右声道联在一起进行控制。

［Normalize］：此按钮若被激活，那么将自动对输出的音频信号进行标准化处理。

其实，"Mix8to2"和"Mix6to2"差不多，只是"Mix8to2"比"Mix6to2"多控制两个环绕通道，它可以控制多达8个环绕通道的电平信号，并把这8个通道混合为一个立体声输出。"Mix8to2"同样保留了"Link"和"Normalize"等功能。

6.13.8　常用工具类

Tools类是一些附带的工具，不属于音频效果器，如MultiScope频谱分析工具、SMPTEGenerator同步时间码生成器和TestGenerator信号生成器等。

6.13.8.1　MultiScope

图6-69所示是一个频谱分析工具，利用这个工具可以帮我们了解音频信号的频谱信息，非常直观地看到乐器在各个频段上的表现。

这个频谱工具可以单独显示左、右声道的频谱信息，也可以分为上下两层同时显示。频谱显示方式有两种模式可选，能够随时对频谱曲线进行冻结分析，非常方便。

6.13.8.2　SMPTEGenerator

图6-70所示是SMPTEGenerator。SMPTEGenerator的意思是SMPTE同步时间码生成器，它用于发送SMPTE时间码到音轨，使其他设备与Nuendo同步。

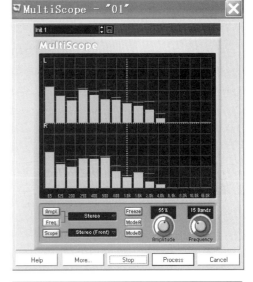

图6-69　频谱分析工具

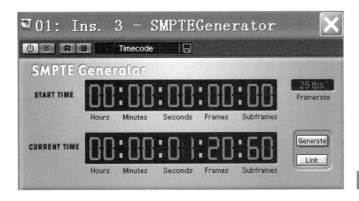

图6-70　时间码生成器

SMPTE是Society of Motion Picture and Television Engineers的缩写，它的意思是"电影与电视工程师协会"，其实SMPTE指的是这个协会所制定的标准时间码，格式是"时、分、秒、帧"。

6.13.8.3　TestGenerator

图6-71所示是一个信号生成器，能生成各种声波。

图中上侧的4个按钮分别代表四种可生成的声波，即正弦波、方波、三角波和锯齿波。正弦波的声音非常单纯，频率非常高的时候有些尖锐；方波的声音和锯齿波的声音比较相似，有种拉锯感，不过方波比锯齿波的撕裂程度小一些，多了一些呆板；三角波的声音比较温柔，听起来比较"闷"。

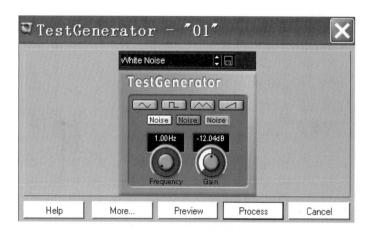

图6-71 信号生成器

［Frequency］：此旋钮用来调节频率。选择了某种声波后，使用这个旋钮可以调节从1Hz～20kHz的各个频点的对应的声波，我们可以从实际听觉上对各种声波进行认识。

［Gain］：此旋钮可以对每个频点的声音进行增益调节。

6.14 Nuendo音频处理功能

Nuendo3.0的音频处理功能非常全面与实用，点击菜单栏Audio/Process即可看到所有的音频处理功能都集中在这个目录里面。以下对各个功能分别进行介绍。

6.14.1 音频处理功能与操作说明

在Nuendo中所有的音频处理都是非破坏性的，在编辑操作过程中，用户能够随时Undo（撤销）操作或恢复到原始版本。

当在对指定事件或范围进行处理时，实际上是在当前工作Project目录项的Edits文件夹中创建了相应的音频文件。该新建音频文件即是已处理的音频部分，而原始音频文件则不受任何影响。

由于所有编辑处理都被生成相应的单独文件，因此就提供了对任何级编辑操作的Undo可能性，甚至能以任何顺序级来进行恢复。所有Undo相关操作都在Audio菜单/Offline Process History对话框中进行。

从基本操作来讲，首先需要选定操作对象，然后再通过Audio 菜单/Process子菜单指令进行处理。

当选定范围时，其处理将只作用于范围，而音频源的其他部分则不受影响。

当对复制方式的事件（即事件指向的音频源同时也被其他事件所指向）进行处理时，将提示是否为音频源另建立新的版本。若选择New Version项，将只对事件所对应的音频源部分进行处理；而选择Continue项，将对所有相关的复制事件进行处理。

6.14.2 音频处理通用属性

在Audio 菜单/Process子菜单的所有指令对话框中，根据不同操作指令而具有各自特定的参数设置，但某些操作和设置方式都是共通的，比如像"Preview"（试听）、"Process"（处理）或"Cancel"（取消）按钮等，如图6-72所示。

图6-72 音频处理对话框通用参数

More：如果有些对话框中参数项较多，则有些选项可能会被隐藏，为此就需要使用该"More"按钮来显示更多的内容。

Preview：使用该按钮能够为当前参数设置的处理结果作预览播放，该播放为循环播放，直至再次点击该按钮。在预览播放期间可以任意调整参数，且在下一轮的播放中即可听到相应的结果，但某些参数的改变可能会自动重置预览播放。

Process：执行指令处理并退出对话框。

Cancel：退出对话框且不作任何处理。

Pre/Post Crossfade：某些处理对话框具有作用渐变混合式的处理方式，这就可能会用到Pre和Post Crossfade参数。比如当启用Pre-Crossfade方式并设为"1000ms"值的话，将以指定起始点逐渐加深处理并经过"1000ms"之后真正完成；同样，如果启用Post-Crossfade方式时，也将逐渐淡化处理作用。自然，所设定的Pre-Crossfade时间量不能超过选定对象的总长度。

6.14.3 音频处理功能详解

6.14.3.1 Envelope（音量包络）

音量包络，就是通过包络线来控制音频素材不同时间段的音量。由Envelope对话框可对选定的音频应用音量包络线处理，如图6-73所示。

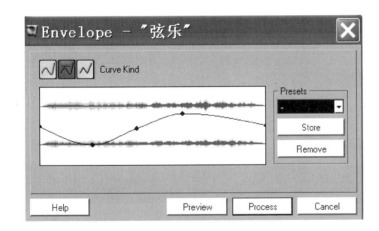

图6-73 包络处理对话框

其对话框中含有以下选项：

（1）Curve Kind按钮　这三个按钮设定包络线的曲线样式，可以选择齿条、弧线或直线段曲线。

（2）Fade显示区域　这里显示着包络线的曲线图形，实影表示被处理后的设置结果，灰影表示原始的波形状况。点击该曲线显示区域可增加控制点，拖动控制点可改变波形样式，将控制点移出显示区域以外可删除其控制点。

（3）Presets　可以将当前包络线参数设置应用于其他事件或音频源文件，为此点击其"Store"按钮可以使之储存为Presets。此后，就可以从这里下拉菜单中选择所储存的Presets项来使用，若双击Presets框可对其重命名，选定任何Presets项并点击"Remove"按钮则可删除之。

6.14.3.2　Gain（增益）

增益，就是使音频素材按照设定好的幅度进行提升或衰减。由该指令可改变选定的音频的电平量，如图6-74所示。

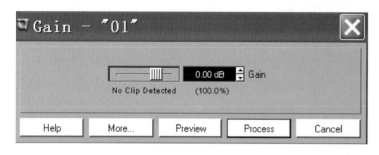

图6-74　增益处理对话框

其对话框中含有以下选项：

（1）Gain［-50/20dB］　设定所需要的Gain，在下行将显示有Gain的比例值。

（2）Clip Detection(削波检测)　如果在处理之前使用过Preview功能的话，这里将显示当前参数设置下的Clip结果（即超过"0dB"以上的电平），如果有这样的情况，应适当降低Gain值并再通过Preview功能进行检测。实际上，若要使音频尽量提高电平又不致出现过载的话，最好是使用Normalize指令进行处理而不必使用这种Pre-Crossfade和Post-Crossfade式的处理。

6.14.3.3　Noise Gate（噪声门）

噪声门的作用是过滤噪声，该指令将以设定的Threshold（阈值）对音频中阈值以下的弱信号部分进行扫描并自动去除，如图6-75所示。

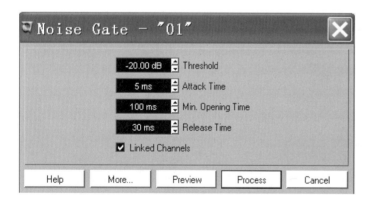

图6-75　噪声门处理对话框

其对话框中含有以下选项：

（1）Threshold　由其Threshold电平作为入口，将对低于设定值以下的弱信号部分进行去除。这也相当于门值作用。

（2）Attack Time　设定Gate起始至实际打开之间的时间过程。

（3）Min.Opening Time　设定Gate所打开的至少停留时间。如果在处理时觉得Gate的启动过于频繁而造成在音量上的影响过大，可试着减少些该值。

（4）Release Time　设定Gate在切断信号后被关闭的时间过程。

（5）Linked Channels　该项只对处理Stereo音频信号时有效。选中该项，只要检测到Stereo信号中任何声道信号低于Threshold值时即会对整个Stereo音频进行Noise Gate处理。若未选定该项，Noise Gate就将对L/R信号分别进行处理。

（6）Dry/Wet Mix　设定原信号与已处理信号之间的混合比例。

6.14.3.4 Normalize（最大化）

最大化，就是保证音频素材的最高电平峰值在不削顶的情况下，将整个音频素材的电平尽可能地提升到最大。使用该指令能将音频设为最大绝对值电平，通过对选定的音频材料的分析并搜索当前的最大电平值从而得到设定最大电平与当前最大电平之间的差值，然后对音频增益进行提升。注意，如果所设定最大电平低于当前的最大电平值，则将对音频增益进行衰减。这种处理适用于所录音材料电平量过低的情况。如图6-76所示。

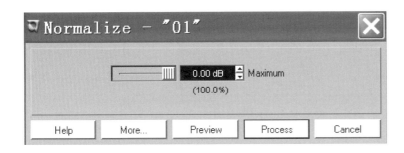

图6-76　最大化处理对话框

Maximum［-50/0dB］：设定对音频增益作提升的最大值，其数值也将以比例值显示在增益数值框下列。

6.14.3.5 Pitch Shift（音高转换）

使用该指令能改变选定音频的音高，可以随其改变音频长度（变调又变速）或不影响音频长度（变调不变速），还能以指定的音级来生成和声声部"Harmonies"或以设定包络线来进行处理。在对话框的每个标签页中分别含有以下参数设置项。

（1）Transpose标签页　如图6-77所示。

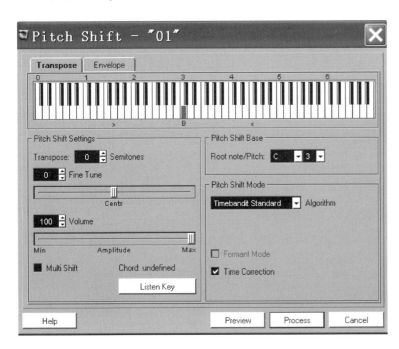

图6-77　音高转换处理对话框
Transpose标签页

键盘显示区域：在此能以图形化操作来设定以半音单位的音高移位音级。这里，红色标记表示"Root Note"（根音符），该"Root Note"实际并不对原始音频的音级或音高起任何作用，只是表示所在音频的录音音级，可以按住［Alt］键点击键盘来改变"Root note"的定位。如果选定Multi Shift项，在点击多个键位时可建立和弦，再点击蓝色标记键则清除之。

Transpose：设置Semitones、Fine Tune。这些参数可设定所要移位的音级，对音频所允许移位的最大范围为"±16"Semitone、音级微调范围为"±200"Cent（即100/Semitone）。

Volume：设定对所处理声音的音量。

Multi Shift：选定该项，可以增加多个移位音程以产生多声部的和声，这需要在键盘区域设置相应的移位音程。如果所建立的多个移位音程是标准和弦结构的话，将在下侧显示相应的和弦标记。但要注意，若要使处理后也能包括音频中原始的基音成分，你需要同样选定键盘区域中的"Root Note"键位（使其变为蓝色标识）。

"Listen Key"/"Listen Chod"按钮：点击该按钮可播放由键盘区域所设定键位的相应测试音。如果是选定Multi Shift项，该按钮就显示为"Listen Chord"，这将发出相应设定的和弦音。

Pitch Shift Base：设定"Root note"（即在键盘区域所指示的带红色标识键位）。这实际并不改变音频材料的音高，只是便于设定移位音级或和弦的参照音。

Algorithm：在此可选择两种不同的Pitch Shift算法模式，即Standard及MPEX。MPEX算法指的是基于Prosoniq公司所拥有的著名的MPEX算法技术（即Minimum Perceived Loss Time Compression/Expansion），这种算法在处理声音的音高和时值方式具有很好的品质，能够获得较好的处理结果。

Formant Mode：当对人声类音频材料进行处理时，建议选中该项，这样可最大限度保持处理后的声音品质。

Time Correction：选中该项，处理结果将不会影响到音频材料本身的时间长度，否则的话，当降低或提高音级后就会引起音频材料时间的变长或缩短，这也类似于对磁带播放机的速度变化。

（2）Envelope标签页如图6-78所示。在此可设定音级移位处理所给予的包络线，由此可以建立一种Pitch Bend（音高弯音）效果，能够以设定的音级对音频不同部分进行处理。

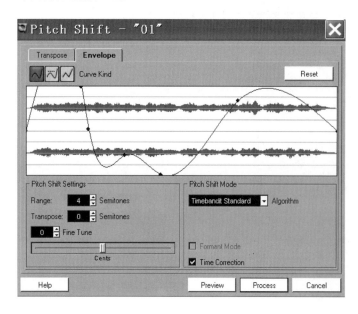

图6-78　音高转换处理对话框Envelope标签页

Envelope线显示区域：这里所显示的是选定音频波形上的包络线，中央线以上和以下的控制点分别表示正数值和负数值的Pitch Shift处理。作为初始状态，包络线总是平行且居中央线，即相当于零位Pitch Shift数值。点击包络线可增加控制点，拖动控制点可改变曲线样式，将控制点拖到显示区域以外则为清除其控制点。

"Curve Kind"按钮：由这三个按钮设定包络线的齿条、弧线或直线段方式。

Range：设定包络线音高移位的音程。如设为"4"时，将使曲线控制点置于相应"+4"音程的位置。这里最大可设范围为"+/-16"半音。

Transpose、Fine Tune：以数值方式调整曲线控制点。可先选定相应控制点使之成为红色，然后调整Transpose和Fine Tune参数即以半音级来设定曲线的音高位置。

Pitch Shift Mode：这些参数等同于Transpose标签页中的相应参数。

"Reset"按钮：点击该按钮将清除所有曲线控制点。

6.14.3.6 Resample（重采样）

该Resample指令可改变指定事件的采样率，同时改变它的音高、时长与速度。在对话框中显示有事件的原始采样率，如图6-79所示。

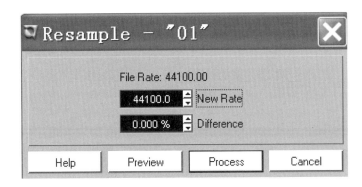

图6-79 重采样处理对话框

对事件的重采样处理，可以提高或降低其原有的采样率，这可以是设定的采样率值，也能按照原有采样率与指定采样率之间的比例。

当把事件改为更高采样率值，将使得事件长度变长，而声音的音高会更低，速度也会更慢；反之，当把事件改为更低采样率值，将使得事件长度变短，而声音的音高会更高，速度也更快。

通过"Preview"按钮可以对处理结果进行预听。如果对处理结果满意的话，可按下"Process"按钮以执行处理指令。

6.14.3.7 Stereo Flip（立体声转换）

该指令只针对立体声音频进行处理，可以对立体声音频的L/R声道做多种处理。如图6-80所示。

Mode：由下拉菜单设定相关功能。

Flip Left-Right：交换L/R声道位置。

Left To Stereo：将L声道信号拷贝到R声道。

Right To Stereo：将R声道信号拷贝到L声道。

Merge：将L/R声道合并为每边声道而成为单声道信号。

Subtract：对L/R声道之间的信号作抵消。通常用于处理Karaoke（卡拉OK）的音乐材料，由此可除去立体声信号中的单声道成分。

139

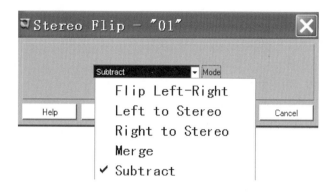

图6-80 立体声转换处理对话框

6.14.3.8 Phase Reverse（反相）

使用该指令能对选定音频的相位做出反转处理，使其波形上下倒置。如图6-81所示。

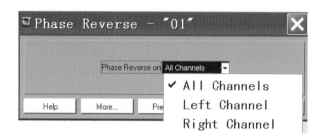

图6-81 反相处理对话框

Phase Reverse on：若对立体声音频进行处理，由下拉菜单可指定所需要做处理的声道。

6.14.3.9 Reverse（反转）

使用该指令可对选定音频做逆反处理，使其声音倒向播放。该指令无任何参数设置。

6.14.3.10 Silence（静音）

使用该指令可对选定音频部分替换以静音信号。该指令无任何参数设置。

6.14.3.11 Time Stretch（时间伸缩）

使用该指令可改变选定音频的时间长度和速度，但同时不会影响到声音的音高。如图6-82所示。

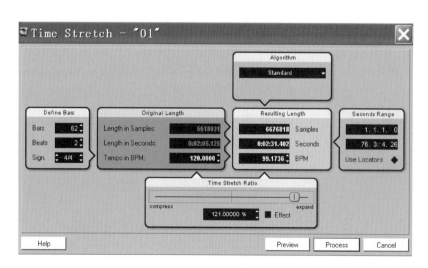

图6-82 时间伸缩处理对话框

在对话框中含有以下参数设置项：

（1）Define Bars（规定小节）部分

① Bars：小节。

② Beats：节拍。

③ Sign：拍子。

（2）Original Length（原始长度）部分

① Length in Samples：选定音频的长度"Sample"。

② Length in Seconds：选定音频的长度"sec"。

③ Tempo in BPM：如果所处理的音频材料属于音乐类且已知音乐的实际长度，就可以在此输入Tempo值，这样在改变音频的时间长度时，就能够明确所得到的速度值而不必按照时间长度来进行估算。

（3）Resulting Length（结果长度）部分　这些设置用于在使用音频伸缩处理时匹配指定的时间长度或速度，当在调整时间伸缩量时也将自动改变这些值。

① Samples：所要得到的时间长度"Sample"。

② Seconds：所要得到的时间长度"sec"。

③ BPM：所要得到的速度"Tempo值"。对该项设置，必须已知音乐内容的实际速度，即已在Define Bars部分设定正确的拍号和小节长度。

（4）Seconds Range（时间范围）部分

① Range：设定所要得到的时间位置范围。

② "Use Locators"：点击该按钮使Range值设为Cycle（左右定位）的长度。

（5）Time Stretch Ratio（时间伸缩比例）部分　由该参数设定时间长度伸缩的量，这是按照原始长度的比例值。当在Resulting Length部分设定时间伸缩量时，该值也将自动改变。其时间伸缩范围将根据Effect项而有所不同：如果未选定Effect项，其范围为"75%～125%"，这在特别需要保持原有声音品质的情况下是首选；如果选定Effect项，所设定值将扩大为"10%～1000%"，但这时主要适用于某些特殊声效的处理。

（6）Algorithm（运算法则）部分　在此可选择四种不同的Pitch Shift（音高转换）算法模式，即MPEX2、Standard（标准）、Drum及RealTime（实时）。Drum模式是一种Spectral Design技术的特殊算法，它特别优化了对节奏类音频素材的处理。（注意，在Drum模式下，Preview功能将无效）。

另外须注意，时间伸缩功能并不是无限制的，对于音乐性质的素材伸缩程度不超过音乐本身长度的三分之一，音质一般不会有太大的损失，否则将要付出牺牲音质的代价。但对于有些需要制作特殊效果的音响素材就可以随意来处理了。

6.14.3.12　Acoustic Stamp（声学样本编辑器）

声学样本编辑器（Acoustic Stamp）也就是我们常说的卷积混响工具（Convolution），可以通过读取某些带有房间环境特性的脉冲响应（Impulse Response）曲线文件，将这些房间的混响特性应用于音频素材中。如图6-83所示。

第一次打开Acoustic Stamp窗口，必须读取一段脉冲响应曲线文件，单击Load Impulse（载入脉冲）按钮，其中列出了几个Nuendo自带的wav文件，这些波形文件就是带有脉冲响应曲线的声音文件。通过Load Impulse File（载入脉冲文

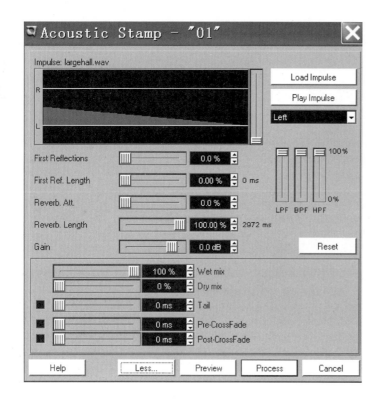

图6-83 声学样本编辑器窗口

件）命令可以读取硬盘中的声音文件，作为脉冲响应曲线使用，这些文件一般都是专供卷积混响工具使用的，可以是单声道或立体声。Nuendo支持的文件格式包括wav、aif和SD II。

在载入脉冲响应曲线后，它就会显示在Impulse对话框中，此时单击Preview按钮即可听到处理后的结果。通过调节Acoustic Stamp的众多参数，可以达到自定义混响效果的目的，其中比较重要的参数如下：

（1）First Reflections（初反射）　混响的早期反射的音量。

（2）First Ref. Length（初反射长度）　混响的早期反射的时长，单位毫秒。

（3）Reverb. Att.（混响触发）　混响效果启动的时间。

（4）Reverb. Length（混响长度）　混响时长，单位毫秒。

（5）Gain（增益）　若混响音量不够，可通过增益来补偿。

（6）LPF、BPF、HPF（低通滤波、带通滤波、高通滤波）　三个参数分别控制着声音的三个频段。100%表示声音完全通过，不做滤波。

（7）Tail（尾部）　该参数可为声音的末尾加入更多混响空间，避免混响因为音频素材的结束被中断。一般来说，Tail参数与混响长度参数相同是一个不错的选择。

6.15　Nuendo4新特性

相对于Steinberg Nuendo3.0,Nuendo4的升级没有革命性的变化，只是在下述几个方面有所改进和调整。只要熟悉了旧版本的操作，新版本稍作了解就能很快上手，不会有什么障碍。以下是Nuendo4的新特性介绍。

（1）新的Automation控制系统　每个轨可以有自己独立的淡出曲线；多功能预听模式帮助你找到最合适的Automation形式；纯洁模式：只让你需要做

Automation的地方有Automation曲线，其他部分保持无Automation状态（而非以前一个默认的Automation直线形式）；填充模式：设置某个时间范围，自动填充好你希望的Automation曲线；Touch、Auto Latch、Crossover三种新的Automation形式；Touch Collect Assistant：将多个Automation曲线进行编组，修改一个，其他的也跟着变；更多预置好的Automation：比如EQ、Pan、发送量等参数。

（2）Mediabay功能 它可以帮助你组织所有VSTi虚拟乐器插件和所有外部真实的硬件音源，似乎是老的Pool的强化版，你可以看到选中的波形并试听。

（3）专业后期制作编辑 增加Cut头部、Cut尾部等新的编辑形式。

（4）38个新的Vst3效果器 把以前的那些效果器升级到Vst3格式，并全部可用Side-Chaining（侧链）。

（5）更自由的音频通路 可以在编组轨之间任意发送音频信号，支持编组到Fx返回和Fx返回到编组的音频信号发送。也就是说声音不仅可以通过发送通道发送出去，也可以通过输出端口直接将推子后的声音发送给编组或是Fx返回。

（6）Summing Objects功能 直接将总线、Fx返回、编组发送给音频轨，使你实时重新录制下一个新的音轨。Nuendo 4.0会自动将可能引起Feedback的通路掐掉，每个音轨的效果器可通过拖拽来重新分配加载位置。

（7）Quick Track Control（快速音轨控制） 这是左边的侧边栏（Track Inspector）的一个新的窗口，你可以自己定义8个常用的参数在这里显示，随时做控制，而不必打开整个控制窗口。调音台、VST效果器、VSTi乐器等参数都可以在这里显示出来。

（8）Track Presets功能 定义好的整个音轨的参数，包括压缩、EQ、加载的效果器和乐器等，使你可以在建立音轨时一次性将这些东西都载入进来。

（9）重新设计了Sample编辑器 左侧加入了侧边栏（Track Inspector），可快速编辑一些参数。

（10）乐器音轨 VSTi不必再通过MIDI轨载入，而是有独立的乐器音轨了。

（11）MPEX3算法 新的时间伸缩算法，质量更好。

（12）支持Apple Remote控制器的操作。

（13）通道条的EQ做了升级。

（14）支持Intel-Mac和64位Vista。

（15）更强大的Logical Editor。

（16）支持Quick Time 7。

（17）支持MP3环绕声编码。

（18）全局音轨变调。

第7章　音频编辑软件Audition快速入门

　　考虑到Audition在国内拥有一大批用户，特别是习惯于早期Cool Edit版本的
用户，他们要重新学习Nuendo可能有些费劲，虽然Audition与Nuendo同属一类软
件，大部分音频功能也都相同，但由于两款软件在操作界面及操作风格上的不同，
习惯于Nuendo操作的用户会不习惯Audition的操作。为了使本书所阐述的动画音
效制作原理及方法能更好地在Audition中得到应用，本章就Audition3.0的操作模式
及音频编辑功能做一简要介绍。

7.1　Audition3.0界面介绍

7.1.1　主界面

　　Audition3.0的主界面由菜单栏、工具栏、文件/效果器列表模块、主/调音台模
块、走带控制模块、时间显示模块、窗口缩放模块、选择查看与控制模块、轨道属
性控制模块、电平显示模块等功能模块组成，如图7-1所示。

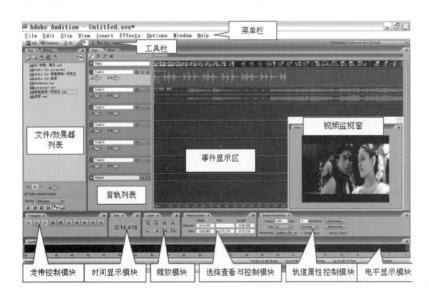

图7-1　Audition3.0主界面

　　为了节省屏幕空间，在制作动画音效时，可将主界面下部的走带控制、时间
显示、窗口缩放、选择查看与控制、轨道属性控制、电平显示模块合六为一，而通
过上方的模块名称来切换显示不同的模块页面，如图7-2所示。

图7-2 合并主界面模块

7.1.2 Audition3.0的工作模式

Audition3.0的操作有三种工作模式，分别是单轨模式（又称编辑模式）、多轨模式和CD刻录模式，这三种工作模式通过工具栏的三个按钮进行切换，如图7-3所示。

图7-3 三种工作模式按钮

7.1.2.1 单轨模式

单击工具栏右侧"Edit"按钮、按快捷键【8】或双击音频波形均可进入单轨模式。在单轨模式下，主要是对音频波形进行各种效果处理，以及对选定波形片段进行音量调节等。在音效制作和缩混阶段，会分别进入到每一音轨或每个音频素材片段的单轨模式中，对该音频波形进行单独的处理。单轨模式的界面如图7-4所示。

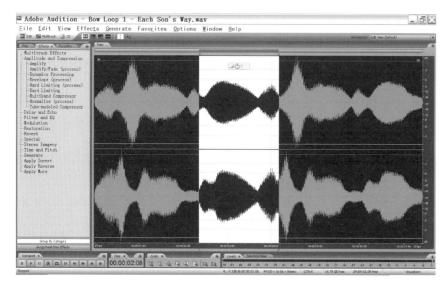

图7-4 单轨模式界面

7.1.2.2 多轨模式

新建工程时主界面默认的就是多轨模式，如在其他模式下可单击工具栏"Multitrack"按钮或按快捷键【9】即可进入多轨模式。在多轨模式下可对音频波形进行综合处理，如各种编辑技巧的运用、插入/发送效果器、均衡调节、声像调节、音量平衡、淡入/淡出调节、音量/声像包络曲线的使用、参数自动控制（自动缩混）、视频标记等。正因如此，多轨模式在缩混工作中占有极其重要的地位。多轨模式的界面如图7-5所示。

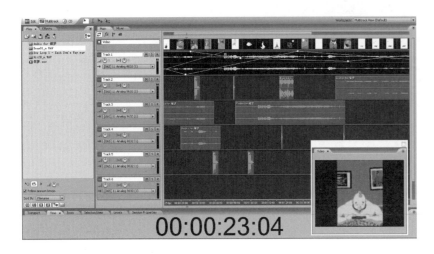

图7-5 多轨模式界面

7.1.2.3 CD刻录模式

单击工具栏"CD"按钮或按快捷键【0】即可进入CD刻录模式。在CD刻录模式下可进行音频CD的刻录，通常这是整个制作流程中的最后一步。CD刻录模式的界面如图7-6所示。

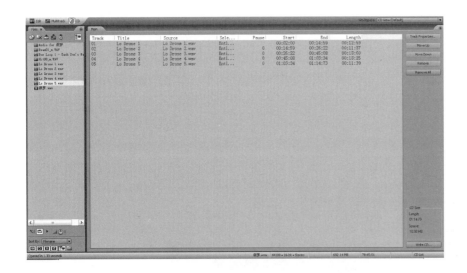

图7-6 CD刻录模式界面

7.2 Audition3.0音频编辑技巧

在Audition3.0工具栏中，默认的快捷按钮是很少的，为了使音效制作工作更加快捷方便，可以将隐藏的众多快捷工具显示出来，只要将View(查看)菜单/Shortcut Bar/Show项勾选上即可。如图7-7所示。

图7-7 Audition3.0的工具栏

7.2.1 选中音频事件条

使用工具栏"Hybrid tool"混合工具点击任一音频事件条即可选中。按住【Ctrl】键点击可选中多个音频事件条。

7.2.2 移动音频事件条

使用工具栏"Hybrid tool"混合工具按住右键拖动,可将音频事件条移动至任意地方。用右键点按事件条的同时按住键盘【Shift】键向上或下拖动事件条为垂直移动。

7.2.3 复制音频事件条

选中音频事件条后,点击工具栏"Copy Clip"工具或使用快捷键【Ctrl+C】执行复制命令,点击工具栏"Past"工具或使用快捷键【Ctrl+V】将音频事件条粘贴到当前游标位置。也可按住【Shift】键同时拖动事件条进行复制。

7.2.4 音频事件条的切割

选中音频事件条,将光标移至需分割位置,点击工具栏"Split Clip at Cursor"工具或使用快捷键【Ctrl+K】命令即可将音频事件条在游标处分割开。

7.2.5 改变音频事件条的长度

选中音频事件条,将光标放在事件条左右侧,当出现左右方向箭头时拖动即可伸缩音频条首尾端的长度。但伸长的范围不能超过音频事件本身的长度。

7.2.6 音频事件条的时间伸缩

选中音频事件条,将光标放在左或右下角控制点上,按住【Ctrl】键出现"√"时拖动音频条,随即显示音频条的伸缩百分比,100%以上为拉长,100%以下为缩短。这其实是对音频速度的调节,时间拉长速度变慢,时间缩短速度变快。如图7-8所示。

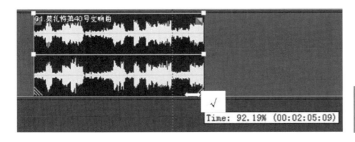

图7-8 音频事件条的
时间伸缩

7.2.7 音频事件条的编组

选中若干个音频事件条,点击工具栏"Group/Ungroup Clips"工具或使用快捷键【Ctrl+G】命令即可将选中的事件条编成一组,这样,当在为任何一个编组事件进行编辑时,所做的编辑将同样作用于编组内的所有其他事件。解除编组只要重复以上操作即可。

7.2.8　音频事件条的静音

选中音频事件条，点击工具栏"Mute Clip"工具即可将音频条设置为静音状态，重复操作即可解除静音状态。在Mute状态下的事件将显示为灰底色且不能被播放，这时，事件仍然可以被正常编辑。

使用音轨列表区域或调音台窗口中的"M"按钮，可设定对整个轨道的静音状态。如果点击某个轨道的"S"按钮，则相当于对所有其他轨道设为静音。

7.2.9　音频事件条的删除

选中一个或多个音频事件条，然后按下键盘[Delete]键或使用Edit 菜单/Delete指令来进行删除。

7.2.10　音频事件条的区域选择

使用工具栏"Hybrid tool"工具在音频条上拖划可选定范围。对选定的范围可做各种处理。

7.2.11　音频事件条的音量调节

首先在多轨模式下的音频块上拖划出范围，然后进入单轨模式中调节悬浮的音量旋钮即可，当然也可在单轨模式下拖划出范围再进行调节。如图7-9所示。

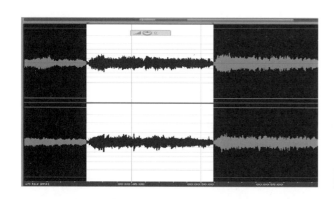

图7-9　选择范围的音量调节

7.2.12　音频事件条的音量、声像包络控制

7.2.12.1　淡入/淡出/交叉淡入淡出

选中音频事件条后，在音频条的左/右上角会出现灰色的控制方块，拖动方块就可以制作出音量淡入/淡出效果的控制曲线；将两段音频事件条叠合在一起时会自动生成交叉淡入淡出控制曲线。叠合的时长根据实际需要确定。

7.2.12.2　音量、声像包络控制

如果要制作音量渐变和声像移动（运动）的声音效果，就要使用音量、声像的包络曲线控制了。选中音频事件条后，在音频条的上边缘与中线会分别出现绿色线条与蓝色线条，绿色线条代表音量线，蓝色线条代表声像线，点击线条即可添加一个控制点，拖动控制点可调节音量的起伏及声像的移动，将控制点拖至边缘线外可删除控制点。如图7-10所示。

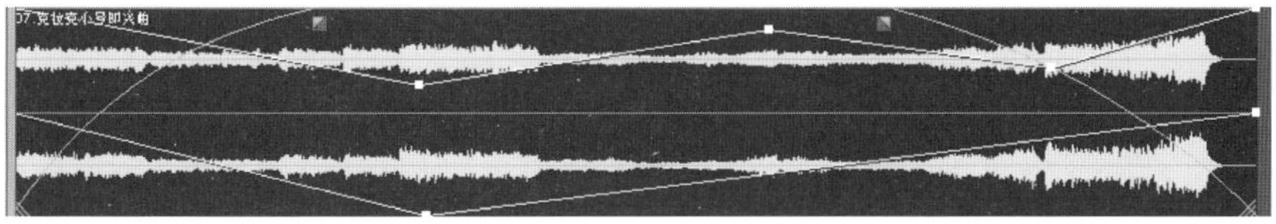

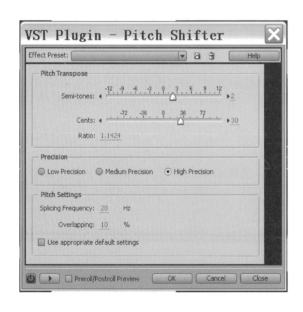

图7-10　音量、声像的包络曲线控制

7.2.13　音频事件条的音高调节

在单轨模式中，首先选中音频波形全部或部分范围，然后在左侧的效果器列表栏中点开"Time and Pitch"类，双击"Pitch Shifter"项即打开音高变换效果器界面，调节其中的两个滑杆即可改变音频的音高。按下"OK"按钮进行处理。如图7-11所示。

图7-11　音高变换效果器

7.2.14　为音频事件条做标记

在单轨或多轨模式中，移动游标至需做标记处，点击工具栏"Add Marker"工具或使用快捷键【F8】命令即可在当前游标处添加一个标记点。通过【Alt+8】命令打开标记列表窗口，在此可对每个标记进行重命名。如图7-12所示。

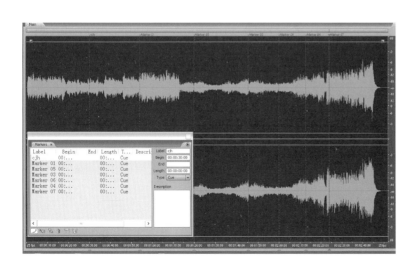

图7-12　为音频波形做标记

第8章 影视编辑软件Premiere的音频编辑功能

Adobe Premiere Pro CS5是由美国Adobe Systems Incorporated公司基于Macintosh(苹果)和Windows(视窗)平台开发的一款非常优秀的非线性影视编辑软件,它集强大的视频、音频编辑功能于一身,被广泛运用于电影、电视剪辑等领域。配合Adobe公司开发的After Effects CS5、Photoshop CS5、Audition CS5和Encore DVD CS5软件,将制作创意人员从繁杂的工作流程中解脱出来,使庞大、复杂的设计项目在一条流水制作线上轻轻松松地完成,从而极大地提高了工作效率,降低了制作成本。

8.1 选项与设置

8.1.1 音频选项

在主菜单Edit/Preferences/Audio音频选项中,主要是对音频混合、音频关键帧优化等参数进行设置,如图8-1所示。

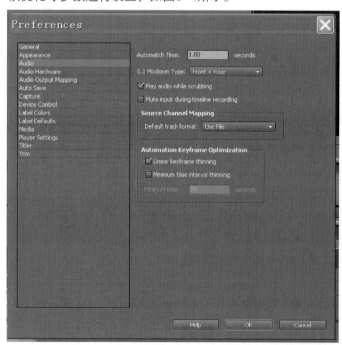

图8-1 音频设置项

150

以下是对各项参数的说明：

（1）AutomatchTime（自动匹配时间）　设置音频自动匹配的时间，以秒为单位。

（2）5.1MixdownType（5.1混音类型）　在制作DVD时，设置音频混合的模式，即Front Only(仅有前置)、Front+Rear(前置+后置环绕)、Front+LFE(前置+重低音)和Front+Rear+LFE(前置+后置环绕+重低音)。

（3）Play audio while scrubbing(在搜索走带时播放音频)　选中此选项，在时间线窗口中快速拖动事件指针时，音频为播放状态。

（4）Mute input during timeline recording(时间线录音期间静音输入)　选中此项，在录音时以静音方式进行。

（5）Default track format(默认轨道格式)　设置音频素材在音频轨道中的声道模式时默认Use File(使用文件)自身的模式，当然也可以强制为Mono(单声道)、Stereo(立体声)、Mono as Stereo(单声道模拟为立体声)或5.1模式。

（6）Linear keyframe thinning(减少线性关键帧密度)　如果音频关键帧的插值模式为线性时，自动优化关键帧数量。

（7）Minimum time interval thinning(最小时间间隔)　按自定义时间值来优化减少关键帧数量。

8.1.2　音频硬件选项

Edit/Preferences/Audio Hardware音频硬件选项主要是对音频硬件参数进行设置，如图8-2所示。

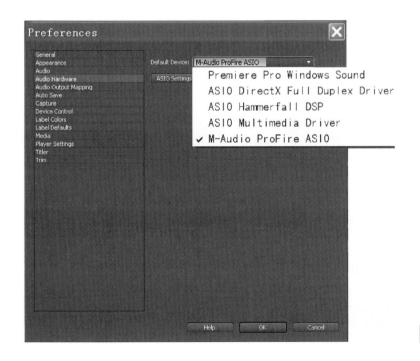

图8-2　音频硬件设置项

Default Device（默认设备）：以当前计算机中的声卡为默认工作设备。

ASIO Settings（ASIO设置）：ASIO的全称是Audio Stream Input Output，翻译过来就是音频流输入、输出接口。ASIO技术可以减少系统对音频流信号的延

迟，或称输入、输出同步方式。ASIO技术是专业与民用声卡区别的最显著的特征
之一。单击ASIO设置按钮，即可弹出Audio Hardware Settings(音频硬件设置)对
话框，如图8-3所示。

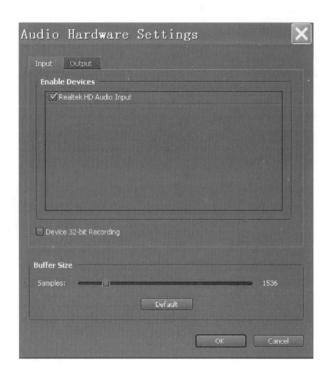

图8-3　音频硬件设置对话框

8.1.3　音频输出映射

　　Edit/Preferences/Audio Out Mapping音频输出映射选项主要对音频输出设备
进行设置，如图8-4所示。

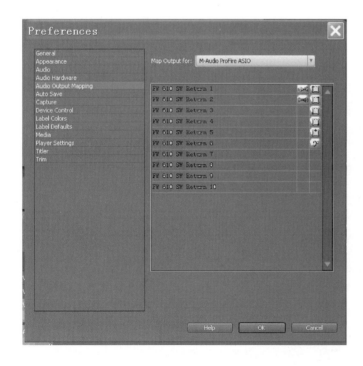

图8-4　音频输出映射设置项

8.2 Premiere Pro CS5音频编辑基础

8.2.1 Premiere Pro CS5支持的音频文件格式

Premiere Pro CS5支持的音频文件包括以下常用格式：

① MIDI(.mid)格式；

② WAV(.wav)格式；

③ MPEG(.mp3)格式；

④ WMA(.wma)格式；

⑤ RA/RAM(.ra/.ram)格式。

有关各种音频文件格式的详细说明参见1.5.3章节内容。

8.2.2 音频编辑时间线

Premiere Pro CS5的音频编辑时间线位于Timeline(时间线)面板的视频编辑时间线的下方。默认情况下，Premiere Pro CS5提供了三个音频编辑时间线，每个音频轨道上都有一个小喇叭标志，分别用Audio1~Audio3来标示，此外还有一个名为Master（主音轨）的音频编辑时间线。如图8-5所示。

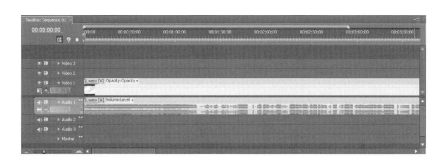

图8-5 音频编辑时间线

在音频编辑时间线中单击小喇叭图标，就可以禁用或启用相应的音频轨道。音频轨道被禁用后，播放视频时不会播放出该轨道的声音。

在音频编辑时间线中单击小方块图标，将出现小锁标志，表示相应的音频轨道处于锁定状态，不能被编辑；同时，音频轨道的音频素材上会有一系列斜线。如图8-6所示。

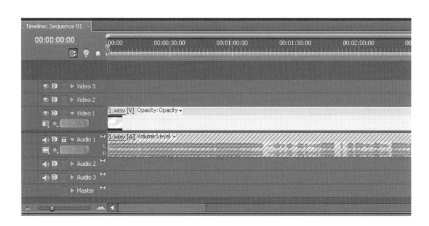

图8-6 锁定音频轨道

要添加音频轨道，可以右击任何一个轨道名（如"Audio1"）前方的空白处，然后从弹出的快捷菜单中选择Add Tracks（添加轨道）命令。在随后出现的"Add Tracks"对话框中，还可以设置要添加的Audio Tracks（音频轨）和Audio Submix Tracks(音频混合轨)的数量，还可以设计新增音频轨的Placement（放置位置）和Track Type（轨道类型）。设置完成后，单击【OK】按钮，即可按指定的参数添加音频轨。如图8-7所示。

要删除多余的音频轨道，可以右击任何一个轨道名，从出现的快捷菜单中选择Delete Tracks命令。

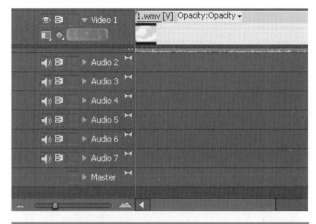

图8-7 添加音频轨和音频混合轨

8.2.3 调音台

Audio Mixer（调音台）是Permiere Pro CS5提供的一个用于进行声音调节和设置音频轨道声音模式的工具。要打开调音台，只需要选择Windows（窗口）/Audio Mixer（调音台）/Sequence（序列）命令，即可出现如图8-8所示的Audio Mixer（调音台）面板。

图8-8 调音台面板

8.2.3.1 调节音量

要使用调音台来调整音量，可以直接拖放相应音频轨对应的音量滑块，也可以利用调整滑块下方的数值调整框来调整。

8.2.3.2 调节声像

用调音台上每个音频轨道的左、右声道调整旋钮及其下方的数值调整框，可以调整立体声的左右声道。声道参数为–100~100，当参数为–100时只有左声道，参数为100时只有右声道，参数为0时是混合声道（默认时为混合声道）。

8.2.3.3　监听

单击调音台上方的播放按钮，可以监听当前选定素材的声音。通过调音台下方的控件可以快速切换到上一个音频编辑点或者下一个音频编辑点，还可以用编辑点内的声音进行回放。

8.2.3.4　录音

调音台也可以录制声音。录制前需要准备好麦克风，录制完成后将在时间线窗口的指定音频轨中生成波形文件，该文件也将同步出现在工程面板中。

8.2.4　添加音频素材

添加到音频轨中的素材可以是独立的音频文件，也可以是视频素材自身所包含的音频部分，还可以是使用麦克风录制的声音。与视频素材的编辑相似，编辑和设置音频素材，需要先将音频文件添加到工程面板中，然后再在时间线面板或源面板中进行编辑处理。

8.2.4.1　自动添加音频素材

多数视频素材在采集时本身就含有音频成分，在添加视频素材的同时便自动添加了音频素材，按这种方式添加的音频素材与视频素材完全对应。

默认情况下，自动添加的音频素材和视频素材之间是相互关联的。剪辑视频时，对应的音频也将同时被剪辑；移动视频素材时，关联的音频也将同步移动。要解除两者之间的关联，只需右击时间线面板中的素材，从出现的快捷菜单中选择Unlink（解除联结）命令，如图8-9所示。

图8-9　解除音频、视频联结

解除联结后，便可以单独处理其音频或视频部分了。比如，可以将音频部分选定后移动到新的位置。

8.2.4.2　添加独立的音频素材

Premiere Pro CS5支持的音频文件格式很多，可以像导入视频素材那样将音频文件导入工程窗口中，然后再进行编辑处理。添加独立的音频素材的方法如下：

① 右击Project面板的空白处，在出现的快捷菜单中选择Import（导入）命令，打开Import对话框，从中选择要导入的一个或多个音频文件。

② 单击【打开】按钮，即可将选定的音频文件导入到Project面板中。

③ 在Project面板中将需要的音频素材拖入时间线面板的任意一个Audio（音频）轨道上，即可完成音频素材的添加，如图8-10所示。

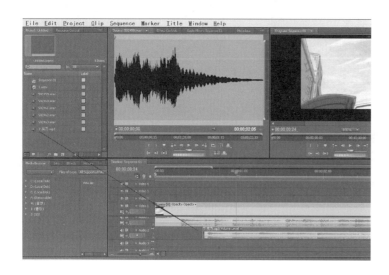

图8-10 将音频素材添加到音频轨上

8.3 Premiere Pro CS5音频编辑技巧

8.3.1 调节音频素材的入点与出点

时间线面板和源面板都可以对音频素材进行编辑，可以在其中设置音频素材的入点和出点，以便对音频素材进行剪辑。要设置与视频联结的音频素材的入点和出点，需要先解除视频和音频的联结。

8.3.1.1 用时间线面板剪辑音频

要在时间线面板上设置音频素材的入点和出点，只需要使用小箭头选择工具，将光标移动到素材的首尾部分拖动鼠标即可，如图8-11所示。

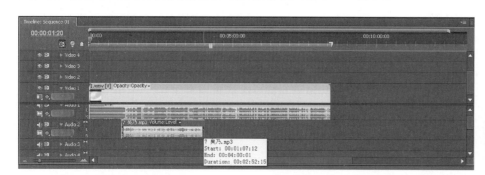

图8-11 用时间线面板
设置音频素材
的入点与出点

8.3.1.2 用源面板剪辑音频

双击音频轨道中的音频素材，或者从项目面板中将音频素材拖入源面板，在源面板中都将出现该音频素材，可以利用源面板来剪辑音频，设置音频素材的入点

和出点。在源面板中添加音频素材后，可以利用播放控件来定位素材的入点或出
点。定位编辑点后，只需单击Set In Point（设定入点）图标就能设定入点，单击
Set Out Point（设定出点）图标就能设定出点，如图8-12所示。

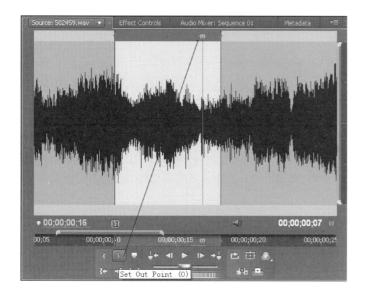

图8-12　用源面板设置音频素材的入点和出点

8.3.2　调整音频持续时间与速度

可以根据需要更改音频的持续时间。具体设置方法是：右
击时间线窗口中的音频素材，从出现的快捷菜单中选择Speed/
Duration（速度/持续时间）命令，打开Clip Speed/Duration
对话框，在其中可以设置音频素材的播放速度、持续时间等参
数，如图8-13所示。

图8-13　音频速度与持续时间对话框

Speed（播放速度）选项用于设置音频素材的播放速度。
当速度设置为100%时，按源素材的速度进行回放；当速度小于
100%时，将进行慢放；当速度大于100%时，将进行快放。

Duration（持续时间）选项用于设置音频素材的持续时
间。

【联结】图标，用于设置播放速度和持续时间是否关
联。当两者相互关联时，只需改变速度值，持续时间就会同
步变化；改变持续时间值，速度也会同步变化。单击【联
结】图标使之变为断开（解除联结）状时，可以分别设置速
度或持续时间。设置完成后单击【OK】按钮，即可看到音频持续的时间将发生
相应的变化。

8.3.3　调整音频增益

音频增益是指音频素材中音频信号的声强高低，可以根据需要进行调整。使
用选择工具在时间线面板中选定要调整增益的音频素材，再从菜单栏中选择Clip
（素材）/Audio Options（音频选项）/Audio Gain（音频增益）命令，打开Audio
Gain（音频增益）对话框，如图8-14所示。

图8-14 音频增益对话框

要调整音频增益，只需在Audio Gain对话框中选中Set Gain to（设置增益为）选项，再在增益框中输入0~96的dB（分贝）值即可。

Adjust Gain by（调整增益依据）选项，可以设置一个用于调节增益的基准分贝值。

Normalize Max Peak to（标准化最大峰值为）选项，可以设置标准化的最大峰值分贝。

Normalize All Peak to(标准化所有峰值为)选项，可以将所有峰值设置为某个标准化的分贝值。

8.3.4 调节音量

音频素材的音量可以根据需要进行调整，我们既可以在效果控制台面板中进行调整，也可以利用关键帧来设置。

8.3.4.1 用效果控制台面板调节音量

添加音频素材后，只需选定该素材，即可在Effect Controls（效果控制台）面板中出现Volume（音量）选项，展开该选项，即可利用Level（电平）选项进行音量调节，如图8-15所示。

图8-15 音量选项

Volume（音量）中的选项包括两个，其中Bypass（旁路）选项用于忽略一些不必要的声音；Level（电平）选项用于调节音量大小。

8.3.4.2 用关键帧调节音量

借助于时间线中的关键帧，可以使音频在不同时间段的音量表现不同，具体设置方法如下：

① 展开要调节音量的素材所在的音频轨，如图8-16所示。

图8-16　展开音频轨

② 单击【显示关键帧】按钮，从出现的菜单中选择Show Track Keyframes（显示轨道关键帧）选项。

③ 将播放头移动到要设置关键帧的位置，然后单击Add-Remove Keyframes（添加/删除关键帧）图标，即可在当前位置添加一个关键帧，用同样的方法在需要调整音量的位置添加其他关键帧，如图8-17所示。

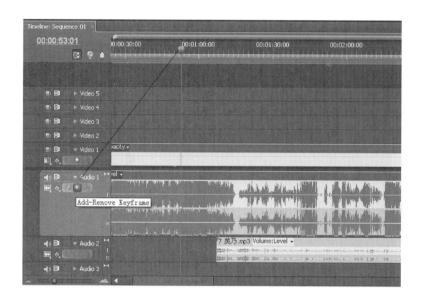

图8-17　添加关键帧

④ 上下拖动关键帧，即可改变该时刻的音量；左右拖动关键帧，则可以改变关键帧的位置。如图8-18所示。

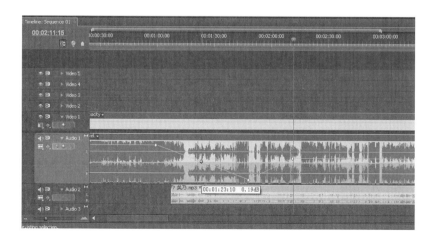

图8-18　改变关键帧处的音量

159

8.4 音频效果的添加

8.4.1 使用音频效果

音频效果是Premiere Pro CS5音频处理的核心,可以根据需要对音频素材应用混响、延时、均衡、消除噪声、左右声道控制等音频效果。

音频效果种类位于Effects(效果)面板的Audio Effects文件夹中。音频效果包括用于处理5.1音频系统的"5.1"文件夹、用于处理立体声音频系统的"Stereo"(立体声)文件夹和用于处理单声道音频系统的"Mono"(单声道)文件夹。如图8-19所示。

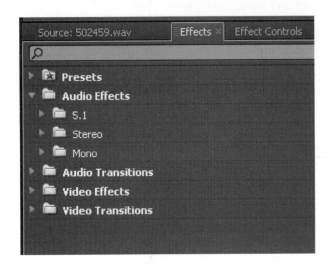

图8-19 音频效果文件夹

应用音频效果的方法是,展开Effects面板中的Audio Effects文件夹,根据当前音频轨道的类型再展开相应的文件夹(如"Stereo"文件夹),从文件夹列表中选择需要应用的效果,然后将其拖入时间线面板中的音频素材上,如图8-20所示。

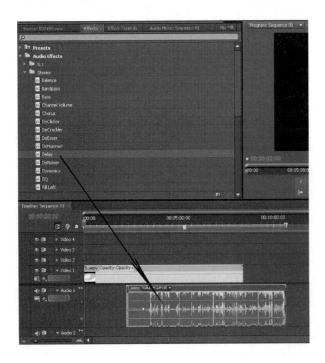

图8-20 将音频效果应用于音频素材

160

添加音频效果后，在时间线的音频素材的下方将显示一条紫色的直线。选定应用了效果的音频素材，再打开Effect Controls（效果控制台）面板，即可对所应用的效果进行参数设置。

8.4.2 立体声音频效果的种类

打开Effects面板的Audio Effects文件夹，其中的Stereo文件夹包含有以下音频效果种类，如图8-21所示。

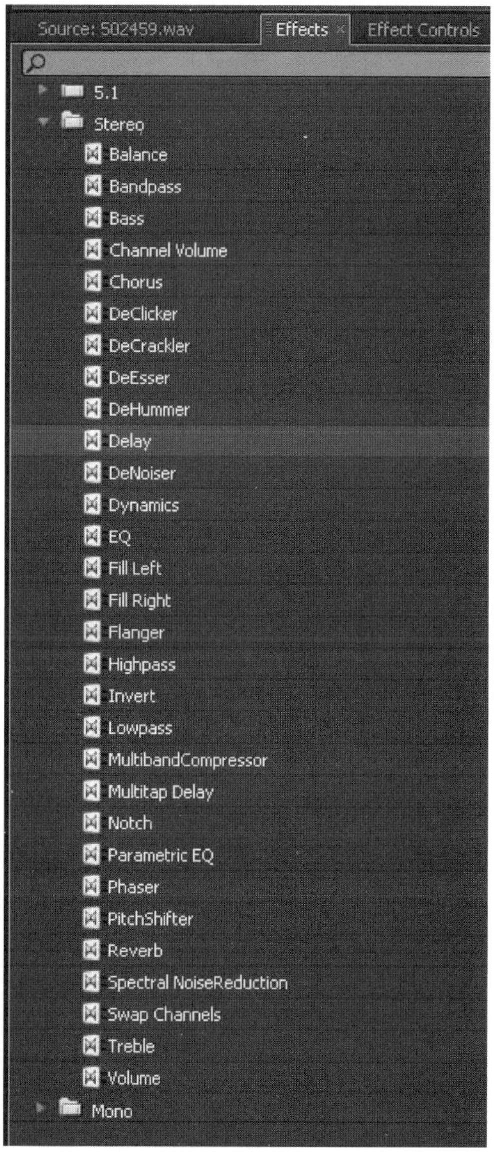

图中：

Balance（平衡）；

Bandpass（带通）；

Bass（低音）；

Channel Volume（通道音量）；

Chorus（合唱）；

DeClicker（咔嚓声消除）；

DeCrackler（咔嗒声消除）；

DeEsser（嘶声消除）；

DeHummer（背景噪声消除）；

Delay（延时）；

DeNoiser（噪声消除）；

Dynamics（动态）；

EQ（均衡）；

Fill Left（填充左声道）；

Fill Right（填充右声道）；

Flanger（镶边）；

Highpass（高通）；

Invert（反转）；

Lowpass（低通）；

Multiband Compressor（多频段压缩器）；

Multitap Delay（多重延时）；

Notch（凹槽）；

Parametric EQ（参数均衡）；

Phaser（移相器）；

Pitch Shifter（音高转换器）；

Reverb（混响）；

Spectral NoiseReduction（频谱降噪）；

Swap Channels（交换通道）；

Treble（高音）；

Volume（音量）。

图8-21 立体声文件夹中的音频效果

各种效果器的作用及参数设置参考本书3.3及6.12章节的相关内容。

8.5 音频转场效果

如果音频轨中有两个相邻的音频素材，则可以在两者之间设置过渡效果。音频的转场效果与视频转场特效相似，它们也可以使两段音频进行平滑过渡。

Permiere Pro CS5内置了三种音频转场效果。在Effects（效果）面板中展开Audio Transitions（音频转场）选项，再展开其下方的Crossfade（交叉淡入淡出）选项，即可看到音频转场效果，如图8-22所示。

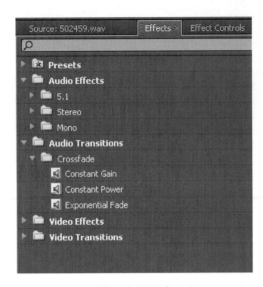

图8-22　音频转场效果

各个音频转场选项的含义如下：

（1）Constant Gain（恒定增益）：用于实现第一段音频淡出，第二段音频淡入的效果。

（2）Constant Power（恒定功率）：用于使两段素材的淡化线按照抛物线方式进行交叉，这种过渡效果很符合人耳的听觉规律。

（3）Exponential Fade（指数型淡入淡出）：用于使第一段音频在淡出时，音量一开始降得很快，到后来逐渐平缓，直到该段声音完全消失为止。

使用音频转场的方法很简单，只需将需要的过渡效果从Effects（效果）面板中拖入两个音频素材之间即可。

添加音频转场效果后，只需在时间线中选中音频转场，便可以在Effect Controls（效果控制台）面板中设置转场效果的参数。

第9章 多媒体制作软件Flash的音频编辑功能

Flash CS版本是美国Adobe公司在收购了Macromedia公司后由Flash发展而来的。利用其自带的矢量图绘制功能，并结合图片、声音以及视频等素材的应用，可以制作出精美、流畅的二维动画效果。通过为动画添加ActionScript脚本，还能使其实现特定的交互功能。与之前的版本相比，Flash CS5制作的动画表现力更强，对基于对象的动画和动画编辑器有了全新的改变，还增加了3D变形、IK反向运动、TLF文本引擎、全新的预设动画和代码片段等功能。Flash CS5一经推出，广受Flash动画设计、开发人员的青睐，成为动画开发的必备工具。

9.1 Flash CS5支持的音频文件格式

如果系统中安装了QuickTime4或更高版本，可以导入以下音频文件格式：
① MP3（Windows 或 Macintosh）；
② AIFF（Windows 或 Macintosh）；
③ Sound Designer II（仅限Macintosh）；
④ Sun AU（Windows 或 Macintosh）；
⑤ WAV（Windows 或 Macintosh）。

9.2 音频文件的导入与添加

要为Flash动画添加各种声音，必须先导入声音。

9.2.1 音频文件的导入

选择文件/导入/导入到舞台或导入到库命令，在打开的导入或导入到库对话框中选择要导入的音频文件，单击【打开】按钮，即可导入选择的音频。这时Flash会自动将它放入库中，在库面板的预览窗口中会显示选中声音的波形图。如图9-1所示。

9.2.2 音频文件的添加

当音频文件被导入Flash后，就可以在时间轴上添加

图9-1 自动添加至库面板

音频了。单击想要加入音频的起始关键帧，从库面板中将音频拖曳到舞台上。如果该帧后面有波形出现，则表示加入音频成功。可以将多个音频分别放在独立的层上，每个层作为一个独立的声音通道。如图9-2所示。

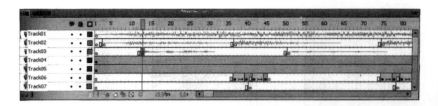

图9-2　添加声音

9.3 声音面板的操作

9.3.1　名称

导入多个音频文件时，可以根据需要选择声音。单击声音层的任意一帧，在属性面板的"名称"下拉列表框选项中会列出所有导入的音频文件，在此可以选择更换或添加声音，如图9-3所示。

图9-3　"名称"选项

9.3.2　效果

效果指Flash内置的声音效果，"效果"选项有如图9-4所示的几种设置。

图中：

无　不使用音效；

左声道　只在左声道发出声音；

右声道　只在右声道发出声音；

向右淡出　左声道淡出而右声道淡入；

向左淡出　右声道淡出而左声道淡入；

淡入　声音从无声逐渐增大；

淡出　声音逐渐减小到无声；

自定义　可自行设置声音的变化，选择此选项后，将弹出"编辑封套"对话框。

图9-4　"效果"选项

9.3.3　同步

"同步"选项如图9-5所示。

（1）事件　声音事件必须完全下载后才能开始播放，且不一定与动画同步。除非遇到明确指令，否则声音将一直播放直到结束，并且到了下轮又会重新播放。因此如果声音文件比动画长，就会造成声音的重叠。这种播放类型对于体积大的声音文件来说非常不利，适用于体积小的声音文件。

（2）开始　声音不与动画同步，但也不会造成声音重叠。与事件不同的地方在于，声音在前一轮播放没有结束的情况下，下轮不会马上开始播放，而是前轮播放结束后才开始新的播放。它会在播放音效前检查同一音效是否正在播放，如果发现同一音效正在播放，就会直接忽略播放音效的设定。

（3）停止　该选项使声音从影片中的某一帧开始停止播放。

（4）数据流　只要下载一部分，声音就可以开始播放，并与动画同步。如果动画停止播放，声音也会停止。这种播放类型一般用于体积大、需要同步播放的声音文件，例如，Flash MV中的MP3声音文件。在浏览过程中，可能会因为要保持声音与画面的同步而放慢画面的播放速度。

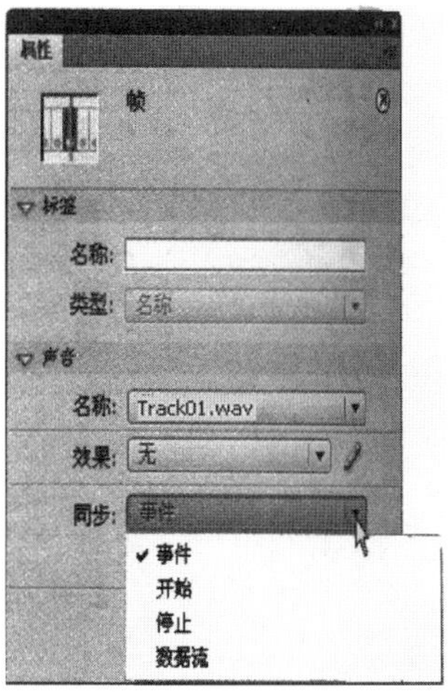

9.3.4　重复与循环

在"重复"下拉列表中，可以选择声音是重复播放还是循环播放，如图9-6所示。当选择"重复"
选项（此选项为默认设置）时，可以在后面的文本框中设置重复播放声音的次数。

图9-5　"同步"选项

图9-6　"重复"与"循环"选项

9.4　Flash CS5音频编辑技巧

9.4.1　设置背景音乐的循环播放

在Flash动画制作中，有时会要求背景音乐不断循环播放，此时只需在Flash中进行简单的设置即可。

将音乐文件导入Flash后，保持设置属性为默认的"事件"播放一次。假设动画长300帧，如果希望音乐一直回放，就需要反复播放这段声音，可以采用如下方法设置：用鼠标单击声音层的任意一帧，在属性面板的"同步"选项中设置声音属性为"开始"，在"重复"中设置希望循环的次数，如图9-7所示。这样，既可反复播放这段音乐，又不会重叠。

图9-7　设置声音循环播放

所设置的循环次数的数值大小与文件大小无关，因为无论设置为多少次，Flash只存储一份原始的声音文件。还有一种情况是，整个动画的时间线比声音文件长得多，要想反复播放这段声音，也可以利用"重复"选项，输入适当次数即可。

9.4.2 淡入、淡出效果

在很多动画片中，音乐都有一个由弱到强再转弱，最后渐渐隐去的过程。要实现这种声音的淡入淡出的效果，需要用到声音编辑功能。

首先用鼠标选中要编辑的声音层的任意一帧，在属性面板中单击【编辑声音封套】按钮，弹出"编辑封套"对话框，如图9-8所示。

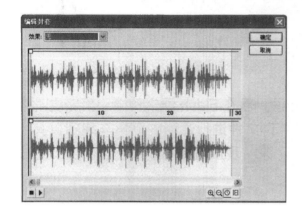

图9-8 "编辑封套"对话框

（1）制作淡入效果 在"效果"下拉列表框中选择"淡入"选项，则可制作出声音淡入的效果，如图9-9所示。

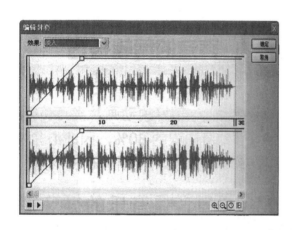

图9-9 淡入效果

（2）制作淡出效果 在"效果"下拉列表框中选择"淡出"选项，则可制作出声音淡出的效果。

以上声音的淡入淡出效果，是由系统自动设置的。如果希望自己设定整个声音的变化效果，就要用到"自定义"选项了。

在Flash中，将声音分成左、右两个声道，"编辑封套"对话框中，上面代表左声道，下面代表右声道，如图9-10所示。各手柄及按钮的功能如下：

（1）"开始点"/"结束点"手柄 拖动"开始点"及"结束点"手柄，可以改变声音的起始及终止点。拖动"开始点"手柄，声音将从所拖到的位置开始播放；同样，拖动"结束点"手柄，声音将在拖到的位置结束。这是一种很好的方法，不仅可以去除声音中不需要的部分，还可以运用同一声音的不同部分产生不同效果。

（2）"声音控制点"手柄 拖动"声音控制点"手柄，可以改变声音在播放时的音量大小。若需要增加控制点（最多8个），只需要在控制线上单击；若需要删除控制点，将其拖出窗口即可。

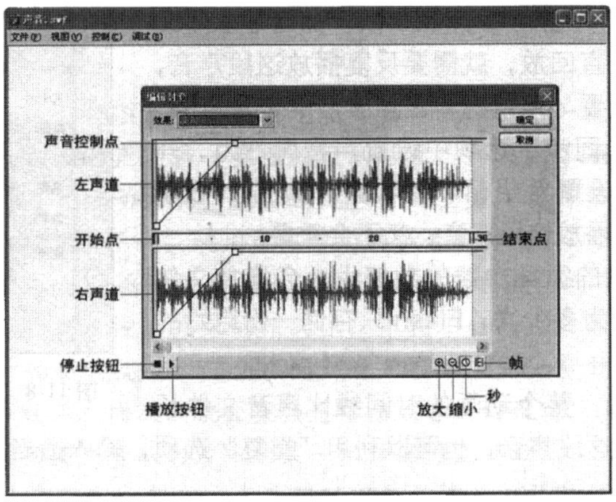

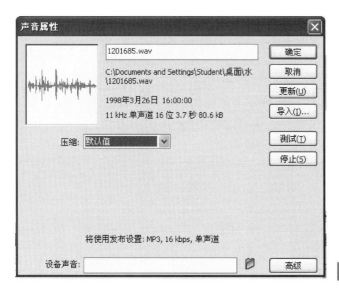

图9-10　"编辑封套"对话框的手柄及按钮

（3）"放大"/"缩小"按钮　使用这两个按钮可以使窗口中的声音波形图样以放大或缩小模式显示。这些按钮可以对声音进行微调。

（4）"秒"/"帧"按钮　"秒"/"帧"按钮可以转换窗口中央的标尺，使其按秒数或者帧数来度量声音波形图样。要计算声音的持续时间，可以选择以秒为单位；若要在屏幕上将视频与声音同步，则选择帧为单位更好，因为它确切地显示出了时间轴上声音播放的实际帧数。

9.4.3　声音的压缩

有时在Flash中添加的声音文件较大，如制作Flash MV时添加的MP3音乐，这样的Flash影片发布到网上后，下载速度很慢。那么怎样才能将Flash影片压缩到合适的大小而又不影响动画的效果呢？首先必须对声音进行压缩，并设置适当的压缩参数。

9.4.3.1　压缩声音的操作步骤

① 在库面板中，双击声音文件前的图标，或者选择库面板中的一个声音文件，然后单击面板底部的【属性】按钮。

② 弹出如图9-11所示的"声音属性"对话框。如果声音文件在外部的声音编辑器中压缩过，单击【更新】按钮。

③ 在"压缩"下拉列表中选择压缩格式，如图9-12所示。

图9-11　"声音属性"对话框

167

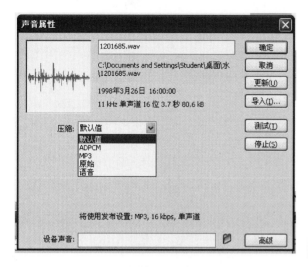

图9-12 "压缩"下拉列表

9.4.3.2 压缩格式

（1）默认值格式 默认值压缩方式是Flash提供的一个通用的压缩方式，可以对整个文件中的声音用同一个压缩比进行压缩，而不用分别对文件中不同的声音进行单独的属性设置，避免了不必要的麻烦。

（2）ADPCM格式 ADPCM格式常用于压缩诸如按钮音效、事件声音等比较简短的声音。选择ADPCM选项会出现不同的设置选项：

① 预处理：选中该复选框，可以将混合立体声转为单声道，文件大小相应减半。如果声音已经是单声道，那么该选项将不起作用。

② 采样率：可在此选择一个选项以控制声音的保真度和文件大小。较低的采样率可以减小文件大小，但同时也会降低声音的品质。5kHz采样率仅能达到人说话声的质量。11kHz采样率是播放一段音乐所要求的最低标准，所能达到声音质量为1/4的CD音质。22kHz采样率的声音质量可达到一般的CD音质，也是目前众多网站所选择的播放声音的采样率。鉴于目前的网络速度，建议采用该采样率作为Flash动画中的声音标准。44kHz采样率是标准的CD音质，可以达到很好的听觉效果。

③ ADPCM位：用于设置编码时的比特率。数值越大，生成的声音的音质越好，而声音文件的体积也就越大。

（3）MP3格式 使用该方式压缩声音文件可使文件体积变成原来的1/10，而且基本不损害音质。这是一种高效的压缩方式，常用于压缩较长且不用循环播放的声音，这种方式在网络传输中应用广泛。

① 比特率：MP3压缩方式的比特率决定导出声音文件中每秒播放的位数。设定的数值越大得到的音质就越好，而文件体积也会相应地增大。Flash支持8～170kb/s CBR（恒定比特率）的速率。但导出音乐时，需将比特率设置为170kb/s或更高，以获得最佳效果。

② 品质：用于设置导出声音的压缩速度和质量，有三个选项，分别是Fast（快速）、Medium（中等）和Best（最佳）。"快速"可以使压缩速度加快而降低声音质量；"中等"可以获得稍慢的压缩速度和较高的声音质量；"最佳"可以获得最慢的压缩速度和最佳的声音质量。

（4）原始格式 选择该选项在导出声音时不进行压缩。

（5）语音格式 语音压缩选项，如果要选择一个特别适合于用语音的压缩方式导出声音，可以使用该选项。

第10章　声音制作常用插件介绍

10.1　概述

　　所谓插件，就是"插入"到主工作站软件内来使用的软件程序。很多插件本身是不能独立运行的，而要依靠主工作站软件来运行。例如，将插件程序安装到Nuendo中，然后在Nuendo软件里调用这个插件，这样，插件就如同Nuendo的一部分一样。因此，像Nuendo这样的主工作站软件，我们称之为"宿主"软件，而插件就像宿主体内的一部分，要依靠宿主来运行。

　　插件使用起来非常方便，而且它与传统硬件最大的不同就在于它的声音不用通过声卡来录制成音频，而是可以通过算法直接生成音频，没有任何音质的损耗。

　　现今的插件有许多格式，相互之间有的可以通用，有的不能通用。有的插件是开放源码的，任何人都可以自己开发此类插件；而有些是不开放的，只有授权的公司可以开发相应的插件。有些还需要特别的硬件支持才能工作在最佳状态。

　　插件又分为音源插件和效果器插件两种。关于Nuendo自带的效果器插件已在本书6.13中介绍过。本章主要介绍几款第三方音源插件及效果器插件。

10.2　插件的格式

　　插件有很多的格式，DX/DXi和VST/VSTi是用得最多的插件格式。如果使用Mac OS X，那么就要使用AudioUnits格式。另外，还有其他的专业插件格式，必须有相应硬件配合才可以使用，例如Pro Tools的TDM、HTDM、RTAS格式，Creamware的Scope格式，VariOS的VariOS格式等。

　　下面介绍当前流行的不同格式的插件。

10.2.1　DX

　　DX是一类效果器插件，DX是DirectX的缩写。它是基于微软的DirectX接口技术的一类插件，这种效果器插件无论是Nuendo、Cubase还是Cakewalk、SONAY都可以使用。DX效果器种类非常多，几乎所有音频制作里用到的效果器都有DX格式的。

　　由于DirectX技术的开放性，现在已经有数不清的DX效果器，如混响、合唱、失真、镶边以及激励、压限等，其中有些是相当实用的效果器。DX效果器都是用来处理音频的，所以都要加载在音频轨中使用。MIDI轨不能使用DX效果器。安装

DX效果器很简单，并不需要专门安装在哪个文件夹里，插件自己会找到宿主的。而且安装完后看不到可执行程序，因为很多插件是不能独立运行的。当然，现在也已经有很多插件可以独立运行甚至本身就具备了工作站的性质。但是，由于DX效果器仍然是基于DirectX技术的，因此它的实时性能还不是很理想。

10.2.2 DXi

DXi是DirectX Instrument的缩写。它是软音源插件，由Cakewalk公司开发。这类插件的数量并不多，而且只能运行在Cakewalk SONAR系列软件上，Nuendo和Cubase上不能使用。

10.2.3 VST

VST是Virtual Studio Technology的缩写。它是基于Steinberg的"软效果器"技术，是以ASIO驱动为运行平台的，因此能够以较低的延迟提供非常高品质的效果处理。所以，要达到VST的最佳效果（也就是延迟很低的情况），声卡要支持ASIO。VST效果器种类非常多，它们的性能现在也已经相当好。

10.2.4 VSTi

VSTi是Virtual Studio Technology Instruments的缩写。它是基于Steinberg的"虚拟乐器插件"技术，和VST一样，声卡要支持ASIO才能发挥性能。VSTi软音源的种类也非常多，各种各样的软件音源数不胜数。能够使用这些VSTi插件的音乐软件称之为VSTi宿主，常用的有Nuendo、Samplitude（7.0以后的版本）、Cubase SX、FruityLoops、Orion、Project5等。由于VSTi虚拟乐器就是软音源，所以只能加载在MIDI轨上。

需要注意的是，VST、VSTi插件与DX、DXi插件不同，不是安装在哪里都可以。VST插件的主要程序都在DLL文件中，而DLL文件必须放在指定的VST Plugins目录下，宿主在运行时才可以找到它们。

10.2.5 AU

AU的全称是Audio Units（音频单位），是Apple公司开发的效果器插件格式。它只支持Mac OS X系统，需要音频卡支持Core Audio驱动才能以极低的延迟工作。可加载AU插件的软件被称为AU宿主。同时，AU也具备虚拟乐器插件。

10.2.6 RTAS

RTAS全称为Real-Time Audio Suite（实时音频套件）。它是Digidesign公司开发的效果器/乐器插件格式，只能运行于Pro Tools软件中。它需要有Pro Tools音频设备或M-Audio声卡才可运行，可运行于Windows、Mac OS Classic、Mac OS X操作系统中，完全依靠电脑的CPU进行运算，而无法调用Pro Tools系统的DSP资源。它开放SDK二次开发包，但需要付授权费。

10.3 插件的调用

关于效果器插件的使用已在本书6.13中介绍过。以下是对音源插件使用方法的阐述。

　　音源插件的使用非常简单。在Nuendo的工程文件中，按快捷键［F11］，或者执行Devices菜单/VST Instruments（设备/VST乐器）命令，即可打开VST Instruments窗口。

　　可以看到，音源插件的加载窗口如同"机架"一般，一共有64个机架位。也就是说，从理论上可以同时加载64个软音源插件。当然，实际上能加载的数量依赖于电脑的性能。

　　在空白的机架上单击鼠标左键，即可看到Nuendo自带的及已安装的第三方软音源插件目录，如图10-1所示。

图10-1　打开音源插件目录

　　在音源插件的列表中选择一个音源，就可以立即加载该VSTi插件，同时该VSTi的主界面也会自动弹出来，这个机架中也会显示这个VSTi的名称，如图10-2所示。

图10-2　加载吉他音源插件

在这个VSTi插件名称的下一栏，可点击打开这个音源插件的预置音色列表，并可以在这里选择需要的音色。当然，也可以在音源插件界面上的预置音色框中选择需要的音色。机架上的e按钮可以显示或隐藏VSTi的界面。

关闭机架上这个音源插件的开关按钮，该VSTi会暂时停止工作。如果要关闭VSTi，单击VSTi的名称，并在菜单中选择No VST Instrument即可。

加载了VSTi虚拟乐器之后，就可以在MIDI轨上使用了。建立一条MIDI轨，在这条MIDI轨的轨道属性栏的MIDI输出端口下拉菜单中即可看到已经加载的音源插件，将MIDI输出端口设置为音源插件后，打开该轨上的监听键或者录音预备键，在MIDI键盘上进行演奏，就可以听到当前VSTi所选音色的声音了。

如果感觉到按下琴键后有延迟现象（过一会儿才听到声音），说明声卡的ASIO延迟时间调得太大，或者没有设置声卡的ASIO驱动。

加载VSTi插件之后，在MIDI轨下面就会出现一个叫做VST Instruments的音轨。单击音轨前的文件夹符号，展开音轨，这里又列出了所有已经加载的VSTi名称的音轨，即音源插件所使用的音频通道。也就是说，这里显示的是插件的声音通道，插件的声音通过这里发出来。如图10-3所示。

对于大多数插件而言，在加载后，无论在插件的界面上，还是在MIDI轨上，都可以看到它的音色表，在音色表中选择需要的音色即可。这和硬音源的用法是一样的，包括音色搜索也都一样。

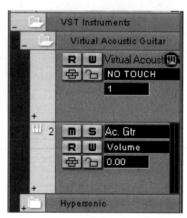

图10-3　VSTi的音频通道

绝大多数音源插件的音色表位置都是一样的。但是，也有少数音源插件的音色表只能在其界面中选择，例如一些采样器类型的音源插件。另外，还有一些音源插件只具有一种音色，因此根本没有音色列表。

很多综合类的音源插件和硬音源一样支持16条MIDI通道，也就是可以同时有16条MIDI轨来使用这个插件的不同音色。有的插件甚至支持更多的MIDI通道。可以像使用硬音源一样，同时在多条MIDI轨上使用该音源插件的不同音色。一般需要在插件的界面上给不同的音色选择不同的MIDI通道。但是，也有很多的音源插件是单通道的，只支持一个MIDI通道，这就意味着加载这个插件后，只能使用它的一种音色，尽管它具备很多的音色预置，但不能同时用多个，只能用一个。对于这种单通道的音源插件，如果想同时使用它的多个音色，就只能再加载一个同样的插件了。

10.4　实用音源插件简介

其实，制作音乐只靠Nuendo本身自带的音源插件是远远不够的。使用Nuendo的意义就在于用它作为工作站平台，来使用其他各种各样的音源插件。目前，音源插件除了Steinberg公司自己出品的一些插件，还有更多其他公司出品的第三方插件。这些插件品种非常丰富，无论是传统管弦乐音色、电声乐队音色还是电子合成音色，都应有尽有，而且在不断出新。可以这么说，这些软音源插件几乎可以取代传统的硬件音源了，而品质也完全可以与传统硬件相抗衡。

虽然第三方插件本身并不属于Nuendo软件的范畴，但是，就像使用Photoshop必须要使用第三方的滤镜等插件一样，第三方的音源插件也是使用Nuendo软件所离不开的。下面简要介绍目前制作动画音效常用的一些音源插件。当然，插件的版本也在不断更新，新插件更是层出不穷，此处介绍的仅是目前比较常用的一些。

10.4.1 波表综合音源——Hypersonic2

Hypersonic2是Steinberg公司出品的拳头产品，也是目前最全面最实用的综合类波表软音源，它的性能、功能及音色品质绝对不亚于任何一台硬件音源。音色容量1.7GB。Hypersonic2兼容多种插件格式，包括VST、RTAS、AM、DXI等目前最常见的插件格式。也可以作为一个独立程序来运行用于现场演奏。如图10-4所示，下面简单介绍Hypersonic2的界面与参数。

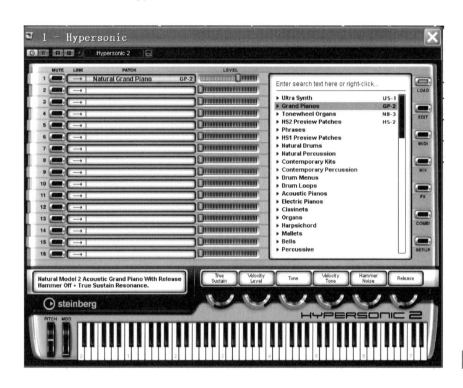

图10-4 Hypersonic2界面图

10.4.1.1 MIDI通道设置区

Hypersonic2和硬件音源一样，提供16个通道，也就是说它可以同时使用16种音色。

（1）Mute:静音，关闭所选通道。

（2）Link:链接，当用鼠标把横向箭头变成弯折箭头时，就可以制作复合音色，使上下两个或多个通道的音色同时发声。

10.4.1.2 音色选择区

启动Hypersonic2之后，默认的显示是导入音色功能，只要在左边的MIDI通道区用鼠标单击需要被加载音色的MIDI通道，然后在右边的音色区找到需要的音色，双击该音色名称就可以成功加载到通道上。

10.4.1.3 音色控制区

音色控制区通过六个控制轮来对音色进行一定程度的修饰。需要注意的是，根据选择的不同音色，这六个控制轮所代表的参数也是不尽相同的。

10.4.1.4 虚拟键盘区

用鼠标点击键盘可听到所选的音色，弹奏硬件MIDI键盘的时候，这个虚拟键盘的键及弯音轮、调制轮也会同步动起来。

10.4.1.5 功能区

功能区包括七个按钮，点按可以打开相应的功能界面，以下分别加以阐述。

（1）导入音色界面　启动Hypersonic时，软件默认的就是导入音色界面，如图10-4所示。右边是音色库列表，每一组音色又包含若干个音色。

（2）整体设置界面　单击Setup按钮，就可以进入Hypersonic2的设置对话框，如图10-5所示。在这里，可以对Hypersonic2进行整体的设置。

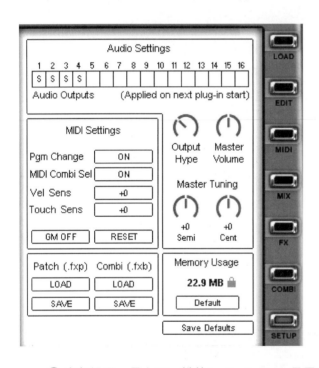

图10-5　整体设置界面

① 音频设置　最上面一排的Audio Settings是用来设置输出端口的。默认的情况一般是4个音频输出口，推荐设置为16个音频输出端口。这样以后我们就可以在MIX窗口里为每个MIDI通道分配一个独立的音频输出端口。特别是当Hypersonic作为插件使用时，就可以通过音频端口与MIDI通道音色形成一一对应的关系，在其音频端口轨道上添加第三方的音频插件，从而取得更加良好的效果。需要注意的是，当我们设置好了之后，不能马上应用此设置，必须重启软件才能应用。总输出设置旋钮一共四个，功能如下：

Output Hype旋钮　用来控制整体激励效果，类似于母带处理效果器的作用，增强声音的穿透性。

Master Volume 主控音量旋钮　用来控制所有通道音色总体的音量大小。

Master Turning 主控音高调整　有两个旋钮，一个是粗调，单位是半音；另外一个为微调，单位是音分。它们可以控制所有音色所有端口总体的音高变化。

② MIDI Setting　MIDI设置各项功能含义如下：

Pgm Change　音色程序的改变。如果设置为Off,将不能被主叫程序控制音色的变化。

MIDI Combi Set　组合音色的链接。通过MIDI的方式来控制这些组合音色。

Vel Sens　力度发送，添加值，可以得到更大的力度值。

Touch Sens　触后发送，添加值，可以增强触后发送的量。

GM　GM标准MIDI设置。如果打开GM,那么Hypersonic的音源音色就都变成GM的。

RESET　重置，把以前做的设置恢复到出厂设置。

③ 内存占用　内存占用设置有以下三个选项。

ECO　简单模式，用于节约内存。

Default　默认模式，出厂设定。

XXL　超采样，高品质模式。

④ 保存音色组合参数　保存用户自己设定的音色参数和音色组合参数，也可以重新导入保存后的文件，文件格式为fxp和fxb，主要是用于宿主程序无法记录Hypersonics的音色修改参数时的一个补救措施。

（3）音色组合链界面　Hypersonic2有一个Combi功能，可以把多个Combis的音色组合排列顺序，实现快速选单功能，这个对于现场演出是非常实用的一个功能。

图10-6所示的就是组合链里的设置，这里总共提供了128个槽位来装载组合音色。两个大大的互为反向的三角形就是组合链的快捷选择键，Previous是后退一步，Next是向下一步。可以使用MIDI键盘上的一些旋钮、按钮或者踏板来控制Hypersonic2上面的按钮。在此，我们可以在Previous/Next按键上右击鼠标，在其下拉控制列表中选择自己认为最方便使用的控制器。保存就单击界面上的SAVE按钮，而导入则是单击LOAD按钮，CLEAR按钮则是用来清空链槽的。

在Preload Mode(预载模式)里，Hypersonic2提供了三种模式供用户进行选择：第一种是OFF，意思是没有预先载入的功能；第二种是Next,意为下一个音色组合预先载

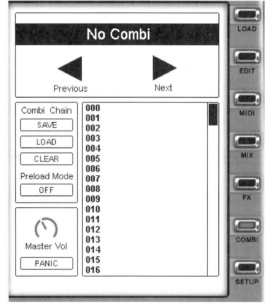

图10-6　音色组合链界面

入；第三种是FULL，意思是把该链条里所有的音色组合都载入到内存。如果用户的电脑内存足够大，那么推荐选择FULL模式。如果出现音色持续响个不停，那么单击PANIC按钮就可以解决这个问题。

那么怎样载入音色组合Combi到需要的槽位号上面去呢？其实只要在需要载入的槽位号上右击鼠标选择需要的音色组合就可以了。

在实际演奏中，用户往往需要把单个的音色进行演奏顺序的排列。利用这个音色组合链也可以办到，方法是：在第一通道上导入一个需要被演奏所使用的音色，然后在其音色名称上右击鼠标选择Save Combi命令，可以设定一个用户自己的Combi名称，推荐使用原音色名称，单击SAVE按钮进行保存，在Load的音色导入界面内我们看到User Combis里就有了这个被保存的音色。然后其他音色也按照相同的办法进行设定，使其都集中在User Combis里。这样回到Combi界面上，在

槽位上右击鼠标就会发现刚才载入到User Combis里的音色。我们按照需要的顺序排列起来将其保存，演出时就可以一次调用了。需要注意的是，所有的单音色都要在第一通道里进行Save Combi。

（4）效果器设置界面　Hypersonic2本身带有强大的效果器，可以使用这些效果器处理音色，得到我们想要的声音。单击FX功能按钮，即可进入效果器设置界面，如图10-7所示。

在Hypersonic2里面，效果器分为全局效果器和单音效果器。全局效果器Global FX包含四组效果器，针对Hypersonic里所有的音色，类似于调音台里利用辅助总线发送的效果器。单音效果器Patch FX也有四组效果器，但是只对当前的音色有效，类似于调音台里的插入式效果器。

效果器的添加按种类名称来查询，Hypersonic2内置了各种各样的效果器种类，如合唱、延迟、失真、动态、均衡、滤波等共12种，每个种类里都有若干效果器可以使用。另外还有一个用户效果组，用户自己调整的效果保存后，可以在这个User Effects里找到自己制作的效果，方便下次使用时调入。

可以给每个可以调节的旋钮赋予一种控制轮事件，在某个旋钮上右击鼠标选择一个空的控制轮号，那么该控制轮就可以控制这个旋钮了。

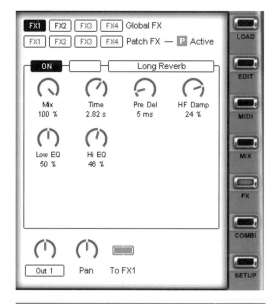

图10-7　效果器设置界面

（5）混音界面　单击MIX按钮，就进入到Hypersonic2的混音界面，在这里可以对16个通道上的不同音色进行混音编辑，如图10-8所示。图中：

① PAN(声像)：用来控制该MIDI通道的立体声声像定位功能。可以被10号控制轮控制，右击鼠标可以改变成任意一个控制轮并接受该控制轮的控制。

② OUT(输出)：选择不同的音频输出通道。Hypersonic2有16个立体声输出通道，可以分别对应于这16个MIDI通道。给予每个MIDI通道以独立的音频输出，这样我们就可以在后期混音中轻松地为每个MIDI音色进行混音效果处理了。

③ FX1~FX4：设定每个MIDI通道上效果的发送量。

④ P键：用来在全局效果和单音效果器之间进行切换。

（6）MIDI设置界面　单击MIDI按钮，即可以打开MIDI参数设置的界面，如图10-9所示。这个窗口里的设置基本上没什么可以修改的，一般来说保持默认即可。图中：

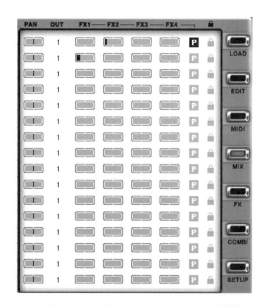

图10-8　混音界面

① KEY RANGE(键范围)：实际就是修改该音色的音域范围，默认是最大值。

② VEL RANGE(力度范围)：可以调节力度大小的范围变化。

③ SEMI：音程，可以小二度为一个单位进行临时移调。

④ CENT：音分，把一个小二度分成一个单位进行音高微调。

⑤ VOICES：复音数，通过这个参数可以修改该音色最大同时能发响多少个音符的限制。

(7)音色编辑界面　音色编辑界面是Hypersonic2里很重要的一个界面，因为合成器最重要的功能就是可以自己编辑音色。单击EDIT按钮即可进入到音色编辑窗。如图10-10所示，通过这个音色编辑界面，我们可以把整个音色修改成完全不同的状况，编辑出自己需要的音色来。编辑界面里分为基本的三个功能区：左边方框所示的是效果器链；上方区域是音色调整的模式方式；下方区域是琶音功能区。

① 效果器链　增加了右键菜单功能，直接在按钮的下方单击鼠标就可以添加更多的效果器。

② 音色编辑窗的上半部分　主要是用来控制音色的发音状态。

Mono Mode　单音模式。
Glide Mode　滑音模式。
Glide Time　调整滑音时间。
Bend Up/Down　调整向上弯音和向下弯音的范围。
③ 音色编辑窗的下半部分　是琶音器，几乎每个音色都

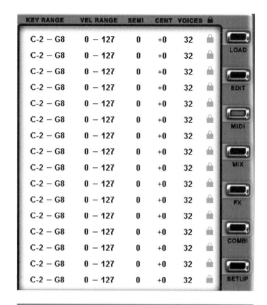

图10-9　MIDI设置界面

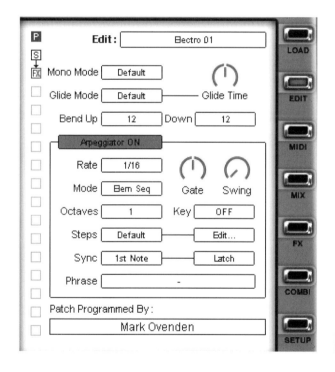

图10-10　音色编辑界面

可以添加琶音器。单击Arpeggiator ON，就可以为这个音色打开琶音器。

Rate　选择琶音的基本单位。
Gate　门限，可以用来修改琶音过后每个音符的延音长短。
Swing　摇摆，适当地增加一点可以使琶音效果更加人性化。
Mode　模式，可以选择多达九种的常规琶音效果，但是最强大的还是其短乐句功能。在Phrase栏里有多达10个类型的短乐句可供选择，每个类型还有若干个子类型可以进行实际运用。用户还可以通过导入MIDI的方式来进行扩充。

10.4.2 采样综合音源——Colossus "巨人"

Colossus是East West公司出品的超级采样音源，无论在作曲、电影配乐、多媒体制作及现场演奏方面，Colossus都有卓越的表现。32位256复音的专业音质能使作品更加丰富、华丽，层次突出。它包括了160种乐器采样，各种乐器音色总容量高达32GB之巨，是迄今为止第一款具备如此超高音质的综合音源。Colossus支持多种插件格式，也可以独立运行。音色库包括：

① Acoustic Drumkits（原声鼓组）；

② Acoustic Guitar Family（原声吉他）；

③ Choir Bank（人声合唱）；

④ Electric Bass and Upright（电贝司）；

⑤ Electric Guitar（电吉他）；

⑥ Electric Drumkits（电子鼓组）；

⑦ Ethnic Percussion（民族打击乐）；

⑧ GM Bank（GM音色库）；

⑨ Keyboard（键盘乐器）；

⑩ New Age Ensembles（新时代合奏音色）；

⑪ Orchestra（管弦乐）；

⑫ Pianos E.Pianos（钢琴、电钢琴）；

⑬ Pop Brass（流行铜管）；

⑭ Stormdrone MOD（效果音色）；

⑮ Synth Bass（合成贝司）；

⑯ Synth Leads（合成独奏音色）；

⑰ Synth Pads（合成背景音色）；

⑱ Vintage Orangs（经典风琴）。

Colossus的界面使用的是Native Instruments公司出品的软采样器Kompakt的外壳，目前EW公司的其他很多产品也都采用Kompakt采样器的外壳，它们的功能及操作界面都是一样的，不同的只是音色而已，所以使用起来非常方便。不过有一点需注意，使用Kompakt软件采样器必须安装一个第三方的插件DFD（Drict From Disc），作用是让Kompakt直接从硬盘读取音色。此软件为免费软件，可在网上下载安装。以下对Colossus的界面进行阐述，如图10-11所示。

图10-11　巨人音源的界面

10.4.2.1 MULTI栏目

Colossus一次只能使用8个音色,如果要使用更多的音色,就只能再挂一个"巨人"了。Colossus最多有8条立体声音频轨道输出,因此可以把8个音色——对应到这8个音频输出上。如图10-12所示。

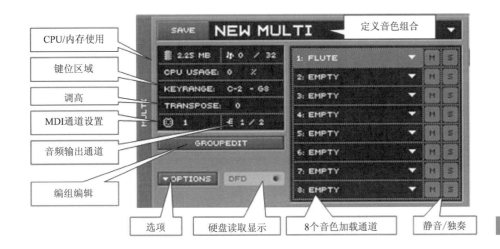

图10-12 音色加载栏

左侧标注:
CPU/内存使用
键位区域
调高
MDI通道设置
音频输出通道
编组编辑

下方标注:
选项 硬盘读取显示 8个音色加载通道 静音/独奏

10.4.2.2 INSTRUMENT栏目

如图10-13所示。

图10-13 音色设置栏

最上面的SAVE按钮可以用来存储用户修改后的音色,显示的就是当前的音色名称。我们修改了下面的旋钮参数之后,就可以更改这个名称,然后单击SAVE按钮保存起来,以便下一次调用。INSTRUMENT栏分为三个部分来调整,它们分别是:SAMPLER(采样器)、FILTER(滤波器)和INSTRUMENT AMP(乐器放大器)。

(1)SAMPLER(采样器) 采样器有两个旋钮,分别是VELOCITY CURVE和GLIDE。

① VELOCITY CURVE:力度曲线。调整这个旋钮可以使它旁边的图形发生变化,可以选择直线、正切线和余切曲线。

② GLIDE:斜率。通过它们的调整可以改变这个音色在其MIDI键盘上力度响应的变化,是一个比较实用的功能。

(2)FILTER(滤波器) 滤波器是属于可激活的功能,当只有FILTER栏处于高亮状态的时候,下面对应的旋钮才能起作用。

① CUT OFF:频率截止的意思,可以用来截掉音色频段上某一个部分的频

179

率。截止的方式可以采用图10-13中下方6个图形显示的方式来进行。

② RESO：截止的精度，类似于我们在均衡器上看见的Q值那个功能。通过这个旋钮可以调整CUT OFF影响的范围和大小。

③ ENV：包络。

④VEL：用来控制扫频点的，但是各自是相反的。

（3）INSTRUMENT AMP.(乐器放大器)　这一项目是和音量有关的。

① VOLUME：音量。可以用来控制该乐器最终输出的音量。

② PAN：声像。用来控制当前乐器在立体声左右声道上所占的比例，和音频轨道上的PAN并无二致。

③ TUN：音高。可以用来控制乐器的音高，如果觉得有些音色音准不够，可以通过这个旋钮来调节。

10.4.2.3　MODULATION（调制）栏目

如图10-14所示。

图10-14　调制栏

调制栏中共有五个主要的控制旋钮：

（1）ATTACK(起音时间)　这个旋钮是用来控制起音时间的，起音时间越长，音头越弱，发音越缓慢。下面的CRV旋钮是用来控制这个起音曲线的，可以选择为直线、正切线、余切曲线。

（2）HOLD(保持)　这个旋钮是用来控制音量达到最大值时保持的时间长度。

（3）DECAY(衰减)　这个旋钮用来控制音量保持过后衰减的幅度大小。

（4）SUST.（延时）　这个旋钮是用来控制衰减后延迟量的电平大小。

（5）REL.(释放时间)　这个旋钮是用来控制声音最后消失的快慢。

10.4.2.4　LFO（低频振荡器）栏目

如图10-15所示。

图10-15　低频振荡器栏

低频振荡器分为以下几种：

（1）VOLUME LFO(音量振荡器)　用来控制音量大小交替变化的效果，可以用来形成电子震音的效果。

（2）PAN LFO（声像振荡器）　用来形成声像左右晃动的效果，是电子音乐常用的一种手法。

（3）TUNE LFO（音高振荡器） 用来控制音高的振荡，使得音高交替上下移动。

（4）FILTER LFO(滤波振荡器) 滤波器主要用来控制频率的响应大小，通过这个功能可以形成音色忽暗忽明的效果。

（5）FREQ.和KEY 都是用来控制振荡频率的，只不过是互为相反的功能。

10.4.2.5 EFFECTS（效果器栏目）

如图10-16所示。

图10-16 效果器栏

效果器栏包含三种效果器，分别是REVERB（混响）、CHOURUS（合唱）、DELAY（延时）。只有当效果器名称栏处于高亮状态时，该效果器才能起作用。

（1）混响效果设置

① PRESET（预置）：厂家预置的效果参数。

② SIZE（尺寸）：混响空间的大小。

③ DAM(Damping)（衰减）：用来修饰效果声的衰减程度。

（2）合唱效果设置

① DEPTH（深度）：合唱深度，调整合唱效果的发生深度大小。

② SPD(Speed)（速率）：调整合唱效果的发生速率快慢。

（3）延时效果设置

① TIME（延时时间）：调整延时的时间长短。

② FDB(Feedback)（反馈）：调整延时效果的重复次数。

③ SYNC(同步)：同步于当前的速度设置。

另外，在每个效果器的下方有一滑杆，用来调节效果声与干声的比例。

10.4.2.6 MASTER FILTER（总滤波）栏目

如图10-17所示。

图10-17 总输出滤波栏

总输出滤波用于所有音色声音输出的滤波处理。在此有三段均衡可调及预置参数与三种滤波类型选择。只有当总滤波名称栏处于高亮状态时，该栏目才能起作用。

CutOff(截止频率)：每个频率点调节的截止频率。

Reso（共鸣强度）：每个频率点调节的音量增益。

Bandw(带宽)：每个频率点调节的范围。

10.4.3 打击乐节奏音源——Stylus RMX

Stylus RMX是Spectrasonics公司出品的富有现代气息的打击乐插件，带有大量自动鼓点Loop（循环套路），音色容量7.4GB，包含上千种节奏以及超过1000个跳跃、停止、撮盘效果，还有大量独立鼓件的音色。内置混乱（随机）设计器，只用简单的控制就可实现节奏的变化，并可生成标准的MIDI文件。界面如图10-18所示。

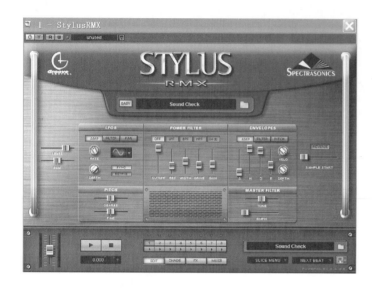

图10-18 Stylus RMX界面

10.4.3.1 选择音色

Stylus RMX的界面非常简洁大方。中间的屏幕状的窗口就是音色选择窗，单击它或者它右边的文件夹标志，就可以进入音色选择界面了。

音色选择界面刚打开的时候是空的，音色需要手工加载。在插件界面左边的DIRECTORY项目下，我们就可以选择音色了，如图10-19所示。

图10-19 选择音色

选择音色之后，就可以在音色列表窗口中看到这些音色了。 RMX的鼓点相当丰富，每一类鼓点节奏中包含有整个套路。先在左边选择一大类的节奏，然后右边就会显示出它里边所包含的大量套路，在右边窗口中使用鼠标点击套路就可以试听这个套路的声音并加载了。

10.4.3.2 选择演奏模式和MIDI通道

（1）选择演奏模式 首先看一下它的右下角，如图10-20所示，这里可以选择两种使用模式：Groove是套路（Loop）的意思，选择Groove模式，我们只需要按住键盘上的一个琴键不放，插件就会开始演奏自动鼓点的套路；而选择Slice模式，则每一件乐器会分配到键盘的每一个键位上去。

图10-20 演奏模式与MIDI通道

Stylus RMX 有一个非常实用的功能，就是可以直接将鼓点套路拖到Nuendo的MIDI轨里去用。不过，在两种不同模式下，拖过去的内容也不一样。在Groove模式下，拖过去的鼓点只是一个键位的音符；而选择Slice模式，就可以得到真正的鼓点MIDI音符，这样我们就可以对鼓点进行修改了。

（2）选择MIDI通道 Stylus RMX支持8个MIDI通道。也就是说，我们可以同时加载它的8种音色套路。使用的时候，只需要使用8个不同的通道，就可以在一首乐曲中使用8种音色了。

如图10-20所示，在这里选择一个通道，然后再选择音色。默认下就是第一通道。而且，不同通道可以使用不同的演奏模式。比如我们完全可以第一个通道使用Groove模式，而第二个通道使用Slice模式。

单击MIXER按钮，即可以进入调音台窗口，如图10-21所示，在这里可以更直观地调节每一个通道的各项参数。

图10-21 调音台与音频输出口设置

每一轨的声音都可以设置到不同的音频输出口上，如图10-21所示。这样，不同的鼓点就可以输出到不同的音频轨道上去，然后就可以挂不同的效果器来处理了。

单击KIT按钮就进入套鼓的模式，也就是说，每一个通道分别是一件乐器，而不再是套路（Loops）了。

10.4.3.3　音色编辑与效果器使用

（1）音色编辑　在Stylus RMX的插件面板上就可以对音色进行调节和编辑修改，如图10-22所示，简单而方便。只要你懂得合成器的基础知识，如LFO（低频振荡器）、ENVELOPES（包络）、FILTER（滤波器）等常识，那么就可以很轻松地对音色进行修改。

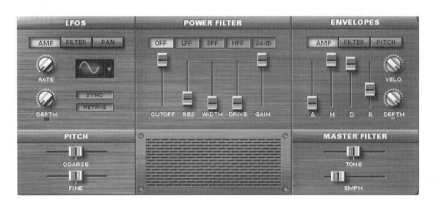

图10-22　音色编辑功能

对于RMX来说，合成器性质的音色修改实际上并不是它的强项，而且对于打击乐来说，依靠合成器方式来修改音色，显然不如效果器方便。因此，使用RMX，最方便的还是使用它自带的效果器。

（2）效果器的使用　单击FX按钮，即可进入到效果器窗口，如图10-23所示，这里很像一个硬件的机架。

RAX的效果器有三种用法：插入式（INSERTS）、发送式（AUX）和总输出（MASTER）。如图10-23顶部按钮功能所示，可以进行选择。

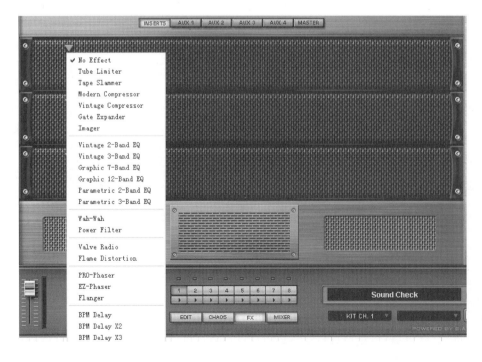

图10-23　效果器机架与
　　　　　效果器列表

① 首先来看插入式的用法。所谓插入式，就是直接将音色通过效果器而得到加了效果的声音。INSERTS栏的效果器默认下是空的。单击小三角按钮，即可打开效果器列表。我们可以看到RMX自带的效果器种类非常丰富，如图10-23所示。选择一种效果器即可加载。Stylus RMX的效果器界面非常漂亮，酷似真正的硬件。用同样的方法我们可以同时加载三个效果器。

② AUX效果器也就是我们常说的发送式效果，就是需要将效果器处理的湿声发送回来和原来的干声进行混合，并可以调节混合比例的这种使用方法。选择AUX效果器栏，我们可以看到默认下AUX1中已经加载的一个混响，一般来说，这已经足够了。当然也可以同时加载多个效果。加载了AUX效果器之后，我们返回到MIXER界面，如图10-21所示，就可以看到每一个通道上都有4个AUX通道，各自都有调节发送量的旋钮，通过调节这些旋钮，我们可以给一个通道施加AUX效果了。

③ MASTER栏的效果器同时作用于整个RMX的总输出，如果在这个总输出的效果器栏里挂上效果，则整个RMX插件所有的音色都会被加上效果。我们可以看到总输出的效果器机架上默认已经挂了一个电子管压限器。当然我们也可以在总输出上自己添加合适的效果。

10.4.4　顶级特效音源——X-treme FX

X-treme FX是由著名的USB（Ultimate Sound Bank）公司出品的一款专门用于营造各种声音特效的采样合成器，它特别适合于电影类型的音效、环境声、情绪音乐的制作。它带有5000多个预置音色，8.4GB容量，音色库包括十个大类：

① Atmospheres(氛围)；

② Scenes(场景)；

③ Unreal(虚幻)；

④ Science Fiction（科幻）；

⑤ Sub Drones(持续嗡嗡声)；

⑥ Natural(自然)；

⑦ Urban(城市)；

⑧ Foleys(福雷-拟音)；

⑨ Musical(音乐)；

⑩ Extras Presets(其他预置)。

其中每个大类下面又分多个子类别，非常丰富，音色真实自然，动态也非常棒。X-treme FX界面如图10-24所示。

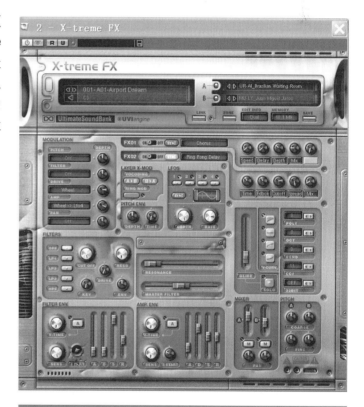

图10-24　X-treme FX的界面

10.4.4.1　音色选择

在显示音色名称的地方单击鼠标打开音色列表进行选择，按住音色名称左下方的小喇叭按钮来试听音色，小喇叭上方的两个箭头分别可以选择上一种音色和下一种音色。不过由于X-treme FX的音色太多，通过这个箭头来选择音色有时候会不太方便，所以这时也可以通过单击音色编号打开选择对话框，在其中键入音色编号的方式进行选择（音色的编号可以在安装光盘中的相关文件里查阅到）。如图10-25所示。

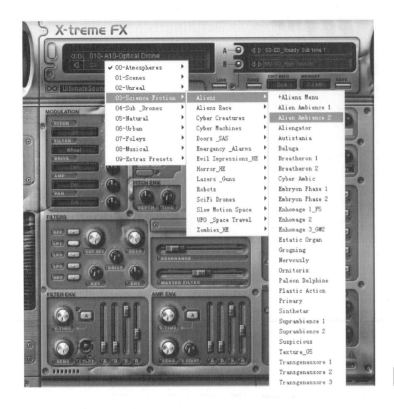

图10-25 选择音色

另外需注意，我们在这里选择的预置音色很多是组合音色，是由两个子音色叠加起来的。在插件读取一个预置音色的时候，会自动加载子音色，这可以在软件界面右上方的"A"、"B"两个按钮右边的显示框看到。

子音色A、B也是可以随意改变的，也可以通过音色列表来选择。

10.4.4.2 参数设置

（1）参数切换按钮和连接开关 占软件界面最大的就是音色的参数调节部分了，而一般情况下，两个子音色的参数是分开的。X-treme FX 还可以让两个子音色的参数连接起来，单击LINK(连接)按钮，即可以开启或关闭参数连接功能。当参数连接后，在调节某个参数时，两个子音色的参数会同时改变。

（2）MODULATION(调制)部分 PITCH（音调）；FILTER（滤波）；DRIVE(激励)；AMP(放大器)；PAN（声像）。每个参数都有一个用于选择处理模块的菜单，而右边的DEPTH（深度）旋钮用于设置处理强度。

（3）低频振荡器部分 LFOS(低频振荡器)模块用来设置振荡波形，通过DEPTH旋钮和RATE旋钮调节振荡强度和速率。而且每个参数可以使用同样的或不同的振荡器，一共有四个振荡器可供选择。

（4）效果器部分 X-treme FX内置了许多效果器，共有29类，约120个。如需要使用，只要打开效果器开关，然后在效果器选择列表中选择即可，效果参数旋钮部分则会根据所选择效果器而有所不同。如图10-26所示。

（5）主设置部分 在主设置模块中可以将音色设置为SOLO（独奏）模式，这里说的SOLO模式实际上是滑音模式，调节GLIDE(滑音)推子可以设置滑音强

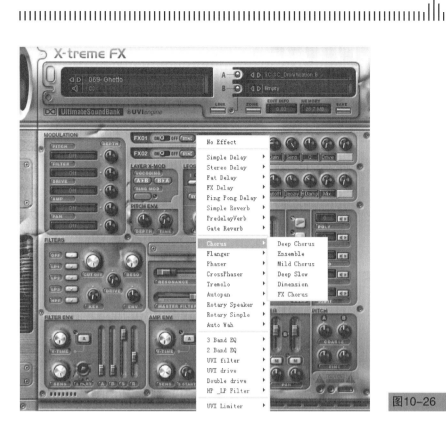

图10-26　选择效果器

度。如果觉得两个子音色的音量或声像比例不合适，还可以通过音量推子(A/B)和声像旋钮来进行调节。按下静音按钮可以使子音色禁止发声，通过音调粗调和微调可以调整两个子音色的音高；单击SAVE（保存）按钮，可以保存调制好的音色。如图10-27所示。

图10-27　主设置部分

10.4.5　梦幻合成器——Atmosphere

Atmosphere是Spectrasonics公司出品的一款非常优秀的合成音色插件。Atmosphere合成器又叫大气合成器，它里面包含各类稀奇古怪的合成声音，种类繁多，是特殊音色、铺垫音色以及电子音乐音色等的首选。无论是Discovery（探索频道）、National Geographic(国家地理杂志)，还是中央电视台的《科技博览》、《探索与发现》等都能听到Atmosphere熟悉的声音。音色容量达3.9GB，超过1000个音色采样，由著名的合成器设计大师Eric Persing所设计。如图10-28所示。

10.4.5.1　音色选择

单击界面中间的屏幕即可弹出音色表，在音色表中选择音色即可使用了。

10.4.5.2　参数设置

Atmosphere的面板上有很多可调参数，可以自己对音色进行调节。不过实际上，Atmosphere的预置音色已经很完美了，所以几乎不需要任何调节就可以直接拿来使用。所以，Atmosphere的音色编辑功能实际上也是比较简单的。如图10-29所示。

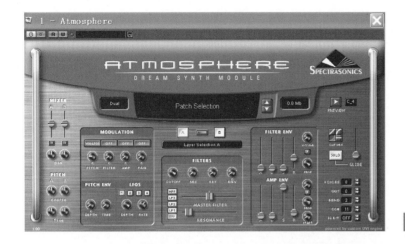

图10-28　Atmosphere界面

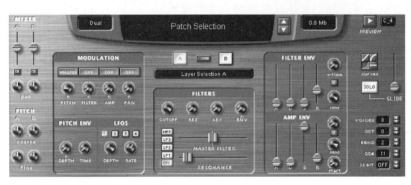

图10-29　Atmosphere的参数
　　　　　设置模块

（1）从插件的最左边看起

① MIXER　音量输出推子；

② Pan　声像调节；

③ PITCH　音调调节，其中coarse为粗调，fine为微调。

（2）接着往右　是MODULATION（调制）、PITCH ENV（音色包络）和
LFOs(低频振荡器)。各可调参数含义如下：

① PITCH　音高；

② FILER　滤波；

③ AMP　放大；

④ PAN　声像；

⑤ DEPTH　深度；

⑥ TIME　时间；

⑦ RATE　速率。

（3）插件正中间的调节模块　是一个简单的滤波器。主要可调参数含义如下：

① CUTOFF　滤波截止频率；

② RES　共振；

③ KEY　键位；

④ ENV　包络；

⑤ MASTER FILTER　主控滤波；

⑥ RESONANCE　共振能量调节。

（4）Atmosphere提供了两套ADSR包络　上边的FILTER ENV为滤波包络，
而AMP ENV则是放大器包络。

（5）在插件的右边GLIDE推子用来控制滑音，而且还有四种声音曲线可供选择。右下角的可调参数如下：

① VOICES 复音数；

② OCT八 度音；

③ BEND 弯音范围；

④ CC# MIDI 控制器号；

⑤ 32BIT 采样精度。

10.4.6 乐句合成器——Xphraze

Xphraze是Steinberg公司在2003年推出的软件产品，虽然软件很老，但直到现在还一直被人们广泛使用。因为它的发音模式非常独特，其音色主要都是乐句循环（Loop），极富电子味道，对于一些舞曲等风格的音乐最为适用。我们甚至只需按住一个琴键就可以得到节奏丰富的乐句循环，直接就可以当舞曲用，非常方便和简单。另外，它还可以关掉不需要的声部，只用需要的声部。Xphraze的界面如图10-30所示。

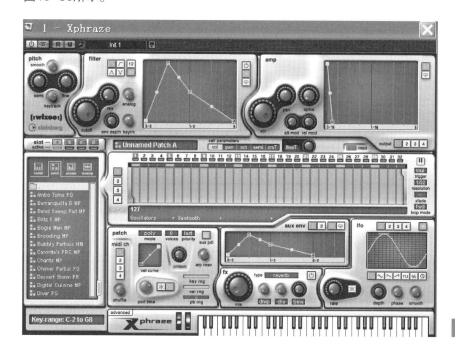

图10-30 Xphraze界面

10.4.6.1 Xphraze的主要特点

具体如下：

① 四声部复音乐句合成器；

② 完整的loop支持；

③ 完整的节奏同步支持；

④ 32 cells的乐句振荡器，每个都有独立的放大器、共鸣、多模式的滤波器、音高设定、截止频率、声像、门限等参数调节；

⑤ 可以自定义波形的低频振荡器；

⑥ 带有琶音器；

⑦ 自带256个预置音色；

⑧ 多于500MB的音色和200种波形；

189

⑨ 支持AIFF 和WAV采样；

⑩ 最高支持192kHz/32bit；

⑪ 最高1024复音。

10.4.6.2　Xphraze的音色选择

Xphraze的音色选取要在软件的左下角的银色选择窗里进行，一般来说，我们直接使用默认的combi（组合）类音色即可。这类音色中共有10个文件夹，分别是10类音色，每一个文件夹中又包含大量的预置音色。这些音色都是由4个声部组成的组合的音色。

10.4.6.3　Xphraze的发声原理

Xphraze发出的声音可以由最多4个slot(声部)组成，一个slot(声部)可以就是一个patch（音色）；一个patch（音色）最多可以由4个phrase(乐句)组成，一个phrase(乐句)则由最多32个采样素材循环播放组成。我们可以在这里将4个声部中不需要的关闭，当然也可以换成别的音色。

Xpherze使用起来资源占用非常小，软件体积也很小，仅仅一张CD。但是它的声音却毫不含糊，非常有质感。对于舞曲风格的音乐，使用它是最合适的选择。当然在流行音乐中也可以用它，尤其是可以将其音色中不需要的声部去掉，然后留下有用的作为流行音乐中的一个节奏织体，也是非常不错的。

10.4.7　好莱坞电影的节奏音源——Percussive Adventures 2

Percussive Adventures 2与"巨人"音源同出于East West公司，且均采用了NI公司先进的插件音频引擎，支持多种插件格式，音色容量3.05GB，含有极其丰富的适合电影配乐的节奏型音型、效果声及单独的鼓件音色，速度可自由调节而音质不变。

由于Percussive Adventures 2与"巨人"的界面结构及功能模块大致相同，只是有些具体参数稍有变化，所以在此不再赘述。

如图10–31所示，点击Load按钮即可弹出音色组列表，点选即可载入音色组。每组音色又包含几十个音色效果，在这里不是以常规的子菜单来表示，而是以

图10–31　Percussive Adventures 2 界面

下方的虚拟键盘的不同键位及颜色来表示，通过点按不同的键位及不同的颜色区即可改变音色。

在界面的中上部是所按键位音色效果的波形显示窗，在波形窗中可对每种音色的波形进行开始与结束位置的调整，只要拖动波形开头与结尾的两个按钮"S"、"E"即可。

10.4.8　中国民乐软音源——Kong Audio

对于国内的音乐制作人及影视配乐人员来说，拥有一套高质量的中国传统乐器的音源插件是非常必要的。比如：民歌风格的歌曲编曲，制作民乐伴奏，创作民族舞蹈音乐，国产游戏及影视配乐都离不开民乐音色的。所以说，这套民乐音色插件为国内制作人带来了极大的方便。电影《霍元甲》中的主题曲便大量使用了Kong Audio的音色制作。插件界面如图10-32所示。

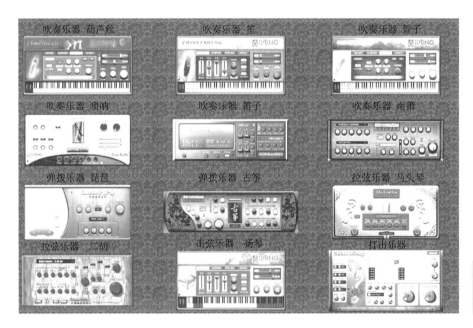

图10-32　Kong Audio民乐软音源系列

Kong Audio系列民乐音源插件目前推出了13种，分别是民族打击乐、笛子、二胡、琵琶、古筝、古琴、南箫、唢呐、马头琴、葫芦丝、管子、笙、扬琴。以后会不断推出其他的传统乐器音源。各种乐器的音色大致可分成两大类，常规演奏法音色及技巧奏法音色。具体的界面操作及参数调节可参阅插件的中文帮助文档，对于插件上的每一个功能均有详细说明。

10.5　实用效果器插件简介

10.5.1　AudioEase Altiverb真实采样混响效果器

10.5.1.1　简介

（1）概述　由AudioEase公司研发的世界顶级的采样声学混响插件Altiverb，适用于MAC和Windows两个作业平台，支持HTDM、MAS、RTAS、VST及AU等插件格式。提供逼真得令人吃惊的一、二和四通道采样声学的音乐大厅、大教堂、浴室和几乎任何真实的声学环境，从阿姆斯特丹音乐厅到卫生间和衣橱乃至几乎所有逼真的音响效果。附带1.6GB、18大类IR文件，支持5.1输出，最大支持384kHz采样率。目前在多声道的应用仅限MAC作业平台。

（2）预置IR采样效果种类

具体有：

① Cathedrals（大教堂）；

② Churches（教堂）；

③ Clubs（俱乐部）；

④ Concert Halls Large（音乐厅-大）；

⑤ Concert Halls Medium and Auditoriums（音乐厅-中和礼堂）；

⑥ Gear (Plates, Springs eq's etc) 设备（板、弹簧等）；

⑦ Metallic Resonant Spaces（金属谐振空间）；

⑧ Operas & Theaters（戏剧与剧场）；

⑨ Outdoor（户外）；

⑩ Post Production Ambiences（后期制作用氛围）；

⑪ Recording Studios（录音工作室）；

⑫ Recording Studio's Echo Chambers（录音室的回声室）；

⑬ Scoring Stages (Orchestral Studios) 排练舞台（管弦乐工作室）；

⑭ Small Rooms for Music（音乐小房间）；

⑮ Sound Design（声音设计）；

⑯ Stadiums（体育场）；

⑰ Tombs（陵墓）；

⑱ Underground（地下的）。

10.5.1.2 选择IR采样效果文件

点击界面上部IR BROWSER（IR文件浏览器）项，即可查看Altiverb安装或导入的IR文件目录，左侧是主菜单及二级菜单，右侧是三级菜单（即实际的IR文件）。点选IR文件后即可在界面右端的INFO（信息）框中查看此IR的详细信息，也可查看此IR的真实采样图片及全景环绕视图。如图10-33所示。

当选择好IR文件后，可以在WATERFALL中查看IR脉冲形状。也可以通过鼠标

图10-33　AudioEase Altiverb真实采样混响效果器

拖曳来更改脉冲样本的状态，从而改变采样混响的声音。

10.5.1.3　功能详解

（1）混响时间设置　在界面左侧的REVERB TIME区域，大旋钮可以设置混响的持续时间，单位不是秒而是百分比，因为我们选择的采样文件都标有持续时间（秒），这里可以设置持续时间的百分比；Size小旋钮可以设置产生混响的空间大小。

（2）混响特性设置　在DAMPING & GAINS区域，可以设置混响阻尼以及关于音量的设置。点击组件左下方的开关，就可以打开该组件。在DAMP位置，可以设置混响的衰减速度：

① LOW DAMP　可设置低频混响的衰减速度；

② MID DAMP　是中频混响的衰减速度；

③ HI DAMP　是高频混响的衰减速度。

大旋钮可以增加或减小混响的频率的衰减速度，小旋钮可以设置频率点。

（3）混响参数设置　界面下方可以对混响参数进行设置：

①DIRECT gain旋钮　可以设置直达声的音量，color可设置混合色彩。

②EARLYREF gain旋钮　可设置早期反射声的音量，delay可设置早期反射声的延迟时间。

③TAIL gain旋钮　可设置混响的音量，delay可设置混响声的延迟时间。

（4）声源位置设置　在STAGE POSITIN（舞台位置）设置区，可以设置声源与听者的距离,也可以理解成歌手或乐手与观众的距离。上方的开关可以打开该组件，我们可以使用鼠标拖曳音箱来改变这个距离。如图10-34所示。

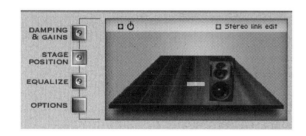

图10-34　声源位置设置

（5）均衡设置　EQUALIZE区是一个四段均衡器，可以对混响声进行EQ处理。从左到右分别是：低频、中低频、中高频、高频。使用gain旋钮可以增益或衰减频率段的音量。Bass低频和Treble高频的滤波曲线是Low Shelf和Hi Shelf模式。中间的旋钮上方会有两个参数：Freq可以设置频率点的位置，Q可以设置Q值带宽。TAIL CUT可以设置混响尾巴的音量。

（6）输入、输出音量设置　界面右下角的INPUT旋钮可以设置输入音量，OUTPUT旋钮可以设置输出音量。

（7）监听设置　界面右下角的四个按钮，可以监听当前调节好的参数在各种声音中的效果。前两个按钮按下后可以听到Drums的声音，第三个按钮按下后可以听到人声，第四个按钮按下后可以听到吹奏乐器的声音。GAIN旋钮可以控制这四个按钮按下后的音量。

（8）干、湿声比例设置　最右下角的MIX旋钮可以控制干、湿声的比例（即：原始干声与混响声的比例）。

10.5.2　Graphic EQ图示均衡器

Graphic EQ是TC Works公司出品的系列效果器包TC Native Bundle中的一款图示频率均衡器，简单实用，易于上手。界面如图10-35所示。

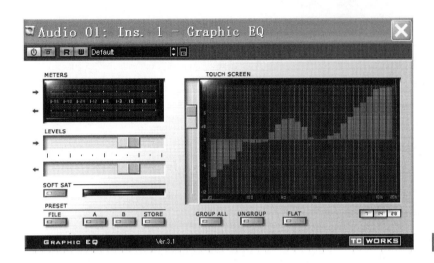

图10-35　Graphic EQ 图示均衡器

Graphic EQ的界面也分为左右两个主体部分，左边是主控设置部分，右边是频段调节部分。具体的参数设置内容如下。

10.5.2.1　主控设置部分

（1）METERS　电平显示。上面显示输入电平，下面显示输出电平。

（2）LEVELS　信号增益调节。上面调节输入信号的增益，下面调节输出信号的增益。

（3）SOFT SAT　激活声音饱和度调节。

（4）PRESET　预设设置。点击"FILE"可以弹出预设菜单，"A"／"B"可以做两种效果处理的对比监听，"STORE"储存当前参数设置。

10.5.2.2　频段调节部分

TOUCH SCREEN（触摸屏）是频率调节图示，横坐标显示频率范围，纵坐标显示音量增益，右下角的三个数字按钮可以切换不同的频率分段，最多可以作28个频率分段。我们选择一个频率分段如"7"，就可以用鼠标在图示中点击一个音量增益值，点住上下拖动就可以调节该值。

对于触摸屏中的增益调节，下面还有三个按钮可以进行编组操作：

①GROUP ALL　将所有频段的增益调节进行编组，这样，只要调节一个频率段的增益，所有频率段的信号增益也随之变动。

②UNGROUP　取消编组。

③FLAT　所有频段的调节值清零。

在触摸屏的左边还有一个滑杆用来拉伸或压缩整体频段调节的增益值。但值为"0"时，效果器不做任何处理，值越大提升越多；当值为负数时，增益调节为反相调节。

10.5.2.3　预置参数说明

（1）Artist Kit（艺术效果类）

①90-190 cut + sub boost　90~190Hz剪切＋辅助提升；

②Cut the mid range　剪切中间的频率范围；

③ Hi cut lo boost　高频剪切低频提升；

④ Kick boost hat cut　踢进削顶；

⑤ Low cut 75Hz + 12k boost　75Hz低切 + 12kHz提升。

（2）Mastering（母带处理类）

① Loudness curve 07　7段响度曲线；

② Loudness curve 14　14段响度曲线；

③ Loudness curve 28　28段响度曲线；

④ Low freq roll off　消除低频隆隆声。

（3）Solo Instruments (独奏乐器类)

① Better sax　好的萨克斯；

② Kick drum　低鼓；

③ Mid boost synth　中频提升合成；

④ Piano　钢琴。

（4）General（一般处理类）

① Mid pusher　中频推进器；

② Saturator 4dB　4dB饱和器；

③ Saturator 6dB　6dB饱和器；

④ Some air　少许气氛声；

⑤ AM Radio　调幅收音机；

⑥ Drum_n_Bass　低鼓与贝司；

⑦ Phone　电话。

10.5.3　BBE Sonic Sweet Bundle激励器

BBE Sonic Sweet Bundle 是一个插件包，包括三个专业和易于使用的动态、增强和音频增强组件，支持的采样率高达192kHz。三个组件适合不同的工作，使用方法也非常简单，以下分别介绍。

10.5.3.1　D82 Sonic Maximizer

如图10-36所示。这个组件适合用于吉他、人声、弦乐等音色，它主要是使用谐波激励的原理来增加泛音的。与均衡器不同的是：均衡器可以增益或衰减已有的频率，激励器可以通过谐波成分的生成来增加新的频率。使用激励器，可以使声音饱满，更有张力，但幅度过大会造成声音发酥。参数含义如下：

图10-36　D82 Sonic Maximizer

（1）BBE PROCESS　旁通开关，用于对比处理前与处理后的效果差别。

（2）LO CONTOUR　低频激励，可增加低频的泛音。

（3）PROCESS　高频激励，可增加高频的泛音。

195

（4）OUTPUT LEVEL　总输出音量控制，可以调整输出的音量大小。

（5）OUT　输出电平表显示。如果声音过载，就会亮红。

10.5.3.2　H82 Harmonic Maximizer

这是一个电子管的激励器，而且可以自由地控制频率。它的原理和第一个激励器完全相同，只是在效果上相对温暖一些。参数含义如下：

（1）LO TUNE　低频电子管频率调整。

（2）LO MIX　对LO TUNE所设置的频率进行增益。

（3）HI TUNE　高频电子管频率调整。

（4）HI MIX　对HI TUNE所设置的频率进行增益。

（5）OUTPUT LEVEL　总输出音量控制。只能衰减，不能增益。

（6）OUT　总输出电平表显示。如果声音过载，上方会亮红。

如图10-37所示的参数表示：80.0Hz的频率被增加了3.0dB的谐波，1.7kHz的频率被增加了4.0dB的谐波，总输出音量减小了3.2dB。

图10-37　H82 Harmonic Maximizer

10.5.3.3　L82 Loudness Maximizer

这是一个母带处理器，用于音量最大化处理，一般加载在总线上。与Waves的L1、L2、L3的效果相同。参数含义如下：

（1）IN　输入电平表显示，显示着输入的音量情况。

（2）SENSITIVITY　增益量，可以放大音频的音量。

（3）RELEASE　释放缓冲时间，可控制限制器从不工作到工作的变化时间长度。RELEASE值越大，限制器的效果越柔和。

（4）OUTPUT LEVEL　用于控制总输出音量。

（5）OUT　总输出电平表显示，显示着输出的音量情况。

如图10-38所示的参数表示：将声音放大了5.0dB，放大的声音不超过-3.0dB，不会过载，释放时间是200.5ms。

图10-38　L82 Loudness Maximizer

10.5.4　Clone Ensemble合唱效果器

Clone Ensemble是Trevor Magnusson公司推出的一款合唱效果器，采用音频信号克隆技术来进行合唱的模拟，可以非常逼真地再现合唱效果。界面如图10-39所示。

图10-39　Clone Ensemble合唱效果器

下面按模块单位来介绍Clone Ensemble的各个参数功能。

10.5.4.1　视觉显示窗

视觉显示图以一个立体声场的图示来显示合唱效果处理的一些参数。半圆圆心表示听众的位置，中间的半径线显示为立体声的最中间；半圆中每一个小椭圆形表示一个声音的克隆，不同的颜色表示不同的声音克隆；白色椭圆表示未处理的干声音，绿色椭圆表示自然的声音克隆，蓝色表示低音部克隆，红色表示高音部克隆。

椭圆在圆心周围的位置分布决定其左右的声像位置，椭圆与圆心的距离决定着时间延迟的大小。

10.5.4.2　Clones（克隆）/ Timing（时机）设置模块

Clones：用来设置声音克隆的数量，1~32，可以任由我们来设置。声音克隆数量的多少将直接决定效果处理时系统资源的消耗情况，克隆数量越多将消耗越多的系统资源。

Timing：用来设置每一个克隆声音之间的延时时间。"Tight"为更短的时间延迟，"Loose"为稍长的时间延迟。

10.5.4.3　Vibrato（颤音）设置模块

用来设置颤音，一共有三个可调节参数：

该模块第一个旋钮用来调节每一个声音克隆的颤音的平均调制深度（Depth）。在实际的应用中，较低的参数取值可以用于合成音色的处理，中间一点的参数取值可以用于真实乐器的合奏处理，较高的参数取值可以用于人声的合唱处理。

第二个旋钮用来控制颤音的平均颤动速度。这是针对每一个声音克隆而言的，"Slow"为比较慢速的颤音速度，"Fast"为较快的颤音速度。

Random：用来启动颤音的任意变化。这在颤音深度与速度上将获得更多的自由变化，以增加更多的真实感。

10.5.4.4　Varying Dynamics（动态变化）设置模块

该模块与前一个颤音设置模块非常相似，专门用来设置对克隆声音的动态变化控制。通俗一点来讲，在这里的动态变化就是指每一个声音克隆点都有自己的音量大小的变化。

第一个旋钮用来进行"Depth"变化深度调节；第二个旋钮用来调节动态变化的速度；Random：用来启动动态变化的任意化处理。

10.5.4.5　Sex Machine(性别机器)设置模块

可以将克隆的声音进行分组，然后处理成不同的组成部分。如降低一个八度，声音就变成了低音部Bass；升高一个八度，声音就变成了高音部；不做音高的升降处理就是同音反复声部Unison。

第一个Set Machine选择按钮用来选择克隆声音的特征。"Unison"为同音反复，是源声音的直接克隆；"Bass"将所有克隆声音降低一个八度处理成低音部；"Alto"将所有克隆声音升高一个八度处理成高音部；"B:U"将克隆声音自动分为低音部与同音反复两个声部；"U:A"将克隆声音自动分为同音反复声部与高音声部；"B:U:A"将克隆声音自动分成低音部、同音反复声部、高音部三个声部。

后面的六个旋钮分为三组，每两个旋钮控制一个声部的声音特性与混合音量的大小。其中：

（1）Bass Formants&Level　用来调节低音部的声音特性与音量。

（2）Unison Formants&Level　调节同音反复声部的声音特性与音量。

（3）Alto Formants&Level　调节高音部的声音特性与音量。

10.5.4.6　主控设置模块

Section：用来选择不同的克隆声音的排列组合方式。一共有四个变种可供选择，我们可以根据不同的效果需要来进行选择。

Focus ：用来调节克隆声音在声场中的伸展状况，这实际上就是控制克隆声音的声扬。"Narrow"为单声道，所有克隆声音都在最中间；"Wide" 能够做最大的声扬拓展。

Balance：左右方位调节，可以调节克隆声音的左右平衡。

Mix：用来调节干声音与效果声的混合输出比例。

Dry Delay：设置干声音的延迟时间，这样有利于干声音与效果声更好地混合在一起。

Gain：对最终输出的信号进行增益调节。

通过上面的介绍，我们可以看出，和一般的合唱效果器有所不同的是，Clone Ensemble运用了一种新的思路，打破了那种用低频振荡器来进行调制以获得合唱效果的做法，虽然比普通的合唱效果器要更消耗系统资源，但为了更好的效果与更逼真的合唱模拟，这也是非常值得的。

10.5.5　Waves Complete V7 效果器组合包

Waves公司出品的Waves Complete V7是数字音频领域中功能最强大、性能最全面、用途最专业的效果器软件套装，这套效果器完整装备提供了从音频制作到母带处理、单轨编辑到多轨合成的全套解决方案。Waves Complete V7已经成功地运用于各种实用音频领域，从电影配乐到网页音效、游戏音乐到多媒体制作，Waves Complete V7的足迹遍及了很多音频合成、编辑的场所，连好莱坞的多台数字音频工作站也在使用Waves的相关产品。

插件格式包括VST、RTAS、TDM，兼容PC以及Mac。在Waves Complete V7中，包含了共117个独立的效果器组件，可谓音频效果器中的巨无霸。以下列举其中常用的几种效果器：

① Waves DeBreath——呼吸声消除器；

② Waves DeEsser——嘶嘶声消除器；

③ Waves Doppler——多普勒效果器（掠过音效器）；

④ Waves Doubler——声音加倍效果器；

⑤ Waves Enigma——迷幻效果器；

⑥ Waves GTR Amp Stereo——立体声吉他放大器效果器；

⑦ Waves GTR Tool Rack Stereo——吉他效果器系列；

⑧ Waves GTR Solo——吉他效果器；

⑨ Waves IDR360° Bit Re-quantizer——数字解析度增加效果器；

⑩ Waves IR1——参量卷绕混响效果器系列；

⑪ Waves IR360°——环绕参量卷绕混响效果器；

⑫ Waves IR-L——卷积混响效果器系列；

⑬ Waves Audio Track——音频通道条；

⑭ Waves C1 Parametric Compander——参量压限器组件；

⑮ Waves C1 Compressor/Gate——压缩器/门限；

⑯ Waves C360 Surround Compressor——环绕立体声压缩器系列；

⑰ Waves C4 Multiband——多段压缩效果器；

⑱ Waves C1 Compressor/SideChain——具备均衡控制功能的压缩器；

⑲ Waves C1 Gate/Expander——门限/扩展器。

下面对其中几种效果器的功能进行介绍。

10.5.5.1 Waves DeBreath——呼吸声消除器

歌手在演唱过程中的换气声会破坏录音的效果，有了DeBreath（如图10-40所示），就可以带走她们的呼吸声了。DeBreath使用自动计算功能，检测输入源，并将它分为人声以及呼吸杂音两轨。你可以选择你的音乐中要有多少的呼吸声，要怎么出现，在呼吸声消除或是降低的部分，你还可以选择是否要加入环境音。DeBreath不仅是歌手的最佳选择，也可节省配音以及多媒体制作时间。

特点：

① 独特的呼吸气息声自动计算系统；

② 气息及人声图形化显示；

③ 人声、呼吸杂音监控；

④ 最大24bit 192kHz解析；

⑤ 包含Mono(单声道)以及Stereo(立体声)组件。

10.5.5.2 Waves DeEsser——嘶嘶声消除器

如果要消除录音中的嘶嘶声，没有比DeEsser更好的选择了，如图10-41所示。DeEsser承袭传统的设计以及高频限制功能，输出最小的杂音和顺畅而自然的

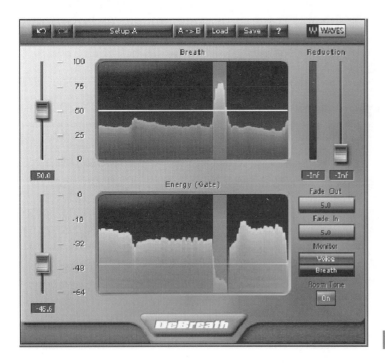

图10-40 Waves DeBreath——呼吸声消除器

图10-41 Waves DeEsser——嘶嘶声消除器

声音。DeEsser效果器，可以用它去掉某些齿擦音等人声高频杂音，如果你曾经被
一个尖厉或是脆弱的、含有大量镲声的鼓折磨得够呛，那么你也可以试试它。具体
参数只有两个：门限和侧链触发频率。

特点：

① 锐利的侧链过滤(Side-Chain Filter)；

② 宽波段或是分割式压缩模式；

③ 可监控声音源/侧链(Audio/Sidechain)；

④ 最大24bit 192kHz解析；

⑤ 包含Mono(单声道)以及Stereo(立体声)组件。

10.5.5.3　Waves Doppler——多普勒效果器

日常生活中，你会有这样的感觉：在马路边，一辆汽车由远而近，风驰电掣般地驶过，你所感受到的声音变化，就可以用该效果器制作出来。整个过程音高会发生微妙的变化，当声音逼近你时，音高会逐渐升高，而声音远离你时它会缓慢降低。

使用Waves Doppler可以创造出太空旅行或是火车、汽车疾驶的运动轨迹声。有了Doppler，你可以精确地控制频率变换、速度、声音距离等。

Waves Doppler的很多设置都是建立在真实物理环境基础上的，所以它包含有类似Air Damp（空气湿度）、Gain(距离变化增益）等参数，调节的时候可以将物理规则作为参考，以达到身临其境的感觉。

如图10-42所示，界面主要部分被蓝色的半圆显示区域占据，这就是模拟声音变化声场的环境。听者就是在这个区域下方正中心的位置（红色原点处），而声音就在你面前掠过。弧线表示声音移动的轨迹，越往上声音越远，而水平方向表示左右距离。试听的时候会看到一个代表声音的圆点从这条弧线的一头移向另一头。

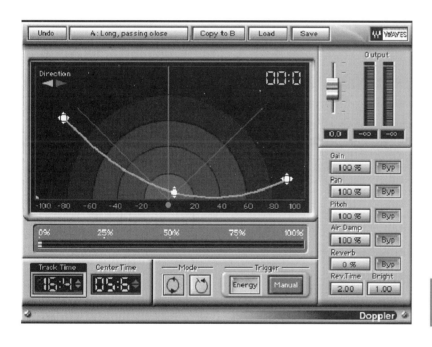

图10-42　Waves Doppler——
多普勒效果器

Waves Doppler最重要的两个参数是Track Time(作用时间)和Center Time(达到中心时间)。Track Time里一般输入将要进行Doppler处理的音频片段长度，而Center Time则表示声音从开始端点到达听者位置经历的时间。改变Center Time的值和改变起始点的位置就能得到不同的相位和距离的变化效果。

特点：

① 自动检测和手动触发两种模式；

② 独创简易的点、拉操作；

③ Energy、 Manual、 Continuous Cycling 以及 One-shot 模式；

④ Time(时间)/Brightness(亮度) 操控的残声处理；

⑤ 对空气阻尼运动、声像、音高、音色曲线、增益、开始、结束点、混响结

尾进行完全控制；

⑥ 最大24bit 192kHz解析；

⑦ 包含Mono(单声道)以及Stereo(立体声)组件。

10.5.5.4 Waves Doubler——声音加倍效果器

Waves Doubler共有两个效果器：Waves Doubler2版本及Waves Doubler4版本。专业的工程师需要超高级的双轨效果时，他们选择Doubler。透过Doubler的延迟以及变调处理插件，可传递出人声独特的丰富感以及乐器的音乐质感。适合制作合唱合奏。如图10-43所示。

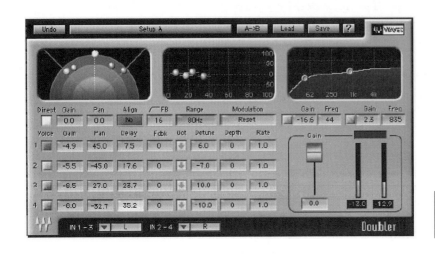

图10-43 Waves Doubler——
声音加倍效果器

特点：

① 配备两组插件: Two-Voice (二复音)以及Four-Voice(四复音)，可选2或4复音；

② 可独立控制detune、声像、延迟、均衡、音量；

③ 带扩展立体声场的立体声效果；

④ 最大24bit 192kHz解析(仅限TDM 24/96 2-Voice M and M-to-S)；

⑤ 包含Mono(单声道)、Mono-to-Stereo(单声道-立体声) 以及 Stereo(立体声)组件。

10.5.5.5 Waves Enigma——迷幻效果器

如图10-44所示，Enigma效果器通过调制手法来制作各种稀奇古怪的特殊效果。它由受很多早期反射发生器调制的2至12极梳状滤波器组成，并带共振和延时。共振的全部或部分频段的声音还可返送回梳状滤波器。其结果从古典的调相到飘忽的延时到调频类的铃声全部叠加到了原始的声音之中。

扭转、弯曲、挤压你的声音吧，用超越相位(phasing)以及flanging的方式体验新的效果。独特Enigma结合滤波器、短延时以及回声、混响残响，LFO模式，可以创造出更强烈、更有冲击力和质感的声音。它的效果参数包括滤波器的密度、滤波器的极数、滤波器极点的频率、低频振荡器的频率（以Hz或音乐节拍为单位）、低频振荡器的波形（以正弦波、三角波、锯齿波和方波）和低频振荡器的强度。而共振器部分的参数则包括延迟时间（共振反射）、衰减时间和密度。

左面的Notches可以选择LED中显示的波形数目，Depth可以调整波形深度，LED下面的两个ON／OFF按钮和两种参数分别可以调整频率和效果因子；下面的

202

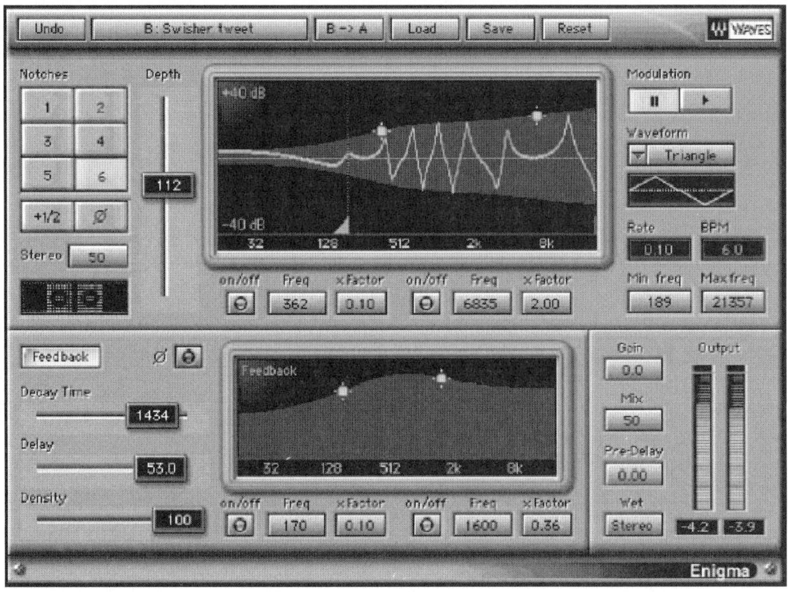

图10-44 Waves Enigma——
迷幻效果器

Feed back（反馈）分别有释放时间、延时、密度可以调节；右边则是波形模式和混音输出的选项。Enigma预置的效果方案非常多，让你不需要做太多调整就可以达到你想要的效果。

特点：

① 三组插件: Notch、Modulator和Feed back；

② 创新的滤波器、复杂的陷波滤波器组合；

③ 同步歌曲速度，即与宿主同步；

④ 延迟反馈循环与调制；

⑤ 最大24bit 192kHz解析；

⑥ 包含Mono(单声道)、Mono-to-Stereo(单声道-立体声) 以及 Stereo(立体声)组件。

10.5.5.6 Waves IDR360° Bit Re-quantizer——数字解析度增加效果器

Waves IDR360° Bit Re-quantizer共有两个效果器:IDR360 5.0通道版本及IDR360 5.1通道版本。利用新奇的心理声学抖动和噪声修正技术，还原多通道和5.1环绕声的数字深度，创造出清楚及高解析的5.1环绕立体声。如图10-45所示。

图10-45 Waves IDR360° Bit Re-quantizer——数字解析度增加效果器

特点:

① 五种可选数字解析度;

② 新奇的心理声学专利技术;

③ IDR™增强数字解析度专利;

④ 最大24bit 96kHz解析;

⑤ 包含5.1/5.0 环绕组件。

10.5.5.7　Waves IR360° ——环绕参量卷绕混响效果器

大部分的5.1声道影片都需要100%真实的空间感。这种惊人的精确度,要求控制环绕混响,才能成功创造出5.1声道。这也是许多工程师选择Waves IR360°的主要原因。如图10-46所示,处理能力惊人的IR360° 使用划时代的脉冲处理技术,造就了极逼真的临场感,你将体验比亲临现场更棒的音效感。

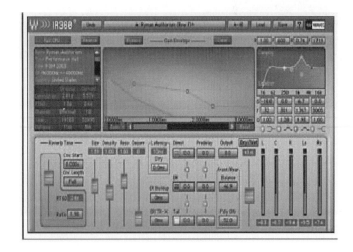

图10-46　Waves IR360° ——环绕参量卷绕
混响效果器

特点:

① 回响、开始、长度设定模式;

② 早期反射组合设定;

③ RT60扩张最高四倍混响时间,并同步保留自然包络以及频率成分(natural envelope and frequency content);

④ 超过100的频率响应 Impulse Responses;

⑤ 记录或创造属于你自己的环绕混响设定;

⑥ 双精度数字解析处理;

⑦ 最大24bit 192kHz解析;

⑧ 包含Mono(单声道)、Mono-to-Stereo(单声道-立体声) 以及 Stereo(立体声)组件;

⑨ Mono(单声道)、Stereo-to-Surround (立体声-环绕)设定,使用六种不同的即时环绕效果。

10.5.5.8　Waves Audio Track——音频通道条

如图10-47所示,AudioTrack 是一组简单易用的插件,让你拥有三种完整的Waves处理器。内含均衡器、门限器(gating)以及压缩器,是多媒体、配音、录音棚使用的最佳选择。它是针对通常我们见到的普通的音轨的,综合了4段EQ均衡、压缩、噪声门三种效果器。使用它之后,你的整个混音作品就可以站立在坚实的基

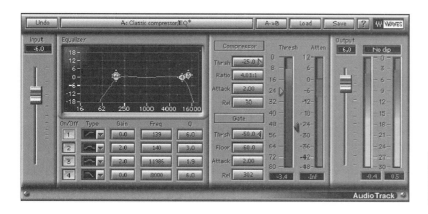

图10-47 Waves Audio Track——
音频通道条

础之上了。

特点：

① 自动增益补偿的动态参量压缩、门限功能；

② 双精度解析处理；

③ 4段参量均衡器；

④ 全部集中在一个界面中；

⑤ 音量和增益衰减电平表；

⑥ 准确到sample数的最大电平指示灯和过载指示灯；

⑦ 最大24bit 192kHz解析度；

⑧ 包含Mono(单声道)以及Stereo(立体声) 组件。

10.5.5.9　Waves C360 Surround Compressor——环绕立体声压缩器系列

Waves C360 Surround Compressor共有两个效果器：Waves C360 5.0 Surround Compressor 5.0声道环绕立体声压缩器及Waves C360 5.1 Surround Compressor 5.1声道环绕立体声压缩器。由于其方便灵活的通道联结和分组，C360环绕立体声压缩器展示了艺术级的温暖压缩特性，尤其适应于高解析度的5.1环绕立体声作品。如图10-48所示。

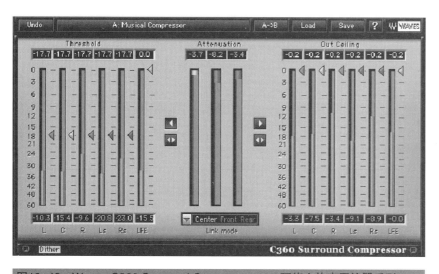

图10-48　Waves C360 Surround Compressor——环绕立体声压缩器系列

特点：

① 每一通道上具有独立的输出限制；

② 五种可相互改变的连接模式；

③ 含Negative attack 时间模式的先行式控制阀；

④ ARC™自动释放控制；

⑤ 可保留交互通道的平衡、空间塑造以及通道偏移；

⑥ 自动峰值补偿压缩；

⑦ 最大24bit 192kHz解析；

⑧ 包含Mono(单声道)以及Stereo(立体声)组件。

10.5.5.10　Waves C4 Multiband——多段压缩效果器

如图10-49所示，该款出色的多段动态压限器，不同于常规意义的压限，它可以把要处理的音频按频段的不同分开进行动态的压限处理，也就是说，它相当于多个压限器和均衡器同时工作。正是基于这一点，Waves在处理压限方面，成了同类插件中"独领风骚"的佼佼者。

图10-49　Waves C4 Multiband
——多段压缩效果器

Waves C4含多种功能：四频段上下扩展功能、限制、压缩，以及动态，还有标准形式均衡器。C4结合了Waves知名的Renaissance Compressor压缩器以及C1 Parametric Compander，让你掌握混音的轮廓，体验最大的清晰及透明感。

Waves 公司出品的C4 多段多维处理器是一个超酷的48bit双精度EQ+动态处理器，它既是一个四段动态处理器，又是一个EQ，但它并不是动态处理和EQ处理的简单叠加，而是完美的结合。我们可以把它理解成一个"多维调节的多段压限器"或者是"时刻变化着的EQ"。

Waves 公司独特的DynamicLine 显示系统，显示着像EQ一样的实时的增益变化。这个显示系统是Waves公司独有的专利产品，它非常科学和直观，调节参数非常方便，可以直接在里面操作。

特点：

① 四种参数频段压缩；

② ARC™自动释放控制专利(Auto Release Control)；

③ 内部双精度解析处理；

④ 动态线显示；

⑤ 最大24bit 192kHz解析(仅限TDM 24/192 Accel)；

⑥ 包含Mono(单声道)以及Stereo(立体声)组件。

10.5.6 InspectorXL Audio音频分析仪

作为Elemental Audio Systems公司发布的最新音频分析解决方案，InspectorXL共由六款插件组成，旨在满足音乐制作、声音设计以及播音制作等多个领域专业音频人士繁杂的日常工作需求。如图10-50所示。

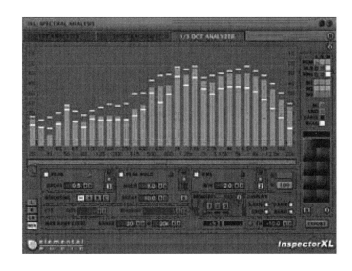

图10-50 InspectorXL Audio音频分析仪

目前，InspectorXL共有RATS、VST和AU三种格式版本，可在Mac和Windows两大平台上运行，并可兼容Digidesign Pro Tools、Apple Logic、Steinberg Nuendo以及Ableton Live等多种主音频应用程序。

包含的这六款音频插件，InspectorXL可以为用户提供包括频谱分析仪（spectrum analyzer）、相位示波器（phase scope）、平衡电压表（balance meter）、相关测试器（correlation meter）、立体声声像中–侧计量表（stereo image mid–side meter）以及峰值兼RMS电平表（包含对K–system和IEC Digital PPM技术的支持功能）等多种音频分析工具。由于InspectorXL所包含的各种分析仪在各个插件之间的分配组合都是经过合理设计的，因而，在实际使用过程中，闲置不用的分析工具就不会再挤占有限的屏幕空间和CPU资源了。另外，所有的InspectorXL插件都是经过设计师们精心优化过的，可以在任何一套支持的操作系统上高效、平稳地运行。

为满足专业音频用户的多样化需求，InspectorXL还专门设置了多种不同的分析选项。比如，设置有三种不同的专业频谱分析仪；包含有横向和竖向两种配置的电平表，既可支持普通标准，也可满足个性化要求；除了传统的相位示波器之外，还设置有极性相位显示图（Polar phase plot）等。此外，InspectorXL的每一款插件，还都包含有多种专门用来对发射路径（ballistics）、视图以及详细分析数据提供等功能和参数进行控制的配置选项。

由于InspectorXL的产品定位是日常使用，因而，其在用户界面的设计上格外用心。比如，其操作简便的默认设置创建和装载选项，可确保InspectorXL在任何一种主音频应用程序上都能够实现预期配置；其所有区域中的"Import"（输入）选项，都能够确保用户可以从现有保存过的设定文件中完整地输入"色彩选择"（color selections）等信息，且不会对当前设定信息造成任何覆盖；其覆盖范围广泛的预警系统，可省却用户需要一直盯住某种分析结果的麻烦；其所有插件模块都统一采用的色彩选择器（color picker），可方便用户在音频分析过程中对插件配色进行实时个性化设置等。如图10-51所示。

图10-51　InspectorXL Audio的色彩选择器

此外，InspectorXL还具有很多其他功能和设置。比如专门用来捕捉使用传统手段无法侦测到的发生在过去的剪切现象的隐藏剪切侦测器（Hidden Clip Detector）、可由用户自行配置的"Alarm Severities"（预警级别）和"Alarm Groups"（预警组群）等参数、对频谱分析图像的快速保存功能、剪切、过度追踪（over tracking）、一体化装载和保存以及对192 kHz采样率的支持等功能。

第11章　声音后期制作

11.1　声音后期制作成员及职能

11.1.1　音响设计师

正像总摄影师（DP）利用光绘画一样，音响设计师利用声音绘画。他用对话、音乐，以及音响效果创建观众的感觉。在一个具有多层声音轨迹的大型制作项目中，音响设计师对大部分关键的创造性的声音效果做决定。由于所有的编辑师都懂得声音轨迹的重要性，所以，如果你没有雇请音响设计师的话，音响编辑师可以充当这个角色。

11.1.2　配音演员

在理想的情况下，如果必须重新录制对话的话，可以把原来的演员请回制片厂重新录制他们自己的对话。但是，如果因为某些原因做不到的话，那么ADR（Automatic Dialogue Replacement，自动对白替换）协调人需要雇请画外音艺术家来做这个工作。某些画外音艺术家专修发声技术，完全能模仿大明星的声音。

解说是画外音艺术家的另一种工作。一般说来，在现场由解说员录制画外音没有实际的意义，所以通常这个工作，以后在录音棚里完成。拍摄新闻是一个例外，在那里记者可能要在辅助的声音轨迹上录制画外音的解说词。其他画外音的工作包括歌唱和口技。

11.1.3　拟音师（Foley）

拟音师的英文名称是以20世纪30年代无线电广播声音效果艺术家Jack Donovan Foley命名的，他是Foley舞台的发明人，在这种舞台上艺术家按预定的时间拖脚和踢腿。当他们在录音室内观看放映的场景时，Foley艺术家提供脚步声、重呼吸声、身体运动发出的声音、衣服的沙沙声、冲撞声、拍击声、咳嗽和呻吟声，以及刮风声等声音效果。

11.1.4　作曲家

如果电影拥有原始的音乐乐谱，那么通常直到初步剪接完成，作曲家才开始工作。即使在那时，音乐的配音也必须等到图像锁定之后，因为音乐是与场景的最终步调紧密联系在一起的。

11.1.5 演奏家

除非你拍摄音乐影视作品,不然,直到编辑师已经锁定剪辑片和作曲家已经编写好乐谱的时候,音乐表演家才发挥作用。在大多数情况下,请演奏家到现场会使制作不必要的复杂化,因为在后期制作中要想把音乐与对话分开是根本不可能的。如果音乐表演是在摄影机前进行,不是音乐会的一部分,那么通常是无声的表演。如果实际上有声音的话,这种声音也只是在以后用做制作观众听到的声音的控制声迹。

11.1.6 混音师

到混合电影的声音轨迹时,它可能包含100个或者更多的单独的音轨,每一音轨都携带有部分的对话、乐器的演奏或者声音效果。在复制电影之前,所有那些层必须被合并为只有两个或者四个音轨。这个过程被称作mix-down,它由主混音员执行,主混音员必须紧密注意每一音轨上的所有层次,以使声音的混合是恰当的。

11.2 后期配音的录制技巧

11.2.1 ADR录制

现代的后期配音方法被称为"ADR配音"。所谓的ADR是"自动对白替换"(Automatic Dialogue Replacement)的意思。主要应用在同期录音工艺中的语言补录。

它的工作如下:

首先将同期录制的现场参考声转录到35ms磁片上,在与画面保持同步的状态下,由剪辑师将其接成一条配音时的现场参考语言声带。然后将这条参考声带和画面、空白磁片连锁在一起,同步放映、还音和录音。演员戴耳机在语言录音棚中监听这条同期参考声带,根据画面上的艺术要求进行语言配音,所配的语言则被记录到录音机的空白磁片上去。

在配音过程中,只在画面所需要配录的位置进行配音。其他已使用同期录音的语言位置则仅做配音时的参考。

我们可以看出,采用ADR方法,最大的特点就是它在配音过程中使用现场同期录制的语言作为配音时的参考声音,使得演员在配音过程中可以重新找到拍摄时所具有的现场表演感觉,因此大大地提高了后期配音的艺术质量。

ADR的关键要点是获得与图像理想同步的新的声音,特别是演员们的口型。但是某些精细的调整通常是必需的。关于口型的经验方法是,ADR演员的声音稍微落后口缘的运动是可以的,但是决不可以提前。

当要用外语来给电影配音时,这个问题更是个挑战。在锁定编辑之后,电影剧作家、翻译的标准做法是把原脚本翻译成外语的脚本,这时不仅应该表达出原来对话的意思,而且在每句台词中要用相同数目的音节。如果不可能同时做好这两种事情,那么具有相同数目音节的译文可能更为重要。

如果口型是接近的,那么在NLE(非线性编辑)系统上同步ADR音轨不会比匹配双系统DAT音轨更为复杂。

如果口型配合得不好,数字化的后期制作声音工具也能很容易地修正它。例如，你利用在ADR声音轨迹上的关键帧来缩小或展开声音轨迹的波形，从而使对话中的脉冲尖峰（辅音）与相应口缘动作的准确时间代码的位置对齐。能够用这种方法控制声音是对用剪切和拼接磁道的方法来控制声音的很大改进，但是这方法仍然十分冗长乏味，迫使对话编辑师一次一个音节地进行处理。

　　Synchro Arts VocALign Project(NLE声音程序的一个插件)能使ADR调整过程自动进行操作。这个程序能自动地缩小或展开新的声音轨迹的音频波形（即配音轨迹），从而实现与引导轨迹中脉冲波形尖峰的最佳匹配，如图11-1所示。困难的是，引导轨迹和配音轨迹必须具有相同的音节数目。你还可以利用VocALign使音乐和语音同步，或者使多个声音一起和谐地发声。

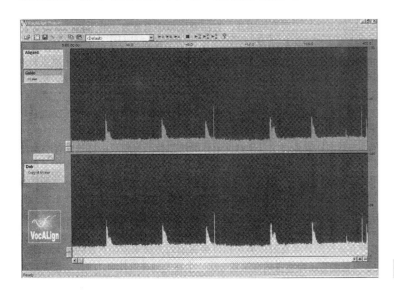

图11-1　ADR音轨同步

11.2.2　旁白录制

　　旁白（Voice-Over,VO）的录制方式，和对白补录有些类似，但因不牵涉声音同步问题，所以比较容易完成。也因此通常会一大段地录制，而不采用片段循环方式。旁白最好也在隔音室中录制完成，有时就使用对白补录的那间屋子。旁白通常用来解释复杂的过程、暗示人物的想法、表达某人的意识，或是评论画面中发生的事。

　　配音者要配合银幕上情节和画面的节奏来念出旁白。如果通过语言传达的东西是片中的主导因素，那么旁白可以在剪辑前先行录制，再按照旁白来剪辑画面。这种情况下，因不需要放出画面，所以就没有必须挑剔录制旁白的地点了。

　　在对白补录演过程中，若使用心形话筒，加上桌架或吊杆，可达到最佳效果。如果你使用的是一张普通的桌子，那么最好在桌上铺一块布，使得话筒和架子不会受到振动。有的人会手拿话筒去录旁白，那也要确定不需要用手去拿剧本时才行。事实上，对录旁白来说，剧本的放置，也是个重要的考虑因素。

　　配音者必须谨慎地处理剧本，确定不会阻挠到声音收录。例如拿剧本的方式，不可使剧本全部或部分地盖住话筒。整部剧本不能被装订在一起，以免在翻页时，被话筒录到翻动的声音。做法是要先打散剧本的装订，念完一张后小心地拿起，放到旁边去。配音时也不可以把头转移开话筒去看剧本。话筒和嘴巴间的距离要保持相同，除非你要有声音消退的效果。剧本中的每页最后都必须是完整的句子，好让配音者不必翻到下一页去看是否未念完。另外，把剧本的每页放到透明塑胶套中，也能减少噪声的出现。当然，如果能利用现代的电子显示屏来翻看剧本，就可以从根本上解决这个问题。

11.2.3 群声录制

配群声是指为影片中处于背景位置的群众演员配音。一般在文学剧本上是没有这些群众演员的具体的语言的。在同期录音的拍摄过程中，为了能突出主要角色的语言，经常让处于背景状态下的群众演员光动嘴不出声，这样主要演员可以从容地进行表演。但在最后进行混录之前，必须给背景的群众演员表演加上群声。否则，从视觉上看画面十分真实，但从听觉上就十分虚假。所以对这种有群众演员的场面，一定要配上群声。

配群声有以下两种方法：

（1）现场配群声　当在拍摄现场进行同期录音时，可以先录制主要角色的语言声音，处于背景的群众演员尽量不出声或低音量说话。等这个镜头拍摄完成后，录音师在副导演的配合下，让主要演员重新表演，但不出声，由现场参加拍摄的群众演员根据剧情内容按正常情况说话表演，由录音师将他们的群声单独录制下来。

（2）后期配群声　在后期配音时，一般等所有主要演员的配音完成之后，再单独地配录群声。配音时，群众演员看着画面进行配音，大家七嘴八舌，制造出与画面上的群众演员人数和气氛相符的众多人物的群声感。例如，在一个酒吧里，两个主要角色坐在桌旁交谈，同时周围有许多其他顾客也在谈天说地。配群声时，要将主要角色之外的群众交谈声录制下来，创造出一种酒吧纷乱的环境气氛。

配群声时，当配音演员的人数不够时，则可以多配几次，分别录在不同的音轨上，等到混录时，就能产生人数众多的感觉。

11.2.4 动画片配音录制

以对话为主的动画片的声音，几乎都是在动画片开始制作画面之前就在录音棚里录好的。（一个众所周知的例子就是尼克帕克公司的《动物物语》，里面使用了同期采访。）在录音中选中的片段被编辑在一起，连成一段接近于最终时间要求的片子。一旦这一步骤完成，声音编辑就会把对话编排成时间表，将按帧为单位计算的表单给动画师来做口型。当动画片的镜头做好后，声音和画面就一帧一帧地严格对位。

动画片配音中很重要的是要把对话录得很干净没有任何声染色，这样混音时就可以加入人工混响和均衡来塑造画面里正确的室内或室外的声场。录动画片配音的房间的话筒设置和录制ADR的要求大体相同。不过，和ADR不一样的是，动画片的录音最好是同时有两个或更多的演员一起录音。这能帮助他们表演得更到位，因为演员们会互相配合和即兴发挥。由于没有画面的限制，所以最好能确保每一个演员都有一只话筒，而且演员之间要能互相看到对方，并且要在视线位置拾音。如果演员之间的对话意外地重叠上了，就必须重录，否则在后期编辑时就会有问题。

11.2.5 远程配音录制

有许多时候，特别是电影的后期制作中，不能把演员和导演请到同一个录音棚来录ADR或录旁白。解决的办法是用标准的ISDN电话线把这两地连起来。虽然每分钟的收费很高，但通过它可以传输任何形式的声音信号。ISDN的基本系统能够实时传输两通道的20kHz带宽的音频，后来还可以通过杜比的压缩扩展技术同时传输4个通道更高位率的声音，码率256k。使用SONY 9针遥控协议，音频和时间码也可以在任一方向上传播。这意味着，假设双方都在同一视频标准下，同时以相同的画面分辨率工作，两者之间就可以完美地同步了。

其中任一个棚都可以控制进程，但是事实上，最好是把控制权交给配音演员所在的棚。接收棚只需要在适当的时候叫停录音。

ISDN录音的缺点是语言的交流只是通过一个开放的电话线来实现。如果不考虑成本的话，演员和导演没法面对面的交流，这样长时间录音并不是一个好方法。

当在国外制作ISDN录音的时候，一定要具体说明如下：

① 你工作环境的视频标准——这就是说，录音棚可能得去租PAL制或者NTSC制的设备。

② 哪个棚具有整个录音的控制权。

③ 检查这两边的棚是否都有ADR提示单和参考画面。

④ ADR录音要怎么传输，以什么格式传输（两边的录音棚都得录下声音以防万一）。

11.3 声轨处理

11.3.1 分离对白音轨

修复制作对话录音的第一步是把每个演员的说话分开到单独的音频轨迹上。这个过程被称作棋盘化，它描述了这个过程在NLE时间线上产生的图案。通过为场景中的每个角色制作声音轨迹拷贝的方法，你可以获得棋盘，然后从每个声音轨迹中删除所有其他角色的台词。

在棋盘化之后，你可以通过拖动时间代码入点和出点的方法，把手柄添加到每个音频镜头的一侧。利用手柄你可以在轨迹之间交叉地淡入淡出，使得音量或均衡的差异不会引起人们的注意。如图11-2所示。

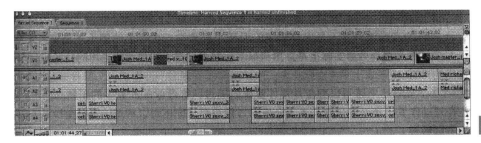

图11-2 分离对话音轨

棋盘化把演员的说话分离在不同的轨迹上，允许你为了获得平滑的过渡，在它们之间创建快速的淡入淡出，并且消除只是在说话之前或说话之后出现的噪声，例如，清嗓子的声音、喘息声、咂嘴声和咳嗽声。

11.3.2 均衡处理

在大多数混录中，重要性仅次于增益控制的工作就是均衡处理，它们属于更加精细的音色控制。用吊杆话筒（boom microphone）录好的声音，一般还需要对中低频段进行一定的衰减，这是因为房间内的驻波会使这个频段加强。因此，后期制作时衰减这样的频段会很有效。

如果录音时在吊杆话筒上使用了很厚的防风罩，比如同时使用了丝质防风罩和防风毛皮套，那么声音的高频可能有损失，在做均衡处理时需要提升高频成分。

对领夹话筒（lavalieres）进行均衡调整是个很棘手的问题，尤其当要与吊杆话筒的声音匹配时。通过均衡调整让两者匹配是能做到的，但这是件很复杂的工作，因为有好几方面的因素在共同起作用：

① 领夹话筒所处的位置高频成分有所损失，因为嘴巴被下巴所遮挡。大部分领夹话筒都内置了高频提升均衡来克服这一问题，但这种均衡的效果无法适用于每个具体的话筒位置。因此，每只特定的领夹话筒的频率响应特性和摆放的位置，共同决定了高频听起来是明亮还是灰暗。

② 在故事片制作中，领夹话筒通常藏在衣服里拾音，导致了高频的损失。

③ 领夹话筒放置的位置有胸腔共振，导致630Hz左右的频段被提升，因此对这一频段做衰减均衡往往很有效。

④ 2kHz左右的频段决定了声音的临场感，但这一频段通常由于领夹话筒所处的位置而有所缺失，因此需要进行补偿。

⑤ 设计领夹话筒时，有时候会通过衰减中低频成分来提高清晰度，因此，男声听上去会有些单薄。这种情况下很少去提升低频，因为会带来噪声问题，但是对200Hz左右频段稍作提升可以使男声听起来更真实。

有一种分析方法可以用来给领夹话筒加均衡，但是，这种方法对日复一日的拍摄并不适用。它需要对吊杆话筒和领夹话筒的频谱进行测量，通过比较测量结果，对领夹话筒的声音加上相应均衡来与吊杆话筒相匹配。在某种条件下，这是一种精确的解决方案，加上均衡后领夹话筒与吊杆话筒的音色能完全匹配。

11.3.3 采样降噪

采样降噪方法是一种科学而有效的降噪方法，也是运用较为广泛的降噪手段之一。采样降噪的原理是：首先采集噪声音频剪辑获得噪声样本，再通过分析获得的噪声样本得到噪声特征，最后利用分析结果去降低夹杂在对白中的噪声。

举一个例子来具体说明它的原理：假设我们当前处在一个相对嘈杂的环境下，该环境下有走路声、扫地声、远处人们的讨论声等，而如果我们在该环境下进行录音，则不仅仅录入了演员的对话，更是录入了环境下的各种噪声。通过采样降噪方法，则可以方便地将这些噪声从对话中分离开并将之去除。首先通过以当前环境噪声(如走路声、扫地声等)为主角进行录音来获得一段噪声样本，随后对获得的噪声样本进行分析以获得该环境下噪声的特征，最终在我们录制的对白中利用噪声特征找出噪声并将其去除掉。

在使用采样降噪方法时，获得一个具有代表性的噪声样本是极为重要的，因为采样降噪方法以分析噪声样本为关键。也正因为如此，采样降噪方法所针对的噪声大多是连续的、稳定的、不会有明显变化的。以环境噪声为例，一个区域的环境音(如走路声、扫地声等)大体保持稳定而不会有太明显的变化，如果采集到的噪声的样本与对白中的噪声不一致，则采样降噪并不能起到应有的作用。

11.4 添加音响效果

11.4.1 拟音

11.4.1.1 什么是拟音

拟音，就是在专门录制音响的录音棚（又称动效棚）中运用各种道具人工模拟或创造出各种声音。在拟音过程中，拟音人员（也称拟音师）一边看着银幕的画面，一边使用各种发声道具实时地模拟或创造出各种声音，比如角色的动作音响、物体运动的音响及特殊音响等。录音师继而把这些模拟的音响录制下来。

11.4.1.2　拟音的方法

有时声音编辑师同时也是录音师和拟音师，身兼三职，所以，作为声音制作人员掌握一定的录音及拟音的技巧是很有必要的。根据拟音所使用的道具性质，拟音有两种手段：人工手段与电子合成手段。

（1）人工手段　就是依靠拟音师手工来制造各种音响声音。拟音师们大都有一些令人意想不到的小道具，用来产生特殊的声音效果。当然还有更多的声音，不需要任何道具，而是来自拟音师的身体，比如拍手、喘气、尖叫、拍自己的脸、捶打自己的胸脯等。拟音师们很少单独工作，尤其是在影片出现多个人物的情况下，需要与他们的拍档一起完成拟音任务。以下举例说明部分常见音响的拟音方法，以希能对大家有所启发。

① 用手捏装满面粉的塑料袋，可以模仿在雪地上走路的声音。

② 用一副手套可以模仿鸟拍翅膀的声音。

③ 用一杆大型的枪和一些金属部件，可以模仿一套好听的枪声。

④ 用一个车门和一个车挡泥板能做出与汽车有关的声音及一些大型金属的声音。

⑤ 轻轻地挤压乱成一团的废旧磁带，可以模仿在草地上走路的声音。

⑥ 拿一个湿的气球来搓，可以发出很古怪的声音。

⑦ 用冻莴苣可以做出很逼真的骨头断裂声。

⑧ 用手搓揉一张普通的玻璃纸可以做出火焰的噼啪声。

⑨ 将一本很厚的电话簿卷起来并用胶带粘好，可以做出很好的打架格斗及身体碰撞的各种音响。

⑩ 往烧热的电熨斗上倒冷水可以模拟在炽热的油锅里炒菜的声音。

⑪ 用老式的电动剃须刀可以模仿远距离飞行的蚊虫发出的声音。

⑫ 用订书机的"咔嚓"声可以模仿照相机的快门声。

⑬ 用手抓大南瓜里的果肉可以模仿动物吃东西的声音。

⑭ 在脸盘中泼水可以模仿下大雨时的"哗啦"声。

⑮ 抖动一块丝绸布可以模仿燃烧时的火苗声。

⑯ 用通下水道的橡皮罩在桌子上敲击可以模仿快速奔跑的马蹄声。

⑰ 一把快要散架的椅子可以用来模仿扁担、轿子的吱呀声。

⑱ 用一把羽毛扇可以模仿鸟类翅膀的扇动声。

⑲ 用一块普通的布料可以模仿人们衣服的摩擦声、武打片中的飞行声音。

⑳ 一个木制手摇风车，上面蒙以帆布，摇动风车时，会发出类似大风呼啸的声音。

㉑ 用一支大军鼓和软头鼓槌可以模拟出"隆隆"的雷声。

（2）电子合成手段　见11.4.3内容。

11.4.1.3　拟音的声音处理

在现代化的配音流程中，拟音往往同电脑音频技术结合在一起。比如当我们在动效棚中录制了一段脚步声后，可以在电脑中通过时间拉伸、频率偏移等技术，将原始的脚步声处理为不同步频、不同步幅、不同材料地面上的脚步声，甚至可以变成一匹骏马在原野上奔驰的声音。我们也可以将拟音的结果（就如上述的脚步声）用采样器采集下来，做成一个采样样本，以后只需要按动MIDI键盘，就可以任意重现出拟音的结果，这要比拟音师在动效棚中多次做出行走的工作简单多了。

拟音的最大问题是录音环境的声学条件与影片中的环境很难做到完全一致。比如一个室外拍摄场景中的音效，如果是在室内的动效棚中进行拟音的话，在声音的传递和反射等方面是很难与实际场景中的声音完全符合的。因此拟音产生的音效，也需要进行编辑、混音、声音效果处理等后期加工。有些环境音效还需要采取现场采录的方法。

11.4.2　现场采录

11.4.2.1　现场采录的必要性

由于拟音技术的局限性，现场音效采集仍然是现代影视创作中非常重要的一个环节，这些音效有的是在拍摄时同期录制的，有的则是在拍摄结束后另外补录的。有许多影视片导演非常重视现场同期录制，因为这些原始音效的真实性和现场感，是后期补录和拟音难以替代的。即便有些声音必须在后期予以弥补，现场同期声的存在也很有必要，它可以在混音的过程中提供非常重要的音响参考。

11.4.2.2　现场采录的技术要求

音响采集经常是在野外的复杂地形条件下进行的，在不少场景中发声体还在快速移动，声源的大小、强弱、频率特征也差别很大，因此要完成好音效采集的工作，首先需要做好设备和技术方面的准备工作。项目包括传声器、调音台、录音机、监听耳机等录音设备的准备，对录音对象特性的了解和录音时的基本操作等。还必须掌握以下几方面的基本概念：

（1）距离感　声音的距离感主要来自直达声与反射声之间的比例关系。直达声的比例较高，人们听觉上感到声音与自己的距离非常近；反射声的比例较高，则感到声音与自己的距离较远。我们已经知道在声音的后期处理过程中，要加以混响、延时等效果非常容易，而要去除声音中的反射声则几乎不可能。因此，在音效采集时，尽量缩短传声器与音源之间的距离，是一个非常有用的经验，这样做不仅能提高直达声的比例，使声音更加清晰，还能减少外界噪声的录入，提高音效的信噪比。不过要注意的是，有些种类的传声器在近距离拾音时会产生近讲效应，从而导致音质发生变化，因此传声器也不能无限制地接近声源；另外还要考虑到发声体的体积大小和音量强弱，体积较大、音量较强的发声体，在拾音时需要保持相对较远的距离。

（2）传声器的指向性　不同种类的音响，对于传声器指向性特征的要求也不同。对于声音非常微弱、发声体体积很小的声音，比如寂静的夜空下昆虫的鸣叫声，适合于选用强指向性的传声器，如超心型指向性或者干涉管状指向性，这一类传声器可以强化声源的声音，减少外界噪声的干扰，获得更加干净、清晰的声音；而如果对于音量和发声体体积相对较大的声音，如火车奔驰、轮船鸣笛等，就需要选择指向性较弱的传声器，如心型指向性、全指向性等，这类传声器可以拾取较大面积的声音，获得较好的整体效果；而对于具有明显声像效果的发音体，如武器弹药发射、爆炸等音响，还可以选择X/Y制式的立体声传声器，以更好地表现声源的宽度和位置移动。

（3）传声器的透视感　声音与画面的透视感应当保持一致，特别是与画面所展示的空间感相匹配，这不仅与距离有关，也与拍摄镜头的种类有关。一个用广角镜头拍摄的全景画面，与一个用长焦镜头拍摄的特写画面，它们的透视效果一定是完全不同的，当我们使用传声器来采集与这些画面相关的音响时，必须同时考虑拾音距离、传声器指向性、拾音现场声学特征等许多问题，配合全景画面而出现的声音应当具有更松弛而宽广的透视感，而配合特写画面而出现的声音应当是更紧凑而有张力的。最理想的状态是传声器紧随着摄影机而运动，但在实践中这样的理想状态出现的概率不高。在剪辑完成的画面中，全景画面与特写画面经常是交替出现，如果音响采集的空间感与距离感也频繁交换的话，就会造成声音的不自然，因此应当在一个场景中经常保持相同的混响比例，即使画面的透视感发生了较大的变化，传声器所采集的声音的变化程度应当低于画面的变化。

（4）声音平衡　当一个场景中出现多个声音时，就需要考虑声音平衡的问题。在复杂的声学环境中，人耳能够辨别哪些声音更为重要，哪些声音相对次要，这是人耳的过滤功能，也即声音的鸡尾酒会效应。但传声器并不具有这样的人工智能，如果不加区别地收录所有的声音，回放的结果很可能是杂乱而难以辨别。在这样的情况下，可以考虑采用具有较强指向性的传声器，将传声器的拾音主轴对准主要声源；而更好的办法是采用多点拾音，在主要和次要声源前方分别布置传声器，并且将声音记录在不同的音轨上，在后期制作时再对这些声音进行分别调控，以获得主次区分、层次分明的声音。

（5）消除不必要的噪声　无论对于语言、音乐还是音响录制，消除不必要的噪声都是在正式开始录音之前需要考虑的问题。在影视作品的拍摄现场，噪声通常很难完全消除，比如电影摄像机马达运转的声音、布景移动的声音、室内荧光灯产生的交流声、室外的风声和汽车开过的声音等，都会对音响采集产生不利影响。为了尽量减少噪声的干扰，可以采用以下方法：

①采用隔音的方法。比如将易于产生噪声的设备罩起来，使传声器尽可能远离噪声源等。

②可以关闭不必要的电子设备，如荧光灯、调压器、开关电源等，以减少交流声的干扰。

③采用强指向性的传声器，凡不需要的声音尽量不被拾取下来。当然，这一类传声器始终对准主要声源，稍有偏离就可能造成声音丢失的现象。

④在后期制作时切除某些不需要的频率以减少噪声。比如鸟鸣的声音完全可以滤除中低频率，鸟鸣的声音不会受到大的影响，而空气流通的低频噪声可以被完全消除；反之对于雷鸣、火车等低频成分为主的音响，则可以过滤高频以减少其他噪声。

11.4.3 电子合成

现代的影视音响制作，早已不满足仅仅依靠拟音师来模拟出各种音响声音了。现在有很多的影片在音响制作中，使用了电子合成器和数字声音采样器等电子设备来参与和模拟出许多的音响，这对于电影声音艺术创作来讲，增加了音响创作的广泛性和可能性。

数字采样器明显地提高了音响拟音工作的效率，而且使所拟音的音响声音能够快捷准确无误地与画面位置相对应。另外，电子合成器和采样器已不单单方便了音响配音，而且它还能够对原始音响声音进行各种变形处理，实现了特殊声音效果的制作。这样，在现实世界中根本不存在的音响声音也可以通过数字合成技术被创造出来。

11.5 录制环境声

环境声（ambient sounds）是在后期制作时加进去的不同步的噪声，被用来增加场景的真实感。有时也称为自然音（wild sound），因为它们不是和画面一起被录制下来的。

一种环境音是室内音（room tone），即对录制对白的地方周遭环境声音的录制。在录室内音时，所有人都要保持安静，但此时空间中所有的声音必须要和制作时的声音相同。也就是说，如果在录对白时有冷气开着，那在录室内音时，冷气也要开。所有在拍摄时使用的器材、道具等均要在原位，以免声音混响有所改变。到了后期制作时期，室内音会使画面与画面的连接更加顺畅。只是在紧张兴奋的拍摄过程中，通常会忘记要录室内音。这其实是相当简单的事情，不论是专业影片还是学生电影，在拍摄过程中都要记得录室内音。在音轨中突然缺少室内音，是会显得非常突兀的。

另一种坏境音称为气氛音（atmosphere sound），会为场景带来某些特殊的感觉。例如小溪的潺潺流水声，可为宁静的乡村场景加强一种田园牧歌般的感觉。拥挤、喧闹的街道场景，即使可能是在摄影棚内完成的，也需要交通上的噪声。要想获得工厂运作时的噪声，就要在工厂极忙碌的时候录好，因为真正的拍摄很可能要到工厂下班之后了。就像室内音一般，气氛音也是在后期制作时再加入音轨之中的。

第三种环境音称为背景人声（walla walla）。这是对人类讲话声音的录制，但是其实你是听不懂他们所说的具体内容的。事实上这专有名词的由来，正是因为在录制时，说话的人讲的就是哇啦哇啦这几个字，用不同速度、不同重音，一再重复地说。如果是在摄影棚内搭建的酒吧拍摄一个只有几个人的场景，但又想要有一种酒吧里人满为患的感觉，那么就需要背景人声。或者也可以真的在酒吧场景中安排很多人，但是当主角在说台词时，让这些人假装在交谈。可以派一个工作人员，实地去一个酒吧录下这普通的噪声，之后再混音到音轨中；也可以雇佣一些演员，去说背景人声。各种各样的场景，像是在博物馆浏览的人群，或是宴会中的客人等，这些场景也都需要这类背景人声。

这三类环境音的区别其实不明显。工厂噪声可能是室内音，也可能是气氛音，而工厂工人的交谈就是背景人声了。有时环境音和音效作用会相同，像狗叫声就可被认为是音效或气氛音。确实定义并不重要，重要的是先录下这些声音，以供日后使用。

对环境音来说，话筒的放置就没那么严格，因为要收录的只是一般的声音。这种情况下，摄像机上的话筒就已经足够应付了。录制环境音的最方便的方法，就是使用你录对白的那只话筒。通常环境音只需要几分钟长，所以随时都可录，只要演员和工作人员们保持安静即可。

11.6 为视频编辑音效

下面详述利用软件Nuendo为视频或影片编辑音效的一般制作流程。

11.6.1 声音设计

声音设计是从分析视频事件的历史背景、地域风俗、人物、故事发生的具体环境开始的，其中还有一个最重要的考虑因素，那就是导演的总体艺术风格、体裁类型的要求。这些因素制约着对"声音总谱"的设计。声音设计包括语言设计、音乐设计及音响设计三个方面。

语言是塑造人物性格最重要的手段之一，也是作品风格表现的重要手段。同时任何语言都是在特定环境中所发生的，都是在特定情绪、特定氛围下进行的。因此，录音不仅仅要保证语言的清晰度与可懂度，更要再现语言的特定环境与特定的情绪，以达到特定的艺术目的。

音乐的设计、录制依据节目艺术表现的需要及整体艺术风格设计、选择音乐。音乐的功能除了最一般的渲染气氛、抒发情感，更重要的是它从审美判断、情感认同的角度使我们领悟到节目的深层的哲理。

环境音响要再现一个特定的生活场景或自然环境，并达到由此透射出来时代信息、地域信息、民俗信息，为人物提供一个生动而可信的活动空间，为作品的真实性提供必要的条件，亦为作品的感染力提供有力的保证。

动效不仅是拍摄对象活动的真实体现，同时它是最具表现力的创作元素之一。在各类表现风格的作品以及科幻、动作、战争等类型电影中，动效设计与制作占据了声音设计创作很大的比重。因此，动效设计与制作变成了一项具有高度创造性和挑战性的工作。

11.6.2 导入视频文件

Nuendo能够以多种格式来进行视频播放，这主要通过三种播放引擎，即Video for Windows、DirectShow以及Quicktime，从而保证了对大多数视频文件格式的兼容性。

在Nuendo3中，所支持的视频文件格式包括：AVI、Windows Media Video、Quicktime以及MPEG等格式。同时还能导入Windows Media Video Pro格式的视频文件。

视频文件的导入方法与音频文件的操作相同。比如可使用File 菜单/Import/Video File指令来导入视频文件，可通过拖放操作来导入视频文件，也可先把视频文件导入到Pool窗口，然后再将其拖到Project窗口。

注意，每个Project只能含有一个视频轨。在视频轨中，所有视频文件必须为相同的图像尺寸大小及相同的压缩格式。此外，由Import对话框还提供有如何从视频文件中提取音频的相关选项。

视频文件以视频轨中的事件而放置，以帧单位的缩略图方式显示图像。使用Devices 菜单/Video指令或快捷键[F8]可打开视频监视窗口，通过该窗口可观看视频文件的播放。在停止状态下，所显示的是当前播放光标位置下的视频帧位置。

在Devices 菜单/Device Setup对话框/Video Player标签页中，由Video Properties部分可选择视频窗口的显示尺寸。在播放过程中或在停止状态下，右击视频窗口即可使其切换到全屏幕模式，再次点击则退出全屏幕模式。

11.6.3 选择标尺显示格式及设置光标移动方式

标尺是用来查看事件的长度及播放光标的准确位置的，在Nuendo3中，默认的标尺显示格式是时间线方式的，即按时、分、秒、毫秒的格式来显示的，这种显示格式通常用于音频录音较方便，而视频通常是用时间码的格式来显示的，即按时、分、秒、帧的格式来显示。由于在为视频配音的过程中是一边看着画面一边编辑音效的，所以在这里音频也应该使用时间码的格式来显示。这样音、视频在时间轴上使用同一个查看标准后期就不会出现声画错位的现象。在Nuendo中，点击菜单栏Devices/Time Display打开时间显示面板，在面板中点击鼠标右键，在弹出的菜单中选择所需的视频制式。必须注意的是：应该选择导入的视频文件采用的原有制式，如果选择的视频制式与视频文件的制式不一致，混音时就会出现声画错位的现象。如何能知道导入的视频文件采用的制式呢？点击菜单栏Project/Project Setup打开工程设置窗口，点击Get From Video按钮，Nuendo即会自动获取当前视频文件采用的格式。如图11-3所示。

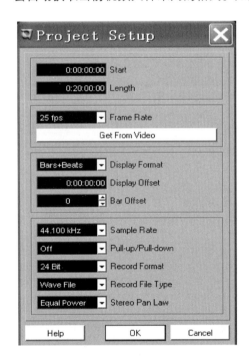

图11-3 Project工程设置窗口

播放光标是用来指示和定位播放位置的，不同的制作任务，习惯上会采取不同的移动和定位方式，虽然Nuendo默认有移动光标的快捷键，但在音效制作时为了更加快捷方便，还需要另外设置两项播放光标的移动方式。

①鼠标点击定位：用鼠标点击音轨事件显示区任一空白位置即可定位播放光标，设置方法是：打开菜单栏File/Preferences参数设置窗口，选择Transport项，勾选右边的第二项Locate When Clicked Empty Space。如图11-4所示。

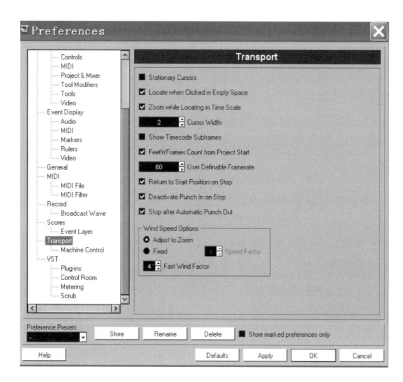

图11-4　Preference参数设置窗口

　　②键盘方向键前后移动：这需要设置两个快捷键，打开菜单栏File/Key Commands快捷键设置窗口，点开Transport项，将其中的Nudge Frame Down及Nudge Frame Up两项的快捷键在窗口的右侧分配栏中分别设置为键盘左方向键（Left）与键盘右方向键(Right)。这个设置对于音效制作来说是非常有用的，你可以一只手按住键盘逐帧或快速地浏览画面，另一只手操作鼠标。只可惜Nuendo3软件没有预设这个快捷键，Audition3软件就预设了。不过这两项播放光标的设置只要设置好一次，软件不重装就不再需要设置了。如图11-5所示。

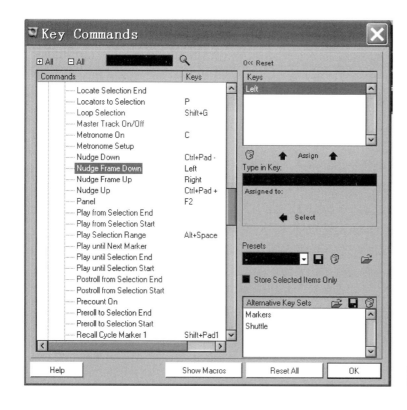

图11-5　快捷键设置窗口

11.6.4　为视频做音效标记、编号、命名

为视频做音效标记是在反复观看过视频，并在声音设计的基础上进行的。它是声音设计的细化，也是音效制作的前提。什么地方要用音乐，什么地方要用动效，什么地方要用特殊音响都要在标记轨上清楚地标记出来。为了方便查找和修改，还要为每个标记命名，将可能用到的具体音效的名称或描述性词句标注上。方法如下：

首先在音轨列表栏右击鼠标，弹出添加轨道菜单，选择Add Mark Track添加一条标记轨，然后看着画面移动播放光标到合适的位置，点按标记轨上的第一个"＋"号按钮即可添加一个标记。在标记轨对应的音轨属性栏中显示的是所做标记的列表，在这里可以对每一个标记进行命名，通常是做一个标记随即命名，直至完成整部作品。通过Project菜单/Markers命令也可打开标记轨窗口，在此可对Marker进行编辑。如图11-6所示。

图11-6　Marker轨与Marker窗口

11.6.5　分类列出音效清单、准备音效素材

当对整个视频做完音效标记后，要用到的音效素材也就一目了然了，也许几百个或几千个，为了便于集中准备音效素材，需将所有用到的音效分类列出清单，如音乐类可分为主题音乐、背景音乐、情绪音乐、气氛音乐等，音响类可分为自然音响、环境音响、动作音响、特殊音响等。当清单整理出来后就可以着手准备音效素材了。采取拟音还是现场录制或者使用音效库，根据需要选择合适的手段。

11.6.6　按音效分类及镜头或场景顺序导入音效素材，逐一编辑

这一过程是根据声音艺术构思的要求运用一切声音编辑及效果处理的技术手段，对声音素材进行加工合成的过程。按照音效的分类及音轨的布局原则，在音效标记点处逐一导入音效素材，逐一编辑，可以按镜头或场景的顺序来编辑，也可以按主次关系跳跃式地编辑。编辑过程可能非常复杂，有些甚至包括几百上千个步骤的编辑。所以说这是一个非常细致入微的工作。

11.6.7 预混

当所有的声音编辑完成，就进入了预混阶段。预混也是按照声音的分类进行的，首先在每一类中进行预先混音。语声及音乐一般预混一次就够了，而音响因为比较庞杂，通常需再细分成若干小类，比如自然音响类，环境音响类、动效类、拟音类、特殊音响类等，然后在每一小类中进行预混。

11.6.8 终混

当所有的声音编辑完且预混过后，就要拿到混音室中去终混，在这个过程中，导演、编剧、音效师、剪辑师、录音师等，这些人决定了声音的总体感觉。终混要花上很多时间，每个场景不断重放，每一个细节都要进行细微的调整，就是在这个时候，声音与画面达到了最终的融和。声音的声像移动，语声、音乐、音响之间的音量平衡等细节在这个步骤最终确定。

图11-7是Tomlinson Holman关于电影声音混录的工作流程图。

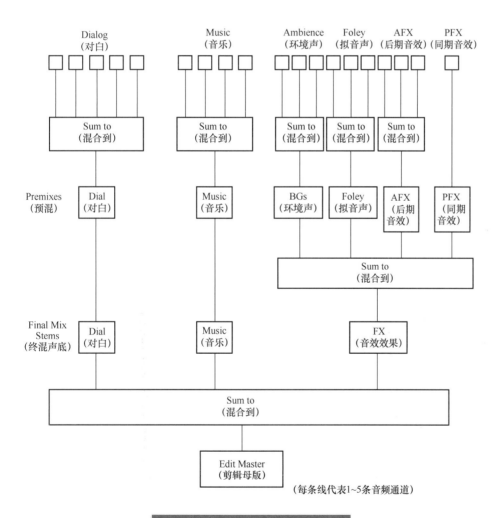

图11-7 电影混录工作流程示意图

11.6.9 输出混音文件

混音输出包含三个内容：输出文件的格式，文件的声道数（单声道、立体声、多声道）及文件的形式（包含所有声道的单一文件或各声道独立的一组文件）。这些都取决于声音最终产品的类型（电影、电视、DVD等）。混音输出的方法参见本书6.11.4节内容。

第12章　配乐制作

12.1　音乐的来源

音乐在电影中的作用可以回溯到无声电影的时代，在那时，每个电影院雇用一位钢琴演奏家，他的工作是当一部电影放映时，针对故事的情感主题做即兴的演奏。有时候，电影发行商会为一个很明显的奇特作品发送伴随的活页乐谱，但是他们主要依赖于轻音乐喜剧钢琴演奏者，这些演奏者怀有大量喜剧的或生动情景的标准小曲和即兴重复段，而且还有一堆能产生特技效果的像滑动汽笛和小笛之类的高音乐器。

尽管实际生活没有音乐的声音轨迹，但是，当一个故事的情景呈现时，观众盼望他们的情感受到音乐的引导和增强。商业广告片也依靠音乐，就像他们依靠极好的视觉效果来刺激和启发顾客的购买决心一样。即使是练习性的影视作品也会受益于音乐添加的趣味和连续性。

所以，问题不是是否使用音乐，而是如何发现或创建适合预算的音乐选择，然后如何在法律上和技术上把它们组合进你的制作项目。

为了找到音乐你可以有如下四个选择：

① 把已经录制好的音乐复制入你的制作项目。

② 雇音乐家表演现有的音乐作品并进行录制。

③ 雇一位作曲家编写或创作出特定的音乐，然后由音乐家演奏并录制它。

④ 利用音乐制作软件，用预先录制的循环乐曲（loops）创建音轨。

12.2　音乐的录制

根据使用的设备和制作手段的不同，原创音乐可以用以下三种工艺来进行录音制作。

12.2.1　同期录音两轨混音——立体声录音

在这种录音工艺中，乐队的所有组成部分集中在同一个场地一起演奏音乐作品，而录音师则通过各种录音设备，实时地并完整一次性把该音乐作品混音成为两轨立体声，并直接录制到某种记录媒介（模拟或数字录音磁带）上去，完成音乐母带的制作。

在整个音乐录音过程中，需要有一位能诠释和再现该作品艺术意图的指挥家，来把握整个乐队的声强、音高、音色和各声部之间的强弱平衡，以及整部作品的旋律、节奏及和声方面的感情色彩。这就要求演奏家、演唱家、乐队指挥家和作曲家与音乐录音师通力合作，默契配合。

在这种音乐录音工艺品中，为了演奏和演唱好音乐作品，体现出作曲家的艺术构思，通常对器乐演奏水平和声乐演唱者的演唱水平要求很高，特别是对节奏和音准方面的要求更严，不能出错。否则，在录音时，一人出现演奏或演唱错误，其他人都要重新录音。所以这种录音工艺使音乐录音师和所有现场录制人员的工作和心理压力都很大，因此制作难度大。

但这种音乐录音工艺也有其明显的优点，就是在乐队内部平衡良好的前提下，比较适合录制整体感、融合感要求强的古典音乐。同时，音乐作品的感情色彩情绪明显要高于用其他工艺录制的音乐作品。

12.2.2　分期录音多轨混音——分轨录音

这种录音工艺又称为分期分轨录音工艺，就是将器乐演奏员所演奏的各种不同乐器的声音（既可以是真实乐器发出的声音，也可以是通过电子合成器模拟发出的各种声音），按音乐总谱中对各声部的要求依次分批演奏，并通过调音台进行艺术和技术加工处理后，分别输出到多轨录音机上录制下来。所有音源全部录制到多轨录音机以后，音乐录音师再将多轨录音机上各种音源声音进行还音，通过调音台再一次地对各种声音进行艺术和技术加工处理后，混音为两轨或多轨的立体声音乐，录制到某种记录媒介上去，完成音乐母带的制作。

这种音乐录音工艺，我们一般称之为"分期录音多轨混音"录音工艺。用这种工艺录制的音乐艺术作品，优点是乐队演奏的音准和节奏一般要高于用"同期录音两轨混音"工艺录制的乐队水平；并且各个声部的乐音色彩层次分明，演奏时互不干扰，音乐的频响及动态范围也较宽广；同时，当录音过程中出现了演奏或演唱错误时，进行修改也很容易，这样音乐录音师和演唱及演奏者的工作压力也就减轻了。缺点是感情色彩不如"同期录音两轨混音"或"同期录音多轨混音"录音工艺所录制的音乐作品；另外，投资大，录音制作的周期也比较长。

12.2.3　同期录音多轨混音——多轨录音

这种录音工艺又称为同期分轨录音工艺，与"同期录音两轨混音"录音工艺在制作流程的某些方面是相同，即大部分的演奏乐器设置在同一个录音空间里由指挥或"电子节拍器"指挥演奏，而电声和电子乐器及声乐演唱部分的声音，则在乐队的基本部分录制完成后，以"复配"（Dubbing）的方式再单独进棚录制（电子和电声乐器也可先于乐队的基本部分被录制）。或者虽在同一个录音空间里演奏和演唱，却将各类乐器和演唱者通过隔声小室分隔开，各种乐器的演奏和演唱信号被多个传声拾音后分别记录到多轨录音机的各个声轨上保存。待全部声轨上的声音均准确无误地录制完成后，再经过多轨录音机还音，通过调音台进行音色加工处理，最后根据需要混音为两轨或多轨的立体声音乐，录制到某种记录媒介上去，完成音乐母带的制作。

在这种音乐录音工艺中，由于进行"同期录制"音乐的工作量一般要多于

"分期录制"音乐的工作量，而且最终音乐是录音到多轨录音机上再进行分轨混音的，所以我们根据其特点，将其称之为"同期录音多轨混音"录音工艺。

这种音乐录音工艺主要有以下特点：第一，保持了乐队的整体感觉，音色生动，利于演奏员发挥出个人水平；第二，各个乐器声部之间的平衡处理优于"同期录音两轨混音"；第三，各个乐器声音的层次比"同期录音两轨混音"好；第四，容易解决演奏或演唱中出现的技术失误，可以大大降低演员、演奏员的心理压力以及录音师和作曲家的工作强度；第五，声音信号处理要比"同期录音两轨混音"方便；第六，作品的感情色彩要好于"分期录音多轨混音"工艺录制的音乐作品，与"同期录音两轨混音"工艺录制的作品不相上下。

需要在这里说明的是：以上所指的音乐"同期录音"与电影的"同期录音"是两种不同的概念。"同期录音"或"分期录音"是指音乐拾音时，演唱和演奏者的演出状态，如演唱和演奏者同时在一起完成一部音乐作品的表演，则称之为"同期录音"；如演唱和演奏者是分别依次完成一部音乐作品的表演，则称之为"分期录音"。

"两轨混音"或"多轨混音"是指混音时，录音机声轨的状态。如一部音乐作品是在两轨录音机上进行混音，则称之为"两轨混音"；如一部音乐作品是在多轨录音机上进行混音，则称之为"多轨混音"。

12.3 配乐的方法

影片制造情绪离不开音乐。而且现在有大量的音乐可供使用，这必将使影视作品锦上添花。有时，一部电影的音乐会给观众留下深刻的印象。对于大多数人来说，一说起《简短邂逅》就会想起拉赫玛尼诺夫的第二钢琴协奏曲，甚至即使你将《善·恶·丑》的音乐关掉，你还是能感觉到艾尼尔·莫里科恩那余音绕梁的音乐仍然萦绕于耳际，久久不能忘怀。音乐的类型有时也决定着电影的派别，令人振奋的管弦乐多用于一些大预算的科幻影片（比如说《星球大战》），丹尼·艾尔弗曼精心节选的音乐使得蒂姆·伯顿的影片给人一种犹如在仙境般的视听享受。

因此，你也要胆子大一些，如果你碰到了你喜欢的音乐，并且觉得非常适合你的影片，那就尽管用吧。甚至有时乍一看不合适的音乐也可以使用，这样可以营造一种喜剧效果；也许能将普契尼的情歌二重奏《波西米亚人》配上两个蹒跚学步的孩子的相遇场景？或者是瓦格纳的《女舞神》配合驾驶一辆新车首次出游的故事。你可能无法预知影片与音乐结合起来后的效力有多大，因此，最好在公开放映之前请些人试看一下，看看效果怎么样。你可能觉得你的选择无与伦比，但有可能他们会嘲笑你。同时你还要注意当你出于商业目的而使用音乐时，还得注意别侵犯了音乐的版权，甚至在有些法律条款下，你私人使用都会涉及版权问题。以下主要从技术层面讲解配乐的方法。

12.3.1 音乐组接的方式

音乐素材和视频素材一样也是要进行后期编辑的，同时也是影视编辑的一项任务。有很多人对图像画面编辑很尽心，却不重视或说不会对音乐进行编辑，要么调出一段音乐从头至尾填上去；要么就突然剪掉，让音乐戛然而止，好像把音乐当成一种填充物，这不是合理配乐编辑的做法。

音乐的编辑组接，多是在同一首乐曲中进行，其目的无非是缩短或增加音乐的长度。对于音乐的剪切重组有两种方法可以达成。

12.3.1.1　剪接法

剪接法就是将某段素材剪切掉，让前后两段素材再连接起来，用以缩短音乐的长度，或者重复连接以延长音乐的时间。音乐的硬切连接最适合于弹拨乐，比如古筝、琵琶、扬琴演奏的音乐。弦乐和其他类型的音乐也可以，但是相对于弹拨乐要麻烦一些。两段音乐组接的时候一定要注意它们的旋律、节奏和调式的统一，连接后如果很生硬，可以通过拖动素材边缘，改变素材连接位置的办法进行调整，并拖动时间线上的游标滑块聆听组接的效果，直到合适的时候为止。如果音乐的衔接处存在斧凿痕迹，要尽量将连接点放置在有音响或语音的地方，用音响或语音来掩盖音乐衔接的缺陷。

12.3.1.2　渐变法

渐变法是将一段音乐素材的结尾与另一段音乐素材的开始重叠放置，前一素材结尾处音量逐渐降低，后一素材音量逐渐增强，用以缩短或延长音乐持续时间。这种方法与画面剪辑中的"叠化"类似。

12.3.2　音乐进入和退出的方式

音乐的进入和退出与所编辑的视频内容有着密切的联系，比如这一段讲述的是革命历史，下一段讲述的是城市交通，那么这两段之间就不应该使用同一首乐曲，音乐如何进入，又如何消去，不能简单地切断素材，以免产生听觉上"跳"的现象，从而造成人的心理上的节奏中断。

12.3.2.1　淡入式

如果画面是由黑场逐渐进入到一个场景，那么声音也应由小到大出现，这样就会给人更为自然的感觉。音乐淡入式进入，多用于节目开头或在节目中间需要配乐时使用。淡入式进入法，给人比较平稳从容的感觉，不会产生突然感，同时它可以在一首乐曲的任何地方进入，便于在某个地方将音乐演奏完。特别是在片子的结尾，需要将音乐与最后一帧画面对齐时，然后让音乐在某个地方渐渐扬起，直到演奏完毕，能给人一种完整圆满的感觉。

12.3.2.2　突起式

突起式进入方法多用于在中间段落的开始处，并且没有解说的地方。这种方法虽然具有一种突然感，但是人们可以通过解说，明白上一段落已经讲述完毕，即将进入新的段落的叙述，所以心理上已经有了一定的准备，况且它与解说并不发生矛盾，也是一种十分合理的音乐出现方法。音乐的突然出现，具有提示新段落开始的作用，也具有引起人们注意的作用。在一部片子中，淡入式和突起式进入方法应该混合交替使用，如果每一段落都使用淡入式进入或突起式进入，千篇一律、手法雷同，观众也不会喜欢。

12.3.2.3　淡出式

当音乐到达某一位置后不再需要音乐时，可以将音量控制线逐渐降低，最后消失，或者是渐隐到效果声（现场声）中。淡出式退出音乐，如果后面没有现场声或效果声，其结果也是不自然的，最好的方法是利用剪接法将音乐剪辑得刚好到此位置音乐演奏完毕。

12.3.2.4　强落式

这是用在某一段落语音完毕，但画面却没有结束，让音乐弥补这一段静默区域的方法，并且音乐也是到了结尾的地方。但是这种方法不是只有音乐的结尾才能使用，如果音乐是在中间位置逐渐扬起，那么就要一直贯穿到下一段落，表明是有意用音乐在联结两个段落。

12.3.2.5　导前式

导前式和延后式都是电影剪辑中的术语。导前式就是后一镜头的音乐或效果声在前一镜头的结尾就开始出现，它具有预示后一镜头内容的作用。运用导前式配乐，可以使前后两个镜头实现非常流畅的过渡。

12..3.2.6　延后式

延后式是将前一镜头的音乐或效果声向下一镜头延续一段时间，这种方法和导前式一样，具有一种"黏合剂"的作用。虽然两个镜头转换了，但有了绵延的音乐和效果声音使得画面产生了间而不断的效果。

12.3.3　音乐主题的建立

通常，正规的电影配乐是由作曲家专门为影片创作一套组曲，音乐家会在他的作品中建立一个反复出现的主旋律，这样音乐的编辑就省事多了。现在的电视配乐也有很多是使用购买来的音乐或音响资料，这些音乐资料中成套的曲目很少，如果要用这些资料音乐为同一部影片配乐，最大的问题是音乐风格的统一及音乐主题的呈现。

主题音乐经常是在影片中多次出现的旋律主题，作曲家创作的影片配乐套曲经常是更换一下演奏的乐器，或者是改变一下旋律的节奏。在影视节目中，同一画面是很忌讳重复使用的，看过的东西人们就不想再看了，但影视节目的同一首音乐却可以反复使用，听过的音乐却可能还想再听一遍，甚至几遍，人们的这种心理状态，为用同一首乐曲建立影视节目的主题旋律奠定了基础。

12.3.4　配乐注意事项

编辑对影片的配乐实际上也是一种艺术创作，如同电视语言都有自己的语法一样，配乐也有它自身的规律可循。如果不按语法规则行事，就或多或少给人以不舒服的感觉。那么配乐应该注意哪些事项呢？

一是不要从头至尾灌满音乐。就像人们说话需要有间歇一样，音乐也需要有休息的时候。

二是最好保证音乐的完整性。音乐的完整性并非完整使用一首乐曲，它指的是通过编辑使音乐善始善终，特别是当所有的语言元素结束的时候，音乐也应完整地结束了，给人一种有头有尾的感受。

三是最好不要用歌曲配乐（专为此片创作的歌曲例外）。为什么呢？因为歌词会分散人的注意力，特别是人们很熟悉的歌曲，会导致顾此失彼的结果。

四是要重视效果声的应用。从某种意义上来说，效果声包括现场声也属于音乐的范畴，当人们欣赏了一段音乐之后，再听听和画面一致的效果声是对人的听觉的一种调剂，特别是在当今影视片的编辑中，人们越来越重视声画合一的真实感，更需要使用大量的现场效果声。

● 声音制作基础

12.4 背景音乐制作实例

背景音乐又叫场景音乐，它是影片中用来表现特定的气氛、渲染情绪色彩的音乐段落。其形式灵活多样，可以有完整的结构，也可以只是一个短小的动机或者是近似于音响效果的片断。它与影视中另一类音乐即主题音乐的不同是，主题音乐是具有鲜明的音乐现象，表达影片主题思想、基本情绪或主要角色性格的音乐。主题音乐的结构相对完整，它通常是由专业作曲家根据影片内容"量身定做"的原创音乐。

由于背景音乐具有以上特点，加之工作站软件及各种音源插件技术的飞速发展，创作影视背景音乐越来越趋向于依靠软件来制作，而非由专业作曲家来创作了。事实上，目前就有很多影视剧中的背景音乐就是这么做出来的，包括好莱坞的一些电影大片。以下就介绍几种常用方法，并做实例演示。

12.4.1 使用音乐素材制作背景音乐

音乐素材是指由专业的素材制作公司制作的有关音乐片断（乐句）的声音文件，常见的文件格式是WAV和MP3。音乐素材按作用可分为One Shot Phrases以及Loops两种，其中One Shot Phrases是指不可循环播放的乐句片断，而Loops则指可以循环播放实现无缝连接的乐句片断，一些节奏性乐器的演奏素材主要采用Loops形式。Loops素材特别适合用来制作舞曲风格的音乐，也常用来制作非舞曲风格音乐中的节奏声部或打击乐声部。用Loops素材来制作影视、动画中的背景音乐时，最常用来制作带音响性质的气氛音乐和打击乐片段。在Nuendo3.0及Audition3.0中，对音乐素材特别是Loops素材都有良好的支持。Nuendo3.0在开启了音乐模式功能后，Loops音频的速度就会像MIDI一样跟着速度轨改变了。

以下是在Nuendo3.0中使用Loops素材制作背景音乐的实例演示：

① 在Nuendo3.0工程窗口中，执行File/Import/Video File指令导入需配乐的视频文件。

② 预览画面，根据画面场景的情绪气氛及镜头的转换设计配乐的区域、长度与基本方案。

③ 添加标记轨，把配乐设计的重点部分标示出来，比如：起始、终止、加花、填充、休止等。当然如果时间不长此步骤可省略，做到心中有数就行了。

④ 执行File/Import/Audio File指令打开导入音频对话框，查找、试听音频素材，选择合适的素材文件并导入到工程窗口中。每个Loops素材经常需要单独占用一条音轨，以便进行循环连接；而One Shot Phrases素材可多个放在一条音轨上，以减轻界面的繁杂。如图12-1所示。

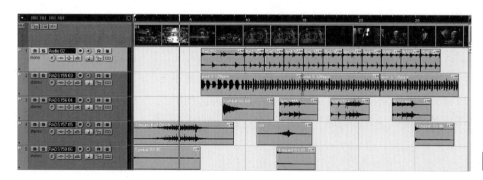

图12-1　导入Loops素材

230

⑤ 确认所有的音轨都已启用音乐模式功能，即音轨面板上的小时钟图标已变为点亮的音符图标。通常Nuendo能识别这样的Loops素材而自动启用音乐模式功能，如果导入素材后软件没有自动启用音乐模式功能，需手动启用，点击小时钟图标使其变成音符图标就行了。如图12－2所示。

图12-2 启用音乐
模式功能

⑥ Loops素材通常是需做多次重复连续进行的，选中Loops素材波形，执行快捷键【Ctrl+D】命令可实现波形的复制与无缝连接，重复复制可达任意长度。

⑦ 本例使用了两轨Loops素材的节奏声部，三轨One Shot Phrases素材的填充声部，填充声部主要用来制造特殊音响效果。

⑧ 如果要取得音乐速度上的变化，可执行Project/Tempo Track命令打开速度轨窗口，在这里可设置或用画笔工具任意描画音乐的速度。如图12－3所示。

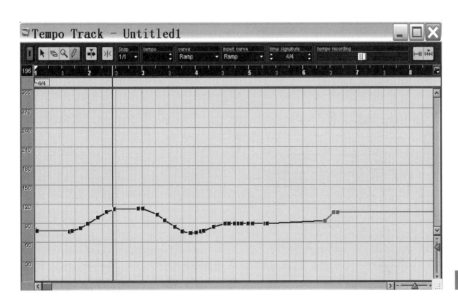

图12-3 速度轨窗口

⑨ 编配完成后，执行导出混音指令导出音频文件就可以了。

12.4.2　使用音源插件制作背景音乐

很多音源插件都带有非常丰富的背景音乐性质的音色，有的带有Loops音色库。也有很多独立的节奏或乐句Loops音源插件。配乐时根据画面的内容，首先在插件音色菜单中选择好音色，然后用MIDI键盘演奏实时地录制配乐。用这种方法来制作背景音乐比用音频素材来制作拥有更大的灵活性，因为是在MIDI的方式下进行的，对音乐各种参数的调节与编辑都比音频更自由。

以下是应用音源插件Atmosphere制作背景音乐的实例演示：

① 在Nuendo工程窗口中，执行File/Import/Video File指令导入待配乐的视频文件。

② 预览画面，设计画面的配乐范围及配乐风格，如果画面较长，还需制定配乐方案或编曲设计，并用标记轨将关键点标示出来。

③ 根据编曲方案，添加若干条MIDI轨。

④ 执行快捷键【F11】打开音源插件的调用窗口，点击音源机架栏将弹出所有已安装的音源插件目录，从目录中选择Atmosphere即弹出音源插件的界面。

⑤ 在插件音色表中选择音色，并用Preview按钮来试听查找需要的音色。如图12－4所示。

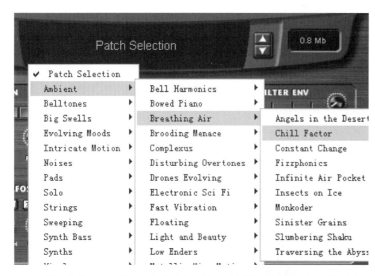

图12-4　选择音色

⑥ 选中MIDI轨，在右侧音轨属性控制栏的MIDI输出端口下拉菜单中选择Atmosphere音源，然后点亮MIDI轨上的预备录音按钮。如图12－5所示。

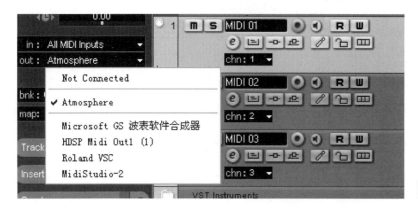

图12-5　选择MIDI音源

⑦ 这时弹奏MIDI键盘即能听到音源发出的声音了。也可以随时点击MIDI输出端口栏下的小键盘图标打开音源插件的界面重新选择音色。

⑧ 将播放光标移到需配乐的画面位置，按下录音快捷键【 * 】，一边看着画面一边弹奏MIDI键盘实时地将配乐录制下来。一遍不满意可以重新再录，也可以双击录制的MIDI信息条进入到钢琴卷帘窗中，用手工方式来调整、修改MIDI音符。如图12－6所示。

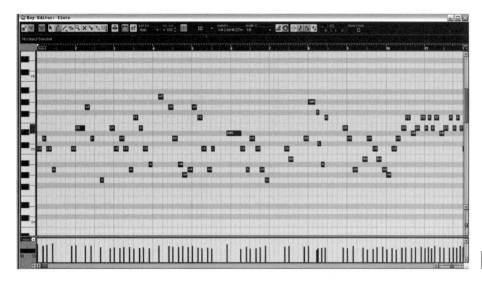

图12-6　MIDI编辑窗口

⑨ 以上介绍的是实时录制MIDI配乐的方法，当然也可以采用分步录制的方法或两者兼用。

⑩ 因Atmosphere是单通道的插件音源，如需在不同的MIDI轨上使用不同的音色，就需要在音源插件调用窗口中重新调入一个Atmosphere音源，并在使用的MIDI轨输出端口上选择第二个Atmosphere音源。如图12－7所示。

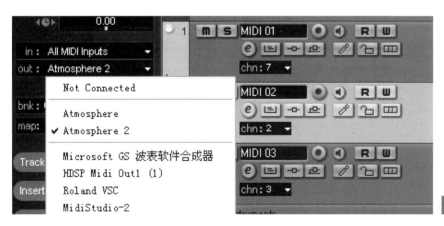

图12-7　重复使用单通道的音源

⑪ 录制完所有的片段后执行混音导出功能导出音乐音频文件。

12.4.3　使用智能作曲软件制作背景音乐

并不是每一个音效制作人都能像专业作曲家那样具备深厚的音乐功底，精通作曲理论及作曲技法，能为影片写作完整的主题音乐。而背景音乐因其片断性、断续性及音响性等特点，常常有非专业的作曲人员利用当前的一些高智能作曲软件制作出非常专业的

背景音乐来，这也是人们对传统作曲观念的一个很大转变。省去了写谱、演奏及录制的
各个环节，一个人包办了全部工作。这种智能作曲软件可以在指定和弦序进及音乐风格
的基础上自动生成乐队伴奏，还能生成旋律及前奏、间奏、华彩段落等。软件预置了数
百种音乐风格供选择，并有众多参数可调节，有无限的可能性，还可以自编风格模板。

以下是运用业界最为流行的智能作曲软件Band in Box制作背景音乐的实例演示：

① 运行BB(Band in a Box)软件，执行Opt.(选项)/MIDI Audio Drivers Setup指
令打开MIDI、音频驱动设置对话框，勾选右侧的Use VST/DXi Synth项，使BB通过
VST或DX格式的插件音源发声。点按"OK"按钮完成设置。如图12－8所示。

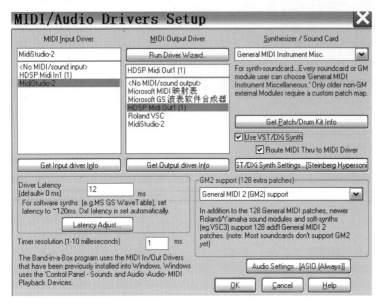

图12-8　设置音源插件格式

② 点按工具栏"Synth"按钮打开插件音源选择对话框，在Synth Track项下面
的Plugins栏下拉菜单中选择支持GM音色格式的插件音源名称（需另外安装，非
BB自带），如Steinberg Hypersonic，随即弹出插件音源的界面。点击插件界面
右下角的"Setup"按钮打开设置页面，将MIDI Settings部分的GM OFF更改为GM
ON，然后关闭插件界面窗口。如图12－9所示。

图12-9　启用MIDI音源的GM音色功能

③ 在BB主界面的和弦序进区域中输入自动演奏的和弦，点击小节空白处将出现和弦输入框，用电脑键盘输入相应的和弦标记并回车，输入框将自动进位到下半小节，逐一把编配的和弦序进输入完成。和弦标记可使用通用的标准格式（如：C、Fm7、Bb7、Bb13#9/E）等其他格式。如图12-10所示。

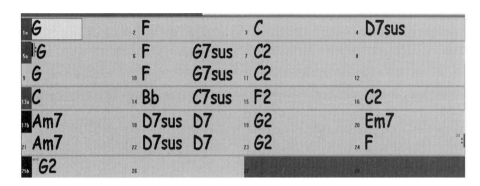

图12-10 和弦序进表

④ 点击和弦区域左上方的"Style（风格）"按钮，打开配乐的风格目录窗口，在此窗口可试听、设置、选取让BB生成配乐的风格类型。如图12-11所示。

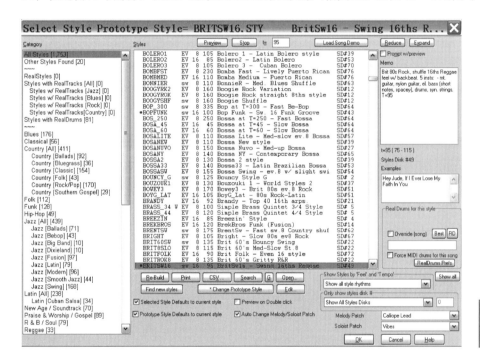

图12-11 BB的风格
列表窗口

⑤ 在主界面风格名称的右侧各栏中分别设置生成配乐的调性、速度、起始、结束小节及反复次数。注意如果改变了调性，和弦序进区域中的和弦也会随之改变。如图12-12所示。

图12-12 配乐属性栏

⑥ 现在，按下空格键进行播放，一段动听的音乐就产生了，犹如一支真实的乐队在跟前演奏一样。当然，这只是使用了BB最简单的几个功能，BB的超强功能远非如此，有关BB的更深层次的制作技术请参阅相关文献。

⑦ 点击工具栏"WAV"按钮，打开混音输出对话框，在此可将BB生成的音乐

直接导出为WAV、WMA、MP3音频文件。也可点击工具栏"MIDI"按钮,将音乐导出为标准的MIDI文件。如图12－13所示。

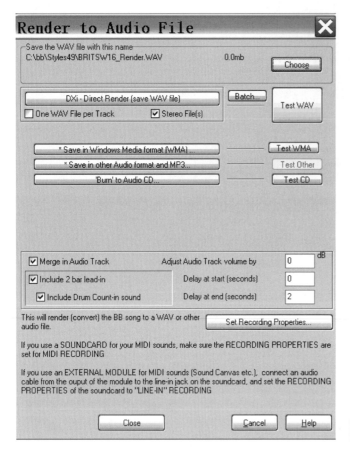

图12-13 输出混音文件

12.4.4 使用自动配乐软件制作背景音乐

只要导入视频文件,然后指定要配乐的范围及配乐的风格,再经过几个简单的设置,软件就能立刻生成与画面内容相符的完整配乐来。这听起来似乎有点离奇,现在的软件技术真是惊人。这种傻瓜式的配乐软件经笔者测试,效果还真不错。

以下是使用电影音乐自动生成工具Sony Cinescore制作背景音乐的实例演示:

①运行Sony Cinescore软件,在主界面下部的资源浏览器中选择需配乐的视频文件,双击该视频文件导入到工程窗口中。如图12－14所示。

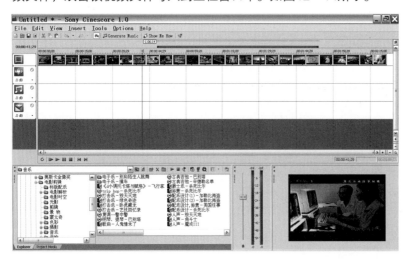

图12-14 导入配乐视频

② 用鼠标在视频画面缩略条下方空白处拖画出需配乐的范围，被选择的范围成灰色。如图12–15所示。

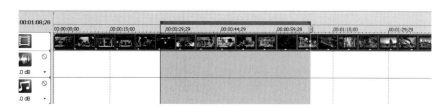

图12-15　指定配乐范围

③ 点击工具栏"Generate Music"（生成音乐）按钮，打开音乐主题选择对话框，此窗口分三个部分，分别是主题部分、变奏部分及变奏设置部分。即左侧选择音乐主题（即风格），右侧选择该主题的变奏（变化形式），下方再进行一些变奏的个人设置，如此而已。如图12–16所示。

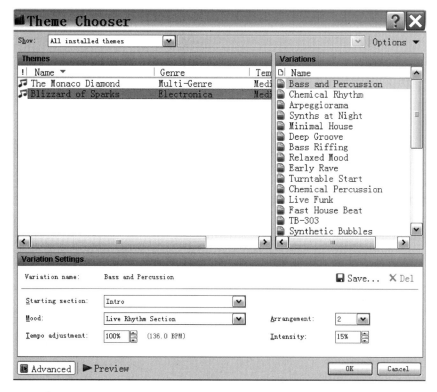

图12-16　生成配乐对话框

④ 按下Preview按钮，一边试听一边调节各种变奏参数，感觉满意时按下"OK"按钮进入自动生成音乐的状态。

⑤ 处理完成后将弹出所生成音乐的属性对话框，点击"OK"按钮确认完成。

⑥ 现在来看，在工程窗口音乐轨上原来选择的需配乐的空白范围已经出现了一条音频波形，配乐就此完成。如图12–17所示。

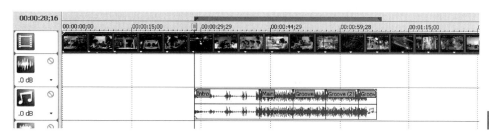

图12-17　生成配乐图

第13章 音频处理与效果器应用实例

13.1 利用音量包络来控制视频配乐的情绪起伏

在Nuendo中，音量的包络控制有三种方法：一种是利用画笔工具直接在波形显示条上描画来得到控制曲线；另一种是在自动缩混子轨上录制或写入自动控制曲线；第三种方法是通过音量包络处理器来实现。本例采用第二种方法来讲解实际操作步骤。

① 在工程窗口中，执行菜单File/Import/Video File指令及File/Import/Audio File指令分别导入视频文件及音乐文件，如果视频已配语言和音响，应将语音及音响文件一同导入。

② 根据视频画面的内容、情绪及音乐与其他两种声音元素的相互关系，设计出音乐的情绪起伏，也即音量的起伏变化。可以建立一条标记轨，标明音量的起伏状态。

③ 在工具栏的自动缩混框下拉菜单中选择自动控制模式为touch fader。

④ 按【F3】打开调音台窗口，按下音乐通道上的"W"按钮。

⑤ 开始播放音乐及语音、音响，用鼠标按住推子，看着画面一边监听一边移动推子，直至音乐结束。如图13-1所示。

图13-1 写入自动控制曲线

⑥ 按下音乐通道上的"Read"按钮对刚才的控制结果进行播放试听，如果对录制结果不满意，可以重复再录。也可以把自动缩混模式改成Trim（修正）模式来进行局部的调整，还可以打开自动缩混子轨用画笔工具来进行手工修正，直到满意为止。如图13-2所示。

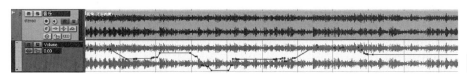

图13-2　修整自动控制曲线

13.2　利用音高转换功能及均衡器来改变角色语音的个性特征

动画片中的角色相比影视剧中的角色从类型上来说要丰富得多，除人的角色形象外，也有很多拟人的角色形象，比如各种动植物等，还有很多完全是靠动画设计师设计出来的角色形象。为了塑造视听艺术的统一体，这些被设计出来的独特的角色形象也应该配以独特的语言形象，而配音演员由于各自嗓音音域的限制，不可能随意提高或降低语音的音高，以配合角色形象的语言个性要求。现在利用数字手段就可以随意改变配音演员的语音音高及音色，甚至能将一个男声变成一个女声。用Nuendo软件来制作非常方便且效果明显。以下是具体的制作步骤：

① 在Nuendo3.0工程文件中，执行File/Import Video和File/Import Audio命令分别导入视频文件及已录制好的配音文件。

② 根据视频画面角色形象的类型及性格特征，设计出角色的语音形象。

③ 选中语言波形片段，在信息栏的Transpose项目下点击并输入数值，每一个数代表音乐中的一个半音，正数为升高，负数为降低。后一项Finetune是微调，即每一个半音为100个音分。可一边试听一边输入不同的数值，每次输入数值后按回车键即可听到变化的音高。如图13－3所示。

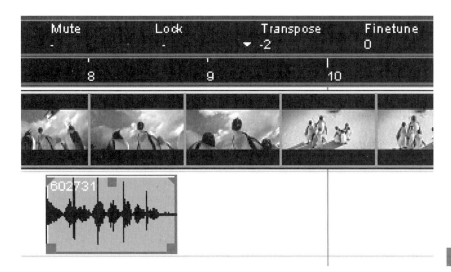

图13-3　输入音高转换数值

④ 如果觉得角色的语音在个性上还不够明显，可以再对语言波形进行均衡处理。本例使用Nuendo3.0自带的插件效果器NuendoEQ2，通过不同频段及带宽的调节来创作所需要的语言音色。如图13－4所示。

图13-4　均衡调节

13.3　利用立体声转换功能消除歌曲的原唱

由于流行歌曲的录制大都采用多轨录音工艺，也即近距离的分期分轨录音，各种伴奏乐器及人声演唱的声场分布（即声像设置）都是在后期混音时人工分配的，分配的原则基本根据模拟乐队的现场排阵来设置每种乐器的声像位置。为了突出歌唱人声，通常都是将人声放在中央，也即左右声道具有同样的人声内容。用立体声转换功能来消除歌曲中的人声演唱（通常又称原唱），就是在这个条件下实现的。以下讲解具体步骤：

① 在Nuendo3.0工程窗口中，执行File/Import Auido指令导入要处理的歌曲音频文件。

② 将音频波形条再复制一条放在另一轨与第一轨同样的起始位置上。

③ 选中第一轨音频波形，执行Audio/Process/Stereo Flip指令打开立体声转换对话框。

④ 在对话框的Mode（模式）下拉菜单中选择第五项Subtract,也即左右声道信号抵消功能。如图13－5所示。

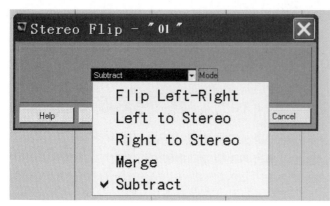

图13-5　立体声转换处理对话框

⑤ 点按Process按钮弹出提示对话框，点按New Version按钮进入处理阶段。

⑥ 处理完成后点按"SOLO"试听一下效果，人声基本被剔除掉了。但由于这种剔除人声的方法是根据左右声道信号抵消的原理，一些低音乐器如鼓、贝司等，由于低频信号的方向性不强，所以也跟人声一起被剔除了。这时的音乐明显觉得单薄了许多，影响了听觉的美感。

⑦ 现在，选中第二轨音频波形，打开Graphic EQ图示均衡器，将右边的频段设置为最多段数，按下预听键，一边听一边调试，将人声的主要频段音量全部衰减到底。点按Process按钮进入处理阶段。如图13－6所示。

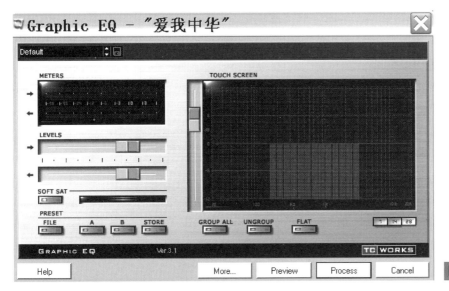

图13-6 用均衡器衰减人声频段

⑧ 当对第二轨的音频处理完后，与第一轨音频同时播放，这时感觉低音及其他一些在第一轨中被剔除掉的除人声外的声音成分丰富多了。

⑨ 最后，如果满意了，就可以执行File/Export/Audio Mixdown指令将两轨混合输出为一个文件。

13.4 利用反转功能做环境声的循环连接

环境声（Ambience）又称背景声（Backgrounds），能为影视、动画营造真实的声音空间，它们可以用来表现故事发生的时间、地点、紧张程度等。它能促进画面剪辑点的连贯，以及用新的声音空间来取代原来的空间。

在动画制作中使用环境声，如果遇到环境声的声音素材不够长时，就需要将素材复制后再进行循环连接；而如果环境声素材中含有某种连续的音调进行时，要做这样的反复连接在连接处就会有明显的痕迹很容易被听出来，会给人很不自然的感觉。利用Nuendo软件的反转处理功能，就能很好地解决这个问题。以下是具体的操作步骤：

① 在Nuendo3.0工程窗口中，执行File/Import Audio指令导入环境声音频素材。

② 选中音频波形，执行【Ctrl+D】快捷键命令将波形复制一遍。如图13－7所示。

③ 选中被复制的波形，执行Audio/Process/Reverse处理指令。弹出处理对话框，点下New Version按钮进行处理。

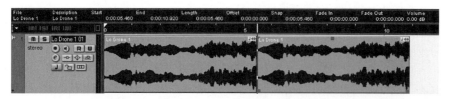

图13-7　复制波形

④ 现在从原始波形开始播放，可以听到在原始波形与复制波形的连接处已经感觉不到有明显的痕迹了。如果感觉效果还不够满意，可以先调整一下原始波形的尾部（如伸长、缩进或淡出等）再进行复制及反转处理。

⑤ 经上述的反复调试直到效果满意后，使用工具栏粘接工具将两段波形粘接起来，如果这时素材的长度还不够，再执行【Ctrl+D】快捷键命令将粘接好的波形复制若干遍。以下是处理后的波形显示，如图13-8所示。

图13-8　处理后的波形条连接

13.5　利用时间伸缩功能使音乐匹配画面的长度

有时为视频画面选择了合适的配乐，但音乐的长度与画面的长度却往往不是刚刚相配，将音乐反复一遍显得太长，中间剪开又会破坏音乐的整体性。这时利用Nuendo的时间伸缩处理功能，就能很好地解决这个问题。以下是具体处理步骤：

① 在Nuendo3.0工程窗口中，执行File/Import Video和File/Import Audio命令分别导入视频文件及配乐音频文件。

② 在标尺栏上画出需要为视频画面配乐的范围，也即左右定位的区域，注意一定要从音乐的开始端画起。如果所画的区域超过了原始音乐的长度即为拉长处理，反之即为缩短处理，本例使用拉长处理。如图13－9所示。

图13-9　指定配乐范围

③ 选中音乐波形，执行Audio/Process/Time Stretch指令打开时间伸缩处理对话框。如图13-10所示。

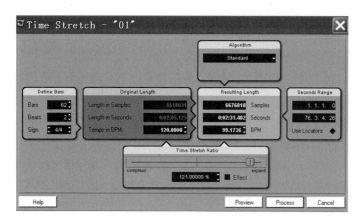

图13-10　时间伸缩处理对话框

④ 点击Use Locators按钮，使处理器获取当前的设置。

⑤ 点击Process按钮进行处理，图13－11是处理后的显示结果。

图13-11　处理后的波形长度与
指定的配乐长度对等

另外须注意，时间伸缩功能并不是无限制的，对于音乐性质的素材伸缩
程度不超过音乐本身长度的1/3，音质一般不会有太大的损失，否则将要付出
牺牲音质的代价。但对于有些需要制作特殊效果的音响素材就可以随意来处理
了。

13.6　使用扫频降噪法为音频录音降噪

我们在录制的音频素材中可能会碰到这样的噪声：它的频率相对固定，电平
也较高，混杂在频谱中间，如嗡声、闷声或刺耳声等，这时使用噪声门来降噪是
无能为力的。此时，我们便可以使用EQ均衡器，将对应的频率进行一定程度的衰
减，以达到降噪的目的。所谓"扫频法"，则是指利用频段搜索的方式找出噪声所
在的频率点，以便处理。方法是：用一台频率可选的均衡器或均衡器插件，先将音
量提升，然后逐个选取频率段，直至其音色和出现问题的音色相吻合为止；最后将
这一频率段衰减至使声音恢复正常为止。例如，给钢琴拾音时，由于话筒离钢琴盖
板太近会引起沉闷的染色效果（可能是300Hz附近的输出太高），因而可用低频均
衡将其提升，变化其中心频率，直至沉闷声变得更显著时为止；然后再将此频率段
的均衡加以衰减，直至钢琴声恢复正常时为止。

① 在Nuendo3.0工程窗口中，执行File/Import/Audio File指令导入已录制或有
问题的音频素材。

② 选中波形，执行Audio/Plug-ins/Filter/Q命令打开均衡器Q的界面。如图
13－12所示。

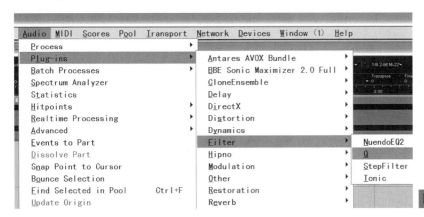

图13-12　打开均衡器"Q"菜单选项

③ 点亮按钮Mid1或Mid2（本例点亮Mid1），将Width（带宽）旋钮调至最
小，Gain（增益）旋钮调至最大。如图13－13所示。

④ 按下Preview（试听）按钮，用鼠标按住Freq.（频率）旋钮使之左右缓慢
旋转，当听到噪声成分明显加强时停下来，然后前后对比试听确定噪声最强的点。

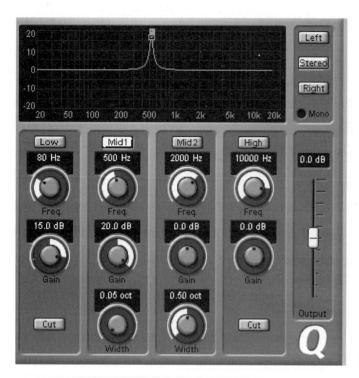

图13-13 设定带宽与增益

⑤ 将Gain旋钮调至最小，完全衰减噪声所在的频率点（本例的噪声频率点在624Hz处）。结果如图13-14所示。

图13-14 衰减噪声频率点

13.7 将语言录音处理为电话声音效果

在影视作品画面中，两人打电话，一人在画内一人在画外，也即画内音与画外音交替出现。因画外音是通过话机听筒传出的，为了使声画统一，就需要对录制的语言原声做必要的效果处理。由于电话机及对讲机的话筒和听筒（喇叭）的构造特性，从电话机、对讲机传出的声音频率一般在400~2500Hz，也即以1000Hz为中心频率的很窄的带宽内。如果将这一频段的信号电平提升而将其他频段的信号电平衰减，就能制造出电话中发出的声音效果。这就是将原声语音处理为电话声音效果的理论依据。

① 在Nuendo3.0工程窗口中，执行File/Import/Video File和File/Import/Audio File指令分别导入视频文件及录制好的语言音频文件。

② 根据视频画面的画内与画外镜头将所有的画内与画外镜头的语言波形分剪开来，并将画外语言波形选中垂直移动（按住【Ctrl】键）到另外的音轨上。如图13－15所示。

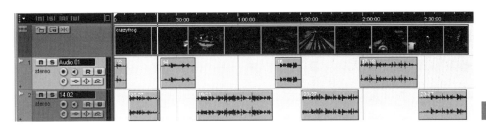

图13-15　分离语言声轨

③ 选中所有的画外语言波形，执行Audio/Plug-ins/Filter/Q命令打开均衡器Q的界面。

④ 在均衡器Q的预置参数中选择Phone（电话）项，并点下Process按钮进行处理。如图13－16所示。

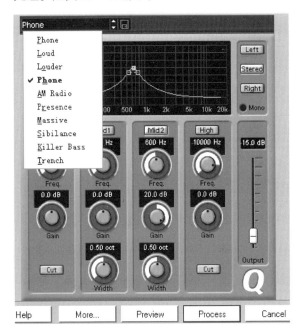

图13-16　选择预置效果

⑤ 处理完成后试听效果，如果还不是非常满意，可以再调节一下Mid2频段的Freq.旋钮，然后再进行处理。

13.8　将语言录音处理为收音机收听效果

在影视节目中经常会出现收音机或老式电唱机的有源声音，由于收音机是通过无线电接收信号的，电波在传输过程中会受到其他杂波的干扰而产生噪声成分，老式电唱机在播放过程中也会产生"噼叭"类的杂声及电流的"哼鸣"声。需要将录制的声音原声做必要的效果处理，以达到声画统一的目的。

① 在Nuendo3.0工程窗口中，执行File/Import/Audio File指令导入录制好的语言音频文件或其他声音素材音频文件。

② 选中音频波形，执行Audio/Plug-ins/Restoration/Grungelizer命令打开效果器界面。如图13-17所示。

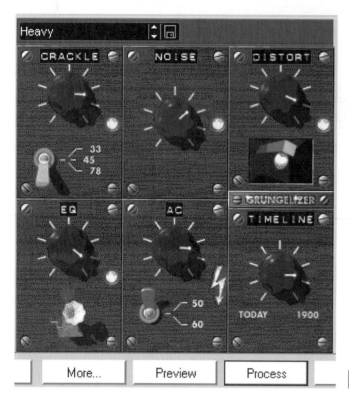

图13-17 Grungelizer效果器界面

③ 选择预置效果参数，在这里有默认、一般、重的、非常重的四项参数选择，按下Preview按钮进行试听然后选择合适的参数。

④ 如果感觉效果还不满意，可以适当调节"CRACKLE"、"NOISE"及"DISTORT"、"AC"四个旋钮，分别增加或减少噼叭杂声、静态噪声、失真效果、电流声的声音成分。

⑤ 效果调节满意后按下Process按钮进行处理完成。

13.9 将人声录音处理为人在昏迷状态下的听觉体验效果

在影视节目中表现角色的回忆、幻觉或梦境的镜头时，通常这类镜头中的声音会被处理为回声的效果，用以表达非现实的空间。

① 在Nuendo3.0工程窗口中，执行File/Import/Audio File指令导入录制好的语言音频文件。

② 选中音频波形，执行Audio/Plug-ins/Tc Native Bundle/Native Reverb Plus指令，打开预先安装的第三方插件效果器Native Reverb Plus的控制界面。这是一个混响效果器。

③ 选择效果器预置参数Huge Cathedral(大教堂)，按下Preview按钮试听，可以再调节界面中各种参数以达到所需要的效果。如图13-18所示。

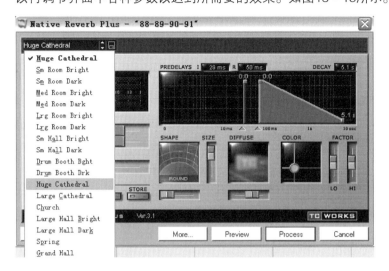

图13-18 选择混响效果器Native Reverb Plus的预置效果

④ 效果满意后按下Process按钮进行处理完成。

13.10 将人声处理为机器人的语声效果

在影视节目中，由于角色语言具有性别、年龄、个性等特点，这就要求配音人员受过专业的语言训练，擅长语言的表现技巧。但并不是每一个人都能具备这样的能力，特别是动画片中的拟人角色，要表现这些独特角色的语言个性，就是专业的配音演员也不一定能完全胜任。除了可以采用13.2中介绍的使用音高转换音频处理功能及均衡器来创造角色语言的个性特征外，通常的方法是运用效果处理，将语言原声处理成与角色匹配的音色。

① 在Nuendo3.0工程窗口中，执行File/Import/Audio File指令导入录制好的语言音频文件。

② 选中音频波形，执行Audio/Plug-ins/Delay/ModDelay命令打开调制延时效果器界面。

③ 在效果器预置效果菜单中选择Spring-O-Matic项，如图13-19所示。

图13-19 选择效果器ModDelay的预置效果

④ 按下Preview按钮进行试听，也可通过界面的相关参数旋钮进行调节，具体方法参照前文（6.13.1）所述。按下Process按钮进行处理。

13.11 将人声处理为特殊体形的角色的语声效果

体形庞大的人或拟人的角色的语音特点一般都较粗犷或带金属沙哑的音色，低频成分较重。如动画片《美女与野兽》中的野兽角色的语音，电影《魔戒2》中老仙树角色的语音等。以下讲解处理步骤：

① 在Nuendo3.0工程窗口中，执行File/Import/Audio File指令导入录制好的语言音频文件。

② 选中音频波形，执行Audio/Plug-ins/Distortion/Overdrive命令打开失真效果器界面。

③ 在效果预置菜单中选择Crazy Metal项，按下Preview按钮进行试听，通过Drive（过载）参数旋钮调节语音沙哑的程度。如图13-20所示。

图13-20 选择效果器Overdrive的预置效果

④ 满意后按下Process按钮进行处理。

13.12 为画面制作主观音响

特殊音响的制作是指运用电子手段或效果处理的方法，将现实和非现实生活中的声音加以夸张、扭曲、变形来表现角色的情绪状态或听觉体验，揭示角色的内心世界或某种象征意义。

以下是对一段视频画面的描述：一次车祸事故，两车猛烈相撞，随着一声巨响，主人公从车门一侧滚落在地，躺在地上一动不动。此时用的是一组主观镜头，他能依稀看见周围跑动的人群，也能听见各种嘈杂的声音。

本例的要求是配合画面主观镜头的表意，表现主人公在半昏迷状态下的主观听觉感受。根据我们的生活经验，这种声音应该是发闷的、模糊的，就像是从被窝里发出来的一样。从声学角度来讲就是缺乏高音频率，且带混响或回音效果。以下演示具体的处理步骤：

① 在Nuendo3.0工程窗口中，执行File/Import/Video File和File/Import/Audio File指令分别导入视频文件及声音文件。

② 根据画面内容，使用工具栏区域选择工具选择要作主观音响表现的波形区域，或将需作主观音响表现的波形部分分割开然后选中。如图13－21所示。

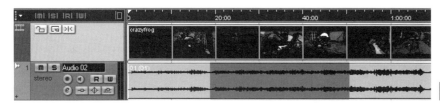

图13-21 选择要处理的波形范围

③执行Audio/Plug-ins/NuendoQ2命令打开均衡器Q2界面。

④ 点亮高频段的开关按钮，将带宽旋钮调至最右边，使均衡器变成一个低通滤波器。按下Preview按钮，一边试听一边通过频率旋钮调节截至频率，直到使声音发闷而又能基本听清楚为止。如图13－22所示。

图13-22 调节低通滤波器

⑤ 按下Process按钮进行处理。

⑥ 执行Audio/Plug-ins/Reverb/ReverbA命令打开混响效果器界面。

⑦ 选择预置效果菜单Medium项，按下Preview按钮，一边试听一边调节相关参数。如图13－23所示。

⑧ 感觉效果满意后，按下Process按钮进行处理。

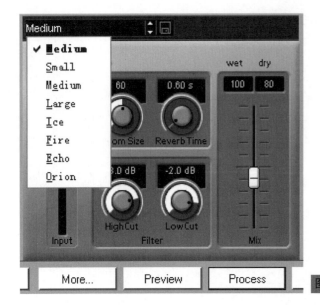

图13-23　选择效果器ReverbA的预置效果

13.13　为慢镜头画面制作表意音响

影视中的慢镜头通常采用的是蒙太奇的手法，来创造人的心理时间，起到强化内容的作用。 为了使声画统一，对慢镜头画面的声音处理通常采用的是时间拉伸处理功能及添加混响、延时等效果器的方法，以增加声音的厚重感，匹配画面进行表意。以下演示具体制作步骤：

① 在Nuendo3.0工程窗口中，执行File/Import/Video File和File/Import/Audio File指令分别导入视频文件及声音文件。

② 根据画面内容，将需做表意音响处理的波形部分分割开移至另一音轨。

③ 使用工具栏箭头鼠标工具下拉菜单第三项（Sizing Applies Time Stretch）工具，将需做处理的波形拉伸到适当的长度，具体长度根据画面的表现需要而定。如图13 – 24所示。

图13-24　在工具栏中选择时间拉伸工具选项

④ 执行Audio/Plug-ins/Delay/DoubleDelay命令打开延时效果器界面。

⑤ 按下Preview按钮，一边试听一边调节效果器相关参数项。具体方法参照6.13.1章节所述。

⑥ 感觉效果满意后，按下Process按钮进行处理。

第14章 环绕声的制作

14.1 关于环绕声

Surround（环绕声）是对音频声音的听音位置及重放方式等技术的一种统称。虽然普通立体声音频也提供了有限的左、右声音位置，但它仍然是一种较为狭窄的声像区域。而Surround技术则更加拓宽了这种声像区域，使声音源总是充满着听者的周围。

立体声使用两条通道来把声音输送到在你前方的两只音箱上。而环绕声则是使用多条通道来把信号输送到围绕着你的多只音箱上。立体声的一个缺点是必须坐在很狭窄的最佳点位置上才能得到正确的声像位置听感。与此成对比的是，环绕声可以在音箱之间的很宽广的区域内得到正确的声像位置听感。

Surround声音技术发展至今已具有许多模式，从20世纪70年代"乙烯基"唱片开创的早期Quadraphonic（四声道）格式起，直到当今更加成熟的Surround声道技术，其Surround格式的变化主要体现在以下两个方面：一是喇叭数量的变化，已从2路喇叭发展到6路喇叭。其次是由于音频媒体的截然不同（如广播视频、电影胶片或DVD等），从而产生了更多优秀的编码格式系统。

关于Surround技术是个广泛的主题，需要有专门的书籍来全面阐述这方面的内容，本章节无法对此提供更深入的论述，在此只是简要讲解有关Surround技术的具体应用和操作方面的相关问题。

14.2 环绕声录音与监听

14.2.1 环绕声混录设备

以下为混录成为环绕声时所需的一些设备：

① 任何格式的多声轨录音作品：模拟带、数字带、硬盘等。

② 如果使用的是混录调音台，那么调音台至少要有6条输出通路(也称之为母线或副编组)。大多数的数字调音台具有环绕声矩阵，用来做混录设置和监听环绕声设置的一个组成部分。

③ 如果使用的是普通调音台，就需要一台八轨录音机(MDM模块式数字多轨录音机或硬盘录音机)来记录环绕声的混录声轨。声轨1至声轨6记录环绕声声道，而声轨7和声轨8则记录一条独立的立体声混录。

④ 如果使用一台数字音频工作站(DAW)来做环绕声的混录，那就需要至少有8路输出的音频接口。把送到5.1输出通道的数字音频工作站设置到6个接口输出上，然后把这些接口输出连接到5个有源音箱及一个有源超低音音箱上。用它来替代前面提到过的环绕声接收设备。

⑤ 如果使用数字音频工作站(DAW)，则需要环绕声混录软件。例如，Steinberg Nuendo以及Digi Design Pro Tools等都包括有环绕声混录软件。可以把6条声轨混录到硬盘上，然后把6个形成的WAVE(波形)文件复制到CD或DVD上去。

14.2.2 环绕声音箱的布置

从电影工业那里得到继承，环绕声用六条声道输送到围绕着听众四周的6只音箱。这就组成了一个5.1环绕声系统，这里".1"是指超低音音箱声道，或称为低频效果(LFE)声道。LFE(低频效果)声道是受频段限制到125Hz及以下的声道，而其他的声道则为全频段带宽(20Hz~20kHz)。"5.1"是一种声道格式——代表了声道数、它们的频率响应以及音箱摆放等的环绕声标准。

6个音箱分别是：左前置、中置、右前置、左环绕、右环绕、超低音。

图14-1画出了5.1环绕声用监听音箱的推荐摆放位置。这是由AES TD1001和ITU775推荐的标准设置。以中置音箱为基准，左右前置音箱应摆放在它±30°的位置上，环绕音箱则摆放在±110°位置上(有些录音师喜欢把环绕音箱摆放在120°~125°的位置上)。如果为电影声轨作混录时，通常用偶极子扬声器来得到环绕声，并把它们置于两侧(±90°)。

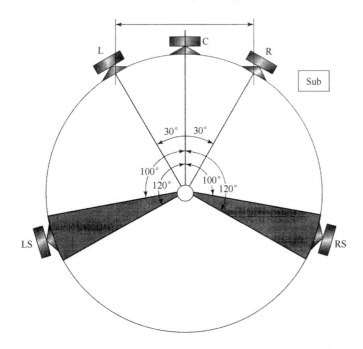

图14-1 5.1环绕声用监听音箱的摆放位置

左前置和右前置音箱提供常规的立体声。环绕声提供了一种由房间环境而引起的包围感，它们还允许把声像出现在听众的后方。深沉的低音则由超低音音箱来填补。因为人们不能够感觉到低于120Hz以下低音的位置，所以超低音音箱可以摆放在任何地方，而不至于降低声像位置感。

为剧院最初设计的中置声道的音箱是直接被固定在听众的正前方。而在家庭影院系统内它却位于电视屏幕的上方或者下方或者电视屏幕的正前方。此音箱以单声道方式来播放中置声道的信息，例如对话之类声音。两只立体声音箱已经可以产生一种幻象的中央声像，为什么还要使用一只中置音箱呢?如果只用两只音箱，而你坐在偏离中心位置的地方，那么幻象声像将会偏移到你就座位置一边的前方。而中置声道音箱则可以产生真实的声像，当你沿着听众区域移动时，它的声像不会移动。中置音箱保持着屏幕上演员的对话声，而与听众所在的位置无关。

为获取最敏锐的声像以及声场上的连续性，所有的音箱应具备如下条件：

① 音箱与聆听者之间要有相等的距离。

② 所有的音箱要使用同一型号(超低音音箱除外)。

③ 要有相同的极性。

④ 均使用直接辐射型音箱。

⑤ 要用相同的功率放大器来驱动。

⑥ 用粉红噪声来匹配调试声压级(超低音音箱要增加10dB)。

⑦ 音箱要摆放在前后方左右对称的房间内。

如果要为电影声轨作混录，则环绕声音箱应该使用偶极子音箱，而不使用直接辐射型音箱。偶极子音箱向前后投射声音，可以产生一种扩散效果。

典型的音箱设置是把音箱距聆听者1.22～2.44m处摆放，音箱高度约为1.22m。可用一定长度的线来丈量，使音箱到聆听者头部的距离都相同。超低音音箱则可以放置在靠近墙跟的地面上。要使所有音箱发出的声音，在音质的平衡上没有什么变化。

14.2.3　环绕声监听系统的设置

用于环绕声的制作当然比立体声制作要使用更多的设备。应该至少具备如下设备：

① 5只"卫星式"监听音箱以及一只超低音音箱，并且还要有6个声道的功率放大器。或者用5只有源监听音箱及1只有源超低音音箱。

② 一台超低音/卫星分频器（一种低音管理系统），此系统内置于某些环绕声监听音箱内部。

③ 六声道音量控制部件(硬件或软件)。

要确保把超低音音箱包括在监听系统之内。如果没有这种音箱，就可能听不到像家用听音者用超低音音箱所听到的那种低频背景噪声。诸如包括喘息噗声、话筒架的砰砰响声、空调的隆隆声以及一些特别强烈的重低音音符等。

也可以用家庭影院中的环绕声接收器作功率放大和低音管理。它们有各自的音量调节部件去同时调整所有声轨的电平。大多数的家庭影院设备具有5个放大器声道以及一条线路输出，线路输出送至有源超低音音箱。超低音音箱的功率放大器应至少能提供100W的功率，并且环绕声接收设备应该有6路模拟输入，可以把它们接到环绕声的混录信号上。

14.2.4　环绕声录音连接

现在有了为环绕声混录所必需的设备(包括低音管理)之后，就可以把它们连接成一个系统。下面介绍两种连接方法。方法一使用一台外部的多声轨录音机来记录环绕声混录声轨；方法二使用数字音频工作站(DAW)来记录环绕声混录声轨。

方法一　使用一台外部多声轨录音机的连接：通常是从6条母线那里的线路电平信号连接到缩混录音机上的相关的声轨上去。为监听这6条声轨，可把录音机的输出或者接到环绕声接收设备上去，或者接到一个低音管理滤波器上，滤波器送到6条功率放大器的通道上去。环绕声接受设备或功放驱动5只音箱和一只超低音音箱。

图14-2画出了这种连接。把调音台的母线输出或环绕声矩阵输出经跳线连接到八轨缩混录音机的输入端。在录音机的背面，把声轨输出1至6连接到环绕声接收设备或是功放的输入端。在接收设备或功放上，从音箱输出端分别接到各音箱上去。如果超低音音箱为有源音箱，则可将LFE(低音效果)声道线路输出(channel line output)接到超低音音箱的线路输入端。如果6只音箱均为有源音箱，则可把它们直接接到低音管理器的输出端1至输出端6。

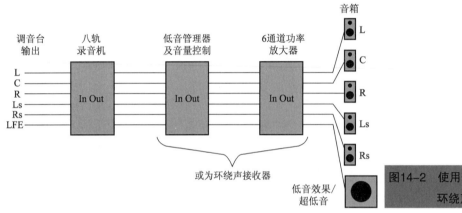

图14-2　使用一台外部多轨录音机来记录环绕声混录声轨的连接

何时才把调音台或数字音频工作站接到八轨缩混录音机上，哪一路信号录到哪一条声轨上去呢?最常见的声轨安排(杜比数字、ITU和SMPTE标准)如下：

① 左前方（L）

② 右前方(R)

③ 中心（C）

④ 超低音声道（LFE）

⑤ 左环绕(Ls)

⑥ 右环绕(Rs)

⑦ 立体声混录左(L)

⑧ 立体声混录右(R)

要确保为录音媒体标有声轨的安排记录。

方法二　使用数字音频工作站来记录环绕声混录声轨的连接：使用有源音箱的连接方法如图14-3（a）所示。用计算机环绕声监听软件来设定综合监听电平，然后再对每只音箱分别微调音箱的电平。使用无源音箱的连接方法如图14-3(b)所示。用环绕声接收器上的音量调节钮来设定综合监听电平。低音管理滤波器内置于有源超低音音箱或环绕声接收器内。

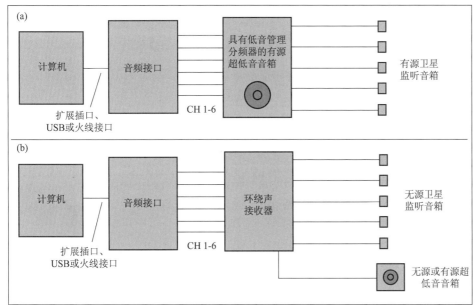

图14-3 使用（DAW）来记录环绕声混录声轨的连接

14.3 在Nuendo中的环绕声操作

14.3.1 总线配置

14.3.1.1 输出总线配置

在进行有关Surround工作之前，必须预先按照所需要的Surround格式的相关喇叭声道数来配置所适配的Surround Output Bus（环绕声输出总线）。所有这些都需要在Devices菜单/VST Connections窗口进行操作。

在窗口Outputs标签页中，点击"Add Bus"按钮，从Configuration下拉菜单选择所需要格式的预设项，这样新建Bus将出现在窗口中。然后在 Device Port栏，为新建Bus中的每个喇叭声道路由到音频硬件所需要的输出端。如图14-4所示。

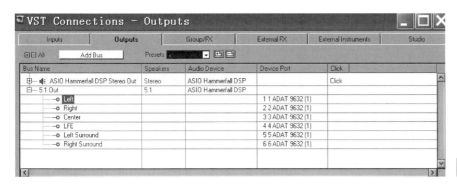

图14-4 环绕声输出总线配置

有必要的话，也可以对Output Bus重命名，所建立Output Bus项将会列在调音台窗口以及Routing（路由）下拉菜单中。

14.3.1.2 输入总线配置

对于在Nuendo中的Surround Sound工作，通常不必为Input Bus来配置Surround格式。一般只需要按照标准方式把音频信号录制成音频文件，然后再把它们的音频通道路由到Surround Output就可以了。

当然，还可以把特定Surround格式的多声道音频文件导入到同样匹配格式下的音频轨。因此，只是在以下几种情况下才有必要将Input Bus配置成Surround格式：如果已有的音频材料是一种特定Surround格式，而且需要以单个多声道合并文件的方式导入到Nuendo中来，或者需要以Surround格式来录制现场。

只有在上述情况下，可以将Input Bus配置成所需要的Surround格式，同时把音频硬件的各个输入端路由到Surround中相应的喇叭声道。

14.3.2　将音频轨路由到环绕声通道

14.3.2.1 路由到单独的喇叭通道

如果要把某个音频源放在单独的喇叭声道，可以直接把它路由到该喇叭声道，这对于音频材料的预混处理或不需要声像定位的多声道录音是非常方便的。

在Mixer窗口，从所要被路由通道的Output Routing下拉菜单选定相应的Surround喇叭声道即可。如果是把立体声通道直接路由到喇叭声道，其L/R通道就会被合并成单声道通道，而该音频通道的声像也将变成单声道方式下的左右声道比例控制，当设为居中位置则成为相等的音量比例。如图14-5所示。

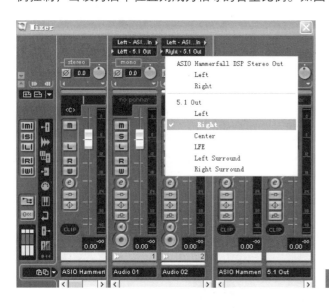

图14-5　将音频路由到单独的环绕声喇叭通道

14.3.2.2　路由到环绕声总线通道

首先，在Mixer窗口找到所要设置的通道（可以是Mono或Stereo Channel），从其Output Routing下拉菜单选择Whole Surround Bus（环绕声总线）项（不是指环绕声喇叭通道），这样在该通道电平推子上侧会出现Surround Plug-In（环绕声插件）的缩略图框。如图14-6所示。

现在，在此直接移动定位控制点就可以调节环绕声环境中相应声源的位置。其中，平行红线控制着"LFE"的电平。双击缩略图框可打开该环绕声插件的完整操作窗口，在此的操作与缩略图框中的操作相同，只是操作更加精确。

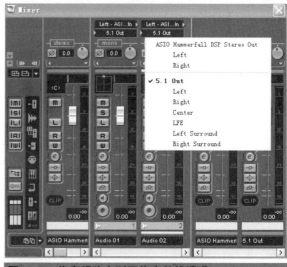

图14-6　将音频路由到环绕声总线通道

14.3.3　环绕声面板操作

确定几条需要进行环绕声混音的音轨，立体声或单声道均可。在调音台中将它们的输出端口设置为5.1的总输出通道，也就是默认叫做5.1 Out的通道。这样设置后，会发现原来调整声像的位置变成了一个方框，方框中还有一个蓝色的圆点，其中方框代表整个环绕声的声场，而蓝色的圆点则表示该通道声音的位置，方框右侧可以左右移动的红色竖条不是声像，而是5.1声道里面那个.1的低音声道音量大小。我们可以用鼠标随意移动蓝点的位置，使声音在某个位置出现。蓝点位置的变化也可以录制为自动化参数，使声音在声场中来回移动。

方框和蓝色圆点整个部分实际是该通道上的一个特殊的音频效果器，它叫做环绕声像（SurroundPanner），双击方框可以打开环绕声像效果器的参数设置界面，进行详细设置，如图14-7所示。

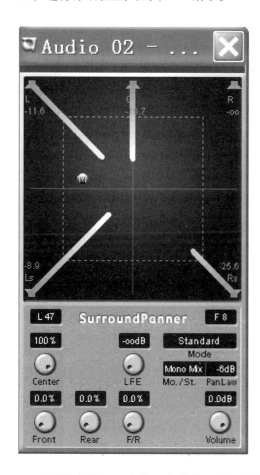

图14-7　环绕声像控制面板

环绕声像窗口中有一个非常醒目的图示框，其中有5个蓝色的小喇叭图标，分别表示左前、右前、左后、右后、中置这5个通道在环绕声场中的位置，这几个位置是固定不变的。另外有一个灰色的上面写M的小圆圈，代表声源的位置，它可以用鼠标拖动到任意位置。在拖动声源时，会发现它距离哪个小喇叭越近，喇叭发出的蓝色直线就越长，实际上，蓝色的直线就表示该通道的音量大小。在每个喇叭旁边都有一个小数字表示当前通道实际音量的大小。按住【Alt】键单击小喇叭图标，使其变成黄色，此时该通道就被关闭，不管声源距离这个喇叭多近，也完全不发声了。

移动声源位置也是有技巧的：按住【Shift】键拖动鼠标，声源将沿着边界移动；按住【Ctrl】键拖动鼠标，声源只能纵向移动；按住【Alt】键拖动鼠标，声源只能斜向沿着左上和右下移动；按住【Alt+Ctrl】键，声源只能斜向沿着右上和左下移动。

Center旋钮：该参数决定着由前置喇叭所得到中央声源的电平量。当设为"100%"时，将完全由中置喇叭提供中央声源；当设为"0%"时，将由前置左右喇叭所建立的声像环境来提供中央声源，设为其他值则介于上述两种情况之间。

LFE旋钮：当所选择环绕声配置中含有LFE(Low Frequency Effects)通道的话，在环绕声像面板窗口将出现单独的一个"LFE"电平旋钮，可用于调节发送到"LFE"通道的信号电平量。此外，也可以在调音台窗口所在通道的环绕声像框中，使用右侧的小红条来进行同样的操作。

Front、Rear、F/R：3个旋钮分别控制前、后、前/后的衰减比例。默认3个参数都是0%，此时将声源完全置于某一个喇叭，其他喇叭均不会发出声音（除了中置）。3个参数百分比越大，位于前、后、前/后的喇叭将分得的音量越大。

Mo./St.：下拉列表中选择哪个项目，应该由当前通道的声音决定。如果该通道是单声道声音，那么应该使用默认的Mono Mix；若是立体声声音，那么应该使用Y Mirror，由此为L/R声道分别提供了各自的灰色定位球，只要拖动其中任何一个定位球即可同步移动2个声道的声源位置。

PanLaw：决定每个声道的最大音量。

其实环绕声像还有两种显示模式，分别为Position（位置）和Angle（角度），可以根据自己的习惯进行选择。

14.3.4 导出环绕声音频文件

当完成了Surround的混音处理后，就可以通过Export Audio Mixdown功能来输出音频文件了，而且可以只对指定Output Bus来进行导出，这时，所要混音处理部分的所有通道都必须是被路由到Surround Output Bus。

对于Surround混音工作的输出，提供有以下选项：

当以"Split"格式进行导出时，每个Surround通道分别得到相应的Mono音频文件。当以"Interleaved"格式进行导出时，将得到单独的一个多声道音频文件（比如在5.1音频文件中就含有所有6个Surround通道）。

在Windows平台下，还可以为5.1 Surround混音导出Windows Media Audio Pro格式的音频文件，这也是一种5.1 Surround的编码格式。

但此后如何使其成为终端产品（如DVD光盘中的Surround Sound），这就需要用到特定的相关软件或硬件，通过这类设备把Surround声音信号编码成为各种需要的格式，以将音频压缩（如使用MPEG编码格式）并储存在最终媒体上。有关这类编码软件或硬件的具体类型将根据Surround的不同格式类型而定，这并不由Nuendo所决定和提供支持。

14.4 环绕声混音实例

以下是环绕声混音的实例演示，练习本例的必要条件是：所使用的音频卡具备6个以上的输出端口且都已被连接到5.1格式配置的环绕声喇叭系统。

① 新建工程，在Project/Project Setup对话框中分别设置Sample Rate（采样率）

及Record Format（录音格式）为"48.000kHz"及"24 bit"。如图14-8所示。

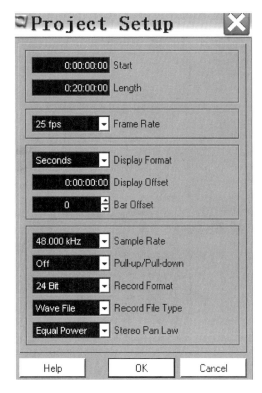

图14-8 工程项目设置

② 添加两条Stereo Track（立体声音轨）及两条Mono Track（单声道音轨）。

③ 准备音频素材，分别为立体声的环境声1、环境声2；单声道的语言声、汽车启动和引擎声。

④ 建立环绕声总线，在Devices菜单/VST Connections窗口的Outputs标签页中，按下"Add Bus"按钮以打开对话框，在此选择"5.1"项并点击"OK"按钮确认。这时将出现新的总线，分别点击所在总线每个通道相应的ASIO Device Port栏，从中选择音频卡的输出端口。如图14-9所示。

⑤ 从5.1 Out右击菜单的Add Child Bus（增加子总线）子菜单中选择"Stereo(Ls Rs)"项，这将从5.1总线内建立一个立体声子总线，它的声道是直接对应Left/Right Surround Speaker（左/右环绕声喇叭）的。虽然在实际应用中，是

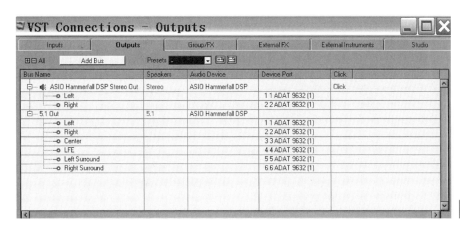

图14-9 设置音频输出通道

更应该为Left/Right Front Speaker(前方左/右喇叭)的，在本例只是为了讲解的方便
而已。如图14－10所示。

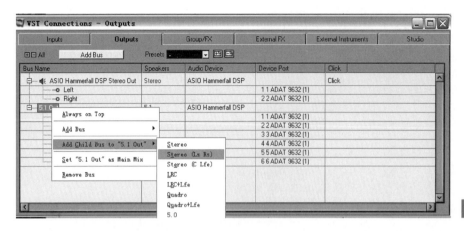

图14-10　增加立体声子总线

⑥ 将环境声1路由到Front Stereo Speaker（前方立体声喇叭），这要在环绕
声像控制面板中来做。首先按下环境声1通道的"S"按钮设为Solo状态，这样便
于监听。从该通道的Output Routing下拉菜单中选择"5.1Out"，以使其路由到总
的5.1总线的环绕声环境。这时会看到，该通道原先普通的声像控制现在变成了含
有控制点的方格图形，双击它即可打开环绕声像控制面板(图14-7所示)。从Mo./
St.下拉菜单中选择Y-Mirror模式，在该模式下，立体声材料的左右通道将被映射
为Y轴，即音频信号两个声道将以相同量被发送到环绕声中的对应声道。

现在可以将控制球拖到显示区域的右上角位置，会看到所拖动的就是"R"
球，也就是右通道。与此同时，左通道将自动被映射而定位到左上角。如图14－11
所示。

⑦ 将环境声2路由到Surround Speaker（环绕声喇叭），虽然仍然可以再通过
环绕声像控制面板来进行类似的操作，但由于之前我们已经为左/右环绕声喇叭建

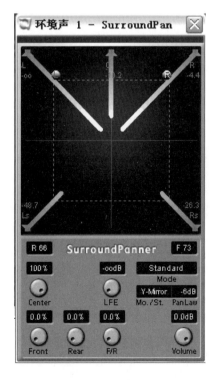

图14-11　调节环绕声像

立了一个子总线，那么这就变得很方便了。回到调音台窗口，解除环境声2的静音
状态，从其Output Routing下拉菜单中选择子总线的"Stereo(Ls Rs) out"即可，
这样就把该通道直接路由到了环绕立体声喇叭。如图14－12所示。

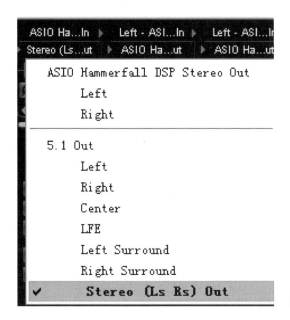

图14-12　路由到环绕声子总线

⑧ 将语言声路由到仅有的一个中央通道，从其Output Routing下拉菜单中选
择5.1 Out所在的"Center"通道即可。

⑨ 汽车启动和引擎声的LFE设置与动态声像的处理，需要使用环绕声像控制
面板的自动控制功能。首先从所在通道的Output
Routing下拉菜单中选择5.1 Out项，使音轨被路
由到总的5.1总线以做环绕声像处理，然后双击
环绕声图形框以打开环绕声像控制面板。将部
分信号发送到LFE(Low Frequency Effects)通道
去，这可在环绕声像面板调节"LFE"旋钮至适
当电平，由该旋钮控制着"汽车"通道送到LFE
通道的信号量。如图14－13所示。

图14-13　调节LFE通道音量

⑩ 现在进行"汽车"环绕声像动态变化的处理，在调音台窗口按下该"汽
车"通道上的"W"按钮以启用自动缩混记录功能，将信号球置于你认为"汽车开
始启动"的起始位置，开始播放，当"汽车开始启动"时，将信号球逐渐而自然地
进行移动，比如从左至右或以圆周方式进行变化等。完成后停止播放，解除"W"
按钮并按下"R"按钮。现在检查一下最终结果，在播放时应能够听到完整的环绕
声环境效果，包括所做的动态声像变化。

⑪导出环绕声音频文件，具体方法参照前文所述。

第15章 混 录

15.1 分配音轨

音效的分轨应按照最方便混音师操作的原则排列好，混音时往往只听一遍就开始混合音效了。对于轨数较少的小型工程，混音将一次完成，而没有之前的几次预混。常用的音轨分配方法：1~4轨：对白；5~8轨：动效；9~12轨：环境；13~16轨：音乐。

对于一个更大的工程而言，音效将会单独预混，音轨需要分为单独的环境轨和动效轨，并可以发送到立体声或单声道。

图15-1显示了一个24轨的编辑节目，它的编排方式使混音师能轻松地找到音效所在的轨道，并且很清楚编辑的意图。

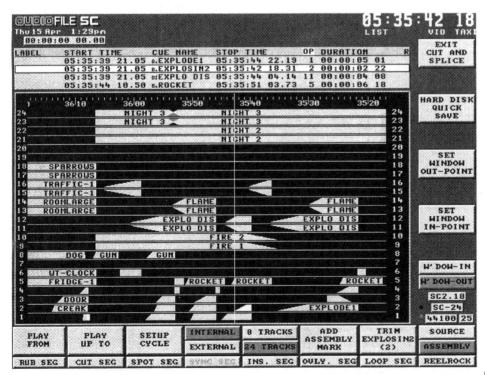

◀━━ 播放的方向　　　　　　　图15-1 声音分轨制作

262

① 所有同时发挥作用的音效都应该尽可能地放置在相邻的轨道上，与其他立体声轨分开放置，还应该把这些音轨安排得靠下一些（如1~4轨是门的声音的各个元素）。

② 把单声道和立体声素材分开放置，单声道的动效和环境声占据了1~10轨，立体声的动效和环境占据了11~24轨。

③需要做相同的均衡处理的音效，可以放在同一轨上（如第5轨火箭的音效）。

④ 远处的音效分出来放置在单独的轨上，尽量减少混音时对音量推子的改变（如远处的枪声和狗叫声）。

⑤ 立体声的动效和环境声也不应该放在相同的轨上，因为它们在混音时需要设置不同的音量。

15.2 预 混

如果声音素材很简单，只有几条声轨的话，可能会将声轨直接混录到剪辑母带，只需一步就能完成。然而对很多混录工作来说，事情并非这么简单，因为要处理的可能是大量不同种类的声轨。在这种情况下，按照惯例，首先针对声音的几个主要组成部分，如对白、环境声、拟音声、动效声、音乐等，将这些相似的声音混在一起，叫做预混或初混（Premix/Predub）。一旦预混完成，就能用预混好的素材来完成终混。混录流程如图15-2所示。

每部分预混都包含了终混所需的电平平衡，如遵循对白先行原则，这是通过一种叫做带参照的混录（Mix in Context）技术实现的。在这种工作模式下，首先进行对白预混，然后参照预混好的对白来混其他声音（比如环境声），这样环境声在预混时已经与对白取得了平衡。按这个方式依次进行各部分声音的预混，

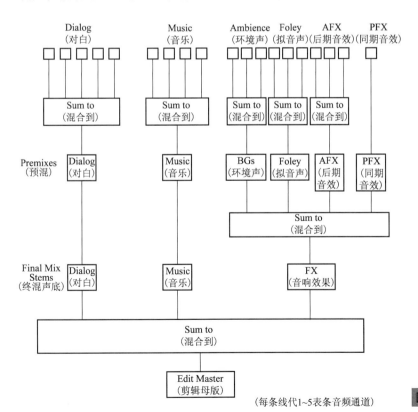

（每条线代1~5表条音频通道）　　图15-2　混录工作流程示意图

并且同时播放之前已经完成的所有预混，这样所有的预混电平相互之间就能达到平衡，终混时就很简单了。如果之前每个步骤都完成得很好，那么几乎不用再做什么调整。

15.3 终混

当所有的声音编辑完成且预混过后，就要拿到混音室中去终混，在这个过程中，导演、编剧、音效师、剪辑师、录音师等，这些人决定了声音的总体感觉。终混要花上很多时间，每个场景不断重放，每一个细节都要进行细微的调整，就是在这个时候，声音与画面到达了最终的融合。声音的声像移动，语音、音乐、音响之间的音量平衡等这些细节在这个步骤最终确定。

15.4 混录的方法

混录的方法很多，下面介绍的是最常用的对白、音乐和音响效果混录方法。由于时间及预算的不同，缩混的顺序可以进行调整。在工作之前，需要使用相应设备对监听系统进行校准。一个很有效的练习是使用该系统听一部与所做影片类型相同的优秀影片，这样对于混音师了解对白的音色，以及几个要素之间的平衡等很有帮助。

基于以上所述，下面是对混录过程的一些建议，主要是在时间顺序上的建议。

15.4.1 对白预混

对白主要用于叙事，是观众了解剧情的基本要素。要记住：你已经听了上百遍的对白，观众只会听一遍。故事片混录有时候会发生这种情况，即导演在剪辑过程中已经把对白听了上千遍，在梦里都能把它们背出来了，于是他们在混录过程中希望寻找一些新的亮点，结果是不受限制地大量使用音响效果和音乐，导致这些声音大过了对白。一个称职的混录师应该制止这种倾向，要确保导演能够站在观众的角度上，以第一次听到时的感觉为基础进行调整。

对白混录意味着得到对白声底，这其中包括插入的现场气氛声、同期补录对白和ADR对白等。之前的剪辑工作应该已经提供了一条完整的声轨，其间没有空隙，或至少空隙位置已经被其他音响效果所填补。声轨中也应该没有声音的跳跃和不连贯现象，在分开的声音之间填补现场气氛声的工作应该已经完成。

同期效果声也被称作PFX，指的是随着同期对白一起录下来的音响效果声。这部分声音可能会从同期声中剪出来放到音响轨里，这样在终混时可以对它们做更多的控制。按照SMPTE规定的−20dBFS参考电平来做电平校准后，对白的峰值电平控制在−15~10dBFS的范围比较合适。

信号处理的顺序关系到处理的结果。一些常规处理如均衡和滤波处理在顺序上调换以后不会对结果带来影响，但动态处理的结果与顺序就很有关系了。下面推荐一种比较恰当的信号处理流程：

① 首先进行清理工作。使用高通和低滤波器来减小同期声中多余的噪声，以及减少剪辑点间的不连贯现象。一个80Hz的高通对大多数男声不会带来任何影响。低通滤波器用得较少，但（8~10）kHz的低通滤波也可能很有效。使用陷波

器可以去掉离散音调的噪声（事实上很少出现这样的噪声），或者使用嗡声消除器来去除嗡声。

② 下一步是消除宽带噪声，可以使用插件，或者使用外接信号处理设备，处理之后再将信号返回到原来的流程。有时候会在这个环节使用噪声门，用来减小交通声、飞机飞过的声音、摄像机噪声和其他种种宽带（非离散音调）噪声。

③ 对人声进行均衡处理以得到更好的音色。领夹话筒的声音一般比吊杆话筒的声音需要更多的均衡处理。如果剪辑师已经分别对各声音片段加均衡得到了平滑连贯的声音，那么要注意在混录时使用的插件自动化功能不要影响到这些均衡。例如，在ProTools工作站中剪辑时，使用AudioSuite插件加到声音片段上之后，会生成新的片段替换掉原来的片段，然后在混录时，使用带自动功能的TDM插件来设置整体均衡，可根据需要动态地进行均衡处理。

④ 接下来就是电平控制，但一定是在前面的处理都完成之后进行。这是混录的基本工作，电平调节量一般都很小，如果在剪辑过程中已经逐段对声音做了正确的调整，那么此时的调节范围也就在±3dB左右。

⑤ 进行少量的压缩处理能够提高对白的可懂度，以应对其他声音元素的干扰，或者听音环境较差的情况。这种处理很容易过量，对峰值的衰减量一般不要超过10dB。启动时间在10～50ms，恢复时间在100～500ms。输入电平、输出电平、压缩门限和增益补偿控制都要以峰值衰减不超过10dB为标准，同时最大峰值电平为−15～10dBFS。

⑥ 进行少量的咝声消除能提高声音在后续录音流程中的兼容度，它能够将声音中的"咝"声去掉而不会造成听感上的损失。首先调节咝声消除器工作的频率范围，以对应于要消除的某个具体声音中的"咝声"频率；然后调节电平、门限及其他参数，使得最大衰减量在10dB左右。有些插件有一种功能，能让人听到对咝声消除器起作用的那部分声音（也就是通过带通滤波器滤出咝声），这样就能根据讲话者咝声的频率范围进行更好的调整。

⑦ 进行峰值限幅以保证最大电平在−10dBFS，同时增益衰减量不超过10dB。过多的峰值限幅可能会增加背景噪声的影响，高电平的声音被限制，意味着低电平的声音实际上被夸大了，从而使对白听上去生硬而滑稽。

上述一些处理需要动态地进行调整，尤其是电平、均衡的处理和宽带噪声的降噪处理。因此，它们需要类似于Nuendo或PRO Tools中的动态插件（RTAS、TDM、H−TDM插件），而不是针对音频段的AudioSuite插件。通常，压缩器和咝声消除器可以一次性设置好而不需要在混录过程中动态地调整。

另外，有时候还要用到混响器，尤其是使ADR声轨与同期声轨的空间感相一致。既可以使用混响插件，也可以使用外接混响设备。

15.4.2 母线设置和通路分配工作

设成"带参照的混录"（Mix in Context）模式，以便在下一步预混时能听到预混完成的对白。

15.4.3 环境声预混

环境声预混可能会用到均衡处理（参数的调节幅度一般大于用于对白时的调

节幅度）、电平调节等，但复杂程度不及对白预混。

15.4.4 拟音声预混

大幅度的均衡调节可能会很有用，这是因为人们熟悉的音色大体上是对白的音色和一些乐器的音色，而对其他声音的音色却不那么熟悉，因此在均衡处理上可以更加灵活。峰值限幅也很有帮助，这样在整体电平恰当时，可以避免个别拟音声过于突出。

15.4.5 动效声预混

如果动效声预混在两个以上，原则就是要合理安排好不同的预混，例如，沿着时间线逐一进行，这有利于之后的修改。同期效果声（PFX）预混是动效声预混的一部分。在一些比较简单的制作中，所有的动效声可以预混在一起。

15.4.6 合成

把所有预混好的声音加到"带参照的混录"监听母线上，最后就得到了一个混录母版，每一部分预混都与对白预混保持着正确的电平关系。

15.5 输出作品

混音输出包含三个内容：输出文件的格式，文件的声道数（单声道、立体声、多声道）及文件的形式（包含所有声道的单一文件或各声道独立的一组文件）。这些都取决于声音最终产品的类型（电影、电视、DVD等）。混音输出的方法参见本书6.11.4内容。

第16章 节目的传输与重放

一旦声音后期制作完成，混好的母版就要制作拷贝准备发行。节目传输和重放的格式可以是多声道格式，也可以不是多声道格式，质量也可以根据需要选择。

低质量的格式包括：录像带（非高保真格式）、网络格式、计算机娱乐视频（8-bit量化）。

高质量的格式包括：高保真声音录像带、电视转播用的数字声、数字电影声迹、数字多功能光盘。

在高质量和低质量两个极端之间有：35mm光学声迹带降噪、电视转播的模拟声、宽带互联网络格式（质量不一）。

在电影院，从终混到制作为电影拷贝的时间相对较短，而且质量可以说是最高的。在电视台，这个过程就要长一些。

16.1 电影院还音

在电影院，声音系统中包括两个单独的链（系统），即A链和B链。A链指的是从带有光学声迹的胶片到还音系统（比如杜比公司认证过的）的过程；B链包括余下的声音从功放到扬声器的部分，还包括影院声学矫正，它也会影响声音的质量。所有的努力都是为了确保声音在电影院里听起来和混录的时候一模一样。

电影院可以说是聆听声音最好的环境。当今有许多专门修建的多功能影院提供完备的音响系统和一流的声学环境，在装备新型的数字放映设备的同时，能提供数字音响系统和优越的音响效果。为了鼓励专业的放映水平，THX公司为那些达到了高标准的放映和还音系统的影院提供测试并给予认证（B链），其目标就是确保影院里听到的效果恰是电影制作者所希望的声音。因此，剧院里的噪声必须低于NC30dB，并且能很好地隔离邻近的厅堂和其他噪声，以及可以接受的混响特性（特别是烦人的"拍巴掌的回声"）。视觉上，从观众席里最远的座位看屏幕的视角不能超过36°，测试时也会检查屏幕画面的失真和亮度。胶片和数字电影视频（D-Cinema）两种放映系统都要经过认证。

当今最先进的数字放映机和胶片放映机的画面质量几乎相差无几。影像必须有高清晰度、出色的对比度、色彩还原和亮度，为了放映机能重放出这样的效果，就需要使用最先进的技术（传统的电影放映机是没有的）。过去影像常常遇到亮度不够的问题，现在新型灯具的使用可以提供需要的流明，但是会产生相当的热量。35mm放映机上的一格画面仅仅在灯前停留0.041s；在数字放映机里，画面放映装置会一直待在灯前面。数字微镜（DMD，Digital Micromirror Devices）技术解决了温度这一难题。光线不从装置里经过，比如液晶显示装置（LCD），而是通过众多的小金属镜子，当光线反射到屏幕上的同时，还反射了热量。遗憾的是，这种灯的寿命很短，因此数字放映机的放映成本比相同的胶片放映机多出5倍。

影院老板们并不排斥数字影院，这并不奇怪，因为在发行时，数字拷贝有许多优点。磁带的复制成本很低而且易于控制；不用再支付昂贵的拷贝费，胶片拷贝的寿命有限，沉重且不好运输。

数字影院系统是完全数字化的，这标志着模拟声时代的结束，当然还包括其他一些信息。在现阶段，如果通过卫星传输，而不是使用磁带，那么体育节目、新闻、音乐会和现场报道可定期发到电影院，这种情况过去也曾经发生过，那时还是电视发展初期，在大半个世纪以前。

16.2 环绕声系统

目前，环绕声(或被称为多声道多制式立体声)信号的传输系统主要被分为两大部分：一个是信号的编解码或是矩阵系统(例如Dolby立体声)；而另一部分则被定义为全方位的声源接收及信号还原系统，即原场信号系统(Ambinsonics)。由于目前在绝大多数，尤其是民用设备中缺乏多声道信号的离散储存和传输媒质(例如八轨机和调音台)，我们必须使用相对于声源信号来说较少量的声道来对其进行存储。例如我们通常要将4声道或5声道的节目编码为2声道的节目以便存储，然后再通过解码系统对信号的声道进行还原，从而形成矩阵环绕声系统。这其中许多负面的不足会造成信号欠佳并要求在矩阵解码过程中需要系统进行大量复杂的计算。

下面，就目前一些主要的矩阵环绕声系统作简要介绍。

16.2.1 Dolby环绕声系统

16.2.1.1 杜比环绕（Dolby Surround）

杜比环绕（Dolby Surround），如图16-1所示，是原来杜比多声道电影模拟格式的消费类版本。在制作杜比环绕声轨时，4个声道——左、中、右和环绕声道的音频信息经矩阵编码后录制在两路声轨上。这两路声轨可以由立体声格式的节目源如录像带及电视广播节目所携带并进入到家庭，经解码后原有4个声道的信息得以还原并产生环绕声（如图16-2所示）。成百上千的家庭录像带以及许多电视节目是经杜比环绕编码的。杜比环绕（Dolby Surround）作为最初级的环绕声标准，提供了4个声道的环绕声支持，目前已经很少有应用。

16.2.1.2 杜比定向逻辑II（Dolby Surround Pro Logic II）

杜比定向逻辑II（Dolby Surround Pro Logic II），如图16-3所示，是一种改进的矩阵解码技术，在播放杜比环绕格式的节目时它拥有更佳的空间感及方向感。对于立体声格式的音乐节目，它可以营造出令人信服的三维声场，并且是将环绕声体验带入汽车音响领域的理想技术（如图16-4所示）。传统的环绕声节目与杜比定向逻辑II解码器完全兼容，同样也可以制作杜比定向逻辑II编码的节目（包括分离的左环绕/右环绕声道）来发挥其还音的优势（杜比定向逻辑环绕声解码器兼容杜比定向逻辑II编码的节目）。总之，杜比定向逻辑II（Dolby Surround Pro Logic II）是一种用来实现环绕声的方法，它可以使用较少的声道来模拟环绕声的效果，实际表现也比较出色，但是对于拥有真正多声道音频系统的用户来说就没有太大的意义了。

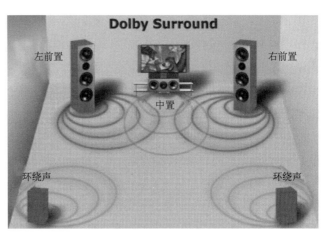

图16-1　杜比环绕标志

图16-2　杜比环绕音箱摆位与声区图

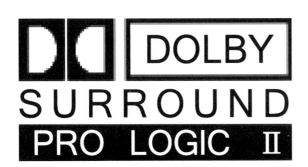

图16-3　杜比定向逻辑 II 标志

图16-4　杜比定向逻辑 II 音箱摆位与声区图

16.2.1.3　杜比数字（Dolby Digital）

杜比数字（Dolby Digital），如图16-5所示，是杜比数字（AC-3）音频编/解码技术在DVD及DTV这类消费类格式的应用。在不断的发展普及过程中，Dolby Digital最终定型为5.1声道模式，这也是目前大多数家庭影院或者PC多媒体桌面影院所支持的标准。杜比数字能够提供五个全频带声道，其中包括左、中、右屏幕声道，独立的左环绕及右环绕声道以及一个独立的用于增强低音效果的".1"声道；而中置声道很多时候也被用于强化对白，环绕声道主要用于营造整体声场的立体感（如图16-6所示）。

Dolby Digital首先被应用于电影音效，以5.1格式预先录制合成好的音频资料被储存在胶片齿孔的间隙中。而后Dolby Digital又被应用在DVD影碟中，成为家庭

影院系统的组成部分。就目前的市场形式而言，它已经成为应用面最为广泛的环绕
音频标准，大部分DVD节目都支持这个最基本的环绕音频格式。

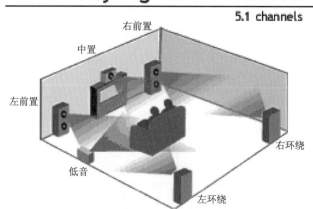

图16-5　杜比数字标志　　　　　　　　图16-6　杜比数字音箱摆位与声区图

16.2.1.4　杜比数字环绕EX（Dolby Digital Surround EX）

杜比数字环绕EX（Dolby Digital Surround EX），如图16-7所示，是在杜
比数字（Dolby Digital）标准上加入了第三个环绕声道。第三个环绕声道被解
码之后，通过影院或家庭影院系统中设置在观众座位正后方的环绕声扬声器来
播放（也被称为后中置），而左/右环绕声道音频信息则通过设置在座位左右方
的环绕声扬声器来播放（如图16-8所示）。考虑到系统的兼容性，这个后中置
声道经矩阵编码后录制在常规的5.1系统的左/右环绕声轨中，这样当影片在常
规的5.1系统的影院系统播放时就不会发生信息丢失的现象。杜比数字环绕EX
（Dolby Digital Surround EX）的优势在于加入了新的环绕声道，从而使得后方
声音效果得到较大的改善。目前已经有越来越多的高质量DVD影碟开始支持这个
全新的标准。

图16-7　杜比数字环绕EX标志　　　　　图16-8　杜比数字环绕EX音箱摆位与声区图

16.2.2 DTS环绕声系统

16.2.2.1 DTS

Dolby Digital是将音效资料储存在胶卷上齿孔的中间，因为空间的限制，必须采用大量压缩的模式，所以也牺牲了部分的音质。而杜比实验的竞争对手DTS公司，则想办法将音轨单独放置在另外的存储设备中（通常是CDROM），然后再与影像同步。这样做的好处之一就是方便影院更换不同的语言版本，同时在使用时也更加便捷，音色效果更出色。如图16-9、图16-10所示。

图16-9　DTS标志

图16-10　DTS音箱摆位与声区图

在DVD影碟问世后，Dolby Digital和DTS先后成为两大主流音频格式，而后者在DVD上能够拥有1536kb/s的资料流量，与Dolby Digital（AC-3）一般384kb/s至448Kb/s的流量相比较，优势不言而喻。即使将AC-3拉到极限的640kb/s，DTS还是强过1倍有余。这使得DTS能较Dolby Digital听到更多的声音细节，音响效果更加出色。不过由于DTS需要占用影碟上大量的数据空间，所以一般单张DVD-5制式的影碟较少支持DTS音轨。

16.2.2.2 DTS-ES

新一代的DTS-ES（如图16-11所示）标准和Dolby Digital Surround EX一样，也加入了对6.1的支持。与Dolby Digital EX不同的是，DTS-ES系统中的后中置是独立的，而非合成的，所以DTS-ES才是真正的6.1系统（如图16-12所示）。Dolby Digital EX只是一个5.1系统的声道扩展而已。

图16-11　DTS-ES标志

图16-12　DTS-ES音箱摆位与声区图

DTS-ES分为DTS-ES分离6.1及矩阵6.1两种。当DTS-ES分离6.1解码时，解码器将DTS信号的核心部分与扩展部分作为一个整体考虑，利用算术减法可恢复出环绕左/右声道，环绕中置（又称背环绕中置）是直接解码而得，因此可产生完全分离的6.1声场。而矩阵6.1解码时只考虑信号的核心部分，忽略了扩展部分，但由于采用了DTS的专利后处理ES矩阵模块，仍然能产生6.1"扩展环绕"声场。从这里可以看出，ES的两种解码方式是有差异的。目前支持Dolby Digital EX的DVD影碟节目相对较多，而支持DTS ES的影碟则屈指可数。

16.2.3　THX环绕声系统

THX（如图16-13所示），本来是由美国好莱坞的卢卡斯电影公司在20世纪80年代初开发和推广的电影院用音响系统专业标准的名称。因为该标准是在卢卡斯电影公司1972年制作的名片《星球大战》的70mm宽银幕、6声道伴音系统的基础上，由公司技术总监汤姆逊·霍尔曼花费了两年时间分析电影院的音响效果不如录音棚的原因，最后完善了上述音响系统，并且在美国各电影院推广，使之成为美国各影院的音响标准，于是这种电影伴音标准就得到了人们的公认，成为电影界的一种规格。因为该标准及系统技术系由汤姆逊通过实验制定的，故命名为"Tomison Holman's experiment"标准，缩写为"THX"标准。相应的音响系统称为"THX系统"，用这种音响系统，可使电影院的声音效果达到录音棚的水平。THX标准的主要意义在于规定了效果，因此通过该标准的环绕声系统都有突出的音效表现能力。

图16-13　THX标志

一般来说，通过THX认证的系统有以下几个突出的特点：

① 功率大，功率是回放声音不失真的前提条件，尤其是低音，如果功率不够的话在大动态下必然会失真。而通过THX认证的系统动辄就是几百瓦的输出功率，足以保证在最大音量下也不会失真。

② 频响平直，范围宽。通过THX认证的系统的频响范围都很宽，这样可以保证不同的声音都能够得到完好的回放，不漏过任何一个微小的细节。

③ 音乐还原效果好。通过THX认证的系统的音质都很好，这样可以保证音乐有足够感人的效果。

综合上面的说明，THX认证的好处是显而易见的。但是其缺点也很明显，就是价格高昂。因为其要求很高，所以制造成本直线上升。并且THX的认证费用至少要2万美元，这笔不菲的费用也需要分摊到消费者头上，因此价格昂贵也就成为了THX认证系统的唯一缺陷。

16.3 家庭多声道格式

立体声电视伴音可以用多种方式传输，但最重要的一点是无论传输方式如何，都不能因为立体声而干扰单声道传输，要保证立体声传输方式兼容单声道传输。在英国，数字音频以14bit量化，然后压缩到10bit，这个系统被称为NICAM格式。双声道杜比矩阵立体声编码可以利用双声道链路传输4声道的环绕声格式，并在家中通过4只扬声器回放。

最新的杜比技术是杜比虚拟扬声器技术，能够利用两个扬声器创造真实的环绕声感受。利用交叉条幅和频率调制技术，杜比成功地在小环境中利用双声道传输立体声的声像为观众提供了虚拟环绕的感受。

16.4 家用视频格式

商业电影所发行的录像带和光盘中往往伴随有多声道声音。实际上，至少一半的电影收入是来源于各种形式的家用发行。最初的时候，由于磁带转速低、声轨数量少等问题，这些介质的伴音都是低质量的模拟声。后来频率调制技术的发明在很大程度上提升了音质，带来了高保真声音。尽管这样，还是有不少用户在听着这些线性音轨上记录的非hi-fi声音。因此，参与声音后期制作的人应该明确这些录像磁带上的声音质量，并且明白高保真和普通音质的区别。

16.4.1 VHS格式

VHS（家用录像格式）在1976年由JVC提出。这个系统类似于专业领域的U-Matic录像系统。VHS格式使用两轨立体声，在磁带上的宽度为0.35mm，Cue声轨则是0.3mm。在图像磁迹和声音磁迹之间没有信号隔离带，导致声音会受到图像和磁带本身质量的困扰。磁带速度为1.313in/s（1in=0.0254m），并在系统中加入了声音预加重和去加重。部分机型使用杜比B型降噪处理。在标准的模拟声迹上，带宽不高于10kHz。

16.4.2 高保真VHS格式（VHS hi-fi）

VHS格式低劣的音质使得JVC公司决定开发使用AMF（声音频率调制）技术的高音质录像带系统，使用和视频系统中同样的多磁头技术，并使用了压缩和扩展技术。通过使用多重深度记录技术，将声音信号记录在视频信号的下面。声音首先被视频磁鼓上的磁头记录在磁带上，然后将视频叠印在上面。这样，相比起原始的模拟声轨，调制信号就更加不容易扭曲和失真。信号处理阶段，也使用压缩技术降低过载，而不是简单的削波失真，从而避免了数字录音最容易出的问题。当然，为了提供VHS格式的兼容，在高保真VHS中依然有模拟声迹。

16.4.3 Mini DV

Mini DV格式也称为DV格式（最早称为DVC格式），是在20世纪90年代中期首次开发出来的民用数字视频格式。最长记录120min节目，提供两轨高质量的

16bit声音，或者4轨12bit的声音。其画质已经相当接近于广播级标清格式。除了家用，专业领域有时也将DV作为一种预览格式。

16.4.4 激光视盘

激光视盘在1977年开发出来，并在日本大受欢迎，在那里磁带没有得到广泛应用。这些视盘的制造和今天的DVD类似，但是后来它们都被DVD视盘取代了。

16.4.5 DVD（数字通用光盘）

DVD于1997年在美国推出，欧洲于1998年推出，这种视频格式提供了高质量画面和多声道融合在一起的能力。最早，这种格式称为数字视频格式，后来即简称DVD，成为一个全球广泛使用的光盘视频格式。

凭借其高容量和优于CD音质的特性，DVD用于存储所有的格式，包括电影、计算机游戏和数据。单面单层的DVD可以容纳2h的数字视频，而双面双层的DVD则可以容纳8h的高质量画面，或者30hVHS画质的视频。DVD可以支持8路声音和宽银幕画面，在欧洲，DVD使用MPEG-2编码和PCM无压缩立体声；同样支持杜比数字声和5.1多声道声音。DVD-V是整个产品系列中的一员，除此以外，还有DVD-R、DVD-RAM、DVD-RW等格式。

DVD中的声音以分层的方式存储，通过交互式的菜单来访问，全片的声音被分割成为不同的部分。音乐DVD中还记录有作曲家的传记等，存储故事片的光盘则提供了创作者、拍摄地点甚至是交互式故事本等信息，这些信息都和原片画面一样，编码后进行存储。当然，所有的段落依然是分部分存储的，互相成为独立的部分。

现在，在家里就可以体验虚拟的影院效果了。尽管我们已经可以在家里感受更多的声画效果，但是巨大银幕和真实的环绕声所带来的体验仍然会让许多观众走入电影院。

16.5 网络播送

逐渐地，网络已成为电影和视频发行的渠道之一。SONY、Warner、Paramount、Universal、MGM五大主要电影公司，就共同通过Movielink网站来提供剧情片长度的电影，这网站可让大众在电脑屏幕上观看电影。他们一开始只提供少数的电影，主要是要测试系统，得到观看者的反应后，才会增加电影数量。

作为学生，就更容易把短片放到网络上去。像iFilm和独立电影频道，就极欢迎独立制片的电影。你可以寄送一份你影片的VHS或数字录像带，他们就会在他们的网页上放上你的素材。

你也能把电影放到你自己的网页上，比如说你自己的网站，或是学校提供的网页。没有压缩的电影，下载时间很长，所以你可能需要Media Cleaner或iCanstrearn程序来降低分辨率，这样才能快速地串流（stream）到网络上去。大多数这方面的软件，都能让你有选择性地决定要压缩的部分，并且让电影某些部分不压缩。例如在串流到网络上时，有的软件可以分析影片，只压缩像转场效果的较复杂部分。

如果你不想把整部电影都放到网络上，你也可以做出预告片（trailer）在网页上做宣传。有些人靠在网络上发布预告片，就可以成功地销售出影片。最简单的做法是，你可以把你电影的一格画面放在网络上，并加上广告宣传。

16.6 电子影像发行

如果影片只是在电视上放映，那就不需要处理到原始拍摄的底片。由数字剪辑设备录下的影片，就可以作为电视发行的母带使用。这部胶片还可以再复制好几份出来，作备份之用，然后就可以移除电脑上的所有素材，开始进行下一个拍摄计划。

学生也还是会有电子影像的发行和放映的机会的。最简单的做法是把非线性剪辑系统上的影片输出成数字影带，然后再用数字录放影机播放给一群朋友或同学观看。你也可以把录放影机连接在投影机上放出较大的影像。

假如当地的有线电视台有公益频道，并且能安排你的影片在该频道播出，可能你需要把你的数字影带转录成模拟格式，才能和有线电视的设备相容。有些较具规模的有线电视公司会购买短的影片来做节目垫档，或是播放独立制片的影片。

偶尔无线电视台也会播放学生或独立制片的电影，来作为特别节目。目前电视台都喜欢有高清晰度格式的播出素材，然后可以在由模拟转换为数字电视的新频道上播放。根据影片内容优势，要在世界各地播放也是有可能的，所以影片就有可能需要转换为其他国家所使用的PAL或SECAM格式。

电子影像的发行片商也会制作出影片的许多复制版本，然后发行到电子影像的商店去。有的片商会买断影片，有时则会付给创作者在销售和租借收入上的提成。有的片商还会发行录影带和DVD光碟，但DVD已快速压过VHS录像带。当然你也可以制作出你的电影的录像带或DVD版，并通过在合适的网站、杂志、报纸上刊登广告，试着去发行你自己的影片。如果要把你的影片发行成DVD的话，最好加入像导演访问或制作过程等内容，以满足一般观众对DVD片的期待。

附录Ⅰ 66～84届（1993—2011年度）奥斯卡金像奖最佳影片、最佳音响、最佳音效剪辑、最佳配乐、最佳动画片目录

最佳影片：

66.辛德勒名单 67.阿甘正传 68.勇敢的心 69.英国病人 70.泰坦尼克号 71.莎翁情史 72.美国丽人 73.角斗士 74.美丽心灵 75.芝加哥 76.指环王3 77.百万美元宝贝 78.撞车 79.无间行者（德国） 80.老无所依 81.贫民窟的百万富翁 82.拆弹部队 83.国王的演讲 84.艺术家

最佳外语片：

66.美好年代（西班牙） 67.被太阳燃烧（俄罗斯） 68.安东尼娅的方式（荷兰） 69.克尔亚（捷克） 70.角色（荷兰） 71.美丽人生(法国) 72.关于我的母亲（西班牙） 73.卧虎藏龙（中国） 74.No Man's Land（波斯） 75.无处为家（德国） 76.野蛮人入侵 77.深海长眠（西班牙） 78.黑帮暴徒（南非） 79.他人的生活 80.伪钞制造者（奥地利） 81.入殓师（日本） 82.他们眼中的秘密（阿根廷） 83.更好的世界（丹麦） 84.纳德和西敏：一次别离（伊朗）

最佳原创配乐：

66.费城的街道 67.狮子王 68.波卡洪塔斯 69.英国病人 70.泰坦尼克号 71.莎翁情史 72.红色小提琴 73.卧虎藏龙 74.指环王1 75.弗里达 76.指环王3 77.寻找梦幻岛 78.断背山 79.巴别塔 80.赎罪 81.贫民窟的百万富翁 82.飞屋环游记 83.社交网络 84.艺术家

最佳音响：

66.侏罗纪公园 67.速度 68.阿波罗13号 69.英国病人 70.泰坦尼克号 71.拯救大兵瑞恩 72.黑客帝国 73.角斗士 74.黑鹰坠落 75.芝加哥 76.指环王3 77.灵魂乐王（Ray） 78.金刚 79.梦幻女郎 80.谍影重重 81.贫民窟的百万富翁 82.拆弹部队 83.盗梦空间 84.玉果

最佳音效编辑：

66.侏罗纪公园 67.速度 68.勇敢的心 69.魔鬼与黑暗 70.泰坦尼克号 71.拯救大兵瑞恩 72.黑客帝国 73.U-571 74.珍珠港 75.指环王2 76.怒海争锋 77.超人总动员 78.金刚 79.硫磺岛的来信 80.谍影重重 81.蝙蝠侠前传2－黑暗骑士 82拆弹部队 83.盗梦空间 84玉果

最佳动画片：

74.怪物史莱克 75.千与千寻 76.海底总动员 77.超人总动员 78.人兔的诅咒 79.快乐的大脚 80.料理鼠王 81.机器人瓦力 82.飞屋环游记 83.玩具总动员3 84.兰戈

附录II 钢琴各音频率表

声学用音名	音乐用音名	频率/Hz	声学用音名	音乐用音名	频率/Hz
A0	A2	27.50	F4	f1	349.23
B0	B2	30.87	G4	g1	392.00
C1	C1	32.70	A4	a1	440.00
D1	D1	36.71	B4	b1	493.38
E1	E1	41.20	C5	c2	523.25
F1	F1	43.65	D5	d2	587.33
G1	G1	49.00	E5	e2	659.26
A1	A1	55.00	F5	f2	698.46
B1	B1	61.74	G5	g2	783.99
C2	C	65.41	A5	a2	880.00
D2	D	73.42	B5	b2	987.77
E2	E	82.41	C6	c3	1046.5
F2	F	87.31	D5	d3	1174.7
G2	G	98.00	E6	e3	1318.5
A2	A	110.00	F6	f3	1396.9
B2	B	123.47	G6	g3	1568.0
C3	c	130.81	A6	a3	1760.0
D3	d	146.83	B6	b3	1975.5
E3	e	164.81	C7	c4	2093.0
F3	f	174.61	D7	d4	2349.3
G3	g	196.00	E7	e4	2637.0
A3	a	220.00	F7	f4	2793.8
B3	b	246.94	G7	g4	3136.0
C4	c1	261.63	A7	a4	3520.0
D4	d1	293.66	B7	b4	3951.1
E4	e1	329.63	C8	c5	4186.0

附录Ⅲ 常用乐器及人声的基音频率范围

乐器名称	基因频率范围/Hz	乐器名称	基因频率范围/Hz
小提琴	196～2093	京胡（D调）	440～1985
中提琴	131～1046	高胡	440～2637
大提琴	65.4～523.3	二胡	294～2352
低音提琴	32.7～211.6	中胡	196～880
短笛	587～4186	马头琴	220～2101.7
长笛	246.9～2489	板胡（G调）	590～3151.5
双簧管	233～1760	坠胡（二弦）	220～1575.2
英国管	155.6～922.3	梆笛（G调）	590～3151.5
单簧管	146.5～1976	巴乌（F调）	131.4～702
低音单簧管	69.3～698.5	管子（D调）	440～1985.4
大管	58.3～784	箫（G调）	295～1325.4
低音大管	29～196	D高音唢呐	440～1985.4
bB高音萨克斯管	207.7～1244.5	高音笙（十七簧）	440～1180.1
bE中音萨克斯管	138.6～830.6	中音芦笙（十八簧）	220～1180.1
bB次中音萨克斯管	103.8～-622.3	琵琶	110～1325.4
bE低音萨克斯管	69.3～415.3	三弦（大）	98～2360
小号	164.8～1397	柳琴	197～6300
圆号	61.7～-689.5	中阮	65.7～662.7
长号	82.4～544.4	扬琴	98～1576
大号	41.2～196	筝（二十一弦）	74～1180.1
钢琴	27.5～4180		
竖琴	32～3136		
木琴	196～2217.5	语言男声	100～300
高音定音鼓	233～349.2	语言女声	160～400
中音定音鼓	103.8～155.6	歌唱男声	80～400
低音定音鼓	87.3～130.8	歌唱女声	170～1170
特低音定音鼓	61.7～-110		
小钟琴	523.3～2637		

附录Ⅳ MIDI控制器一览表

编号	名称	释义
0	Bank Select	音色库选择MSB
1	Modulation Wheel	颤音深度
2	Breath Controller	呼吸(吹管)控制器
3	-----	（未定义）
4	Foot Controller	踏板控制器
5	Portamerto Time	滑音时间
6	Data Entry MSB	高位元组数据输入
7	Main Volume	主音量
8	Balance	平衡控制
9	-----	-----
10	Pan	相位调整
11	Expression	情绪(音量)控制器
12～15	-----	-----
16～19	General Purpose Controllers 1-4	通用控制器(1-4)
20～37	-----	-----
38	Datea Entry LSB	低位元组数据输入
39～63	Datea Entry LSB	低位元组数据输入
64	Damper Pedal (Sustain)	保持音踏板1(延音踏板)
65	Portamento	滑音(在音头前加入上或下滑音)
66	Sostenuto	持续音
67	Soft Pedal	弱音踏板
68	Legato Footswitch	连音踏板控制器
69	Hold 2	保持音踏板2
70	Sound Controller 1 (Sound Variation)	声音控制器 1 （声音变化）
71	Sound Controller 2 (Timbre/Harmonic)	声音控制器 2 （音色、泛音）
72	Sound Controller 3 (Release Time)	声音控制器 3 （释放时间）
73	Sound Controller 4 (Attack Time)	声音控制器 4 （启动时间）
74	Sound Controller 5 (Brightness)	声音控制器 5 （亮度）
75～79	Sound Controller 6-10	声音控制器 6-10
80～83	General Purpose Controllers 5-8	通用控制器（5-8）
84	Portamento Control	连滑音控制
85-90	-----	-----
91	Effect 1 Depth(previously External)	混响深度
92	Effect 2 Depth(previously Tremolo)	震音深度

续表

编号	名称	释义
93	Effect 3 Depth (previously Chorus)	合唱深度
94	Effect 4 Depth(previously Detune)	延迟深度
95	Effect 5 Depth(previously Phaser)	相位深度
96	Data Increment	数据递增
97	Data Decrement	数据递减
98～99	------	------
100	Registered Parameter Number LSB	未注册的低位参数号
101	Registered Parameter Number MSB	未注册的高位参数号
102～120	------	------
121	Reset All Controllers	复位所有控制器
122	Local Control	本机音源控制
123	All Notes Off	所有音符关闭
124	Omni Off	通道全关方式
125	Omni On	通道全开方式
126	Mono On(Poly Off)	单音开（复音关）
127	Poly On(Mono Off)	复音开（单音关）

主要参考文献

1. 韩宝强. 音的历程——现代音乐声学导论. 北京：中国文联出版社，2003

2. 姚国强. 影视录音. 北京：北京广播学院出版社，2002

3. 【美】Pete Shaner. 数码DV摄像手册. 毕建明等译. 北京：电子工业出版社，2005

4. 【美】Lynne Gross. 拍电影. 廖澺苍等译. 北京：世界图书出版社，2007

5. 【美】Hilary Wyatt. 电影电视声音后期制作. 欧阳玥等译. 北京：人民邮电出版社，2010

6. Steinberg. Nuendo3 Operation Manual .Media Technologies GmbH. 2004

7. 卢小旭等. Cubase SX与Nuendo电脑音乐精华技巧. 北京：清华大学出版社，2007

8. 浩海工作室. 电脑音乐王Cubase音频混音实战手册. 长沙：湖南文艺出版社，2006

9. 文海良. 效果器插件技术与应用. 长沙：湖南文艺出版社，2008

10. 付龙，高升. 影视声音创作与数字制作技术. 北京：中国广播电视出版社，2006

11. 【美】Tomlinson Holman. 数字影像声音制作. 王珏译. 北京：人民邮电出版社，2009

12. 金桥. 动画音乐与音效. 上海：上海交通大学出版社，2009

13. 高维忠. 录音师基础知识. 北京：中国劳动社会保障出版社，2006

14. 周小东. 录音工程师手册. 北京：中国广播电视出版社，2006

15. 熊鹰. 软件合成器技术实战手册. 北京：清华大学出版社，2008

16. 【美】David Miles Huber. MIDI手册. 丁乔等译. 北京：人民邮电出版社，2009

17. 刘小伟，何凌等. Premiere Pro CS5实用教程. 北京：电子工业出版社，2011